多乘员飞机飞行事故调查

Aircraft Accident Analysis: Final Reports

[美] 詹姆斯 M. 沃尔特斯（James M. Walters）
罗伯特 L. 萨姆沃特三世（Robert L. Sumwalt Ⅲ） 著
王华友 王玉成 周景锋 等 编译

航空工业出版社
北京

内 容 提 要

本书内容源自全面可靠的事故情况分析和事故调查报告，根据事故机型，分为干线飞机航空事故、支线飞机航空事故、通用飞机航空事故和军用飞机航空事故四大类，总结了21起国内外航空飞行事故的事故原因、事故经过，介绍了事故调查的过程、调查结果，以及预防事故再次发生的预防性措施。通过对多类典型事故的详尽分析，本书有助于设计人员改进和完善飞机设计，有利于维护人员维持飞机的完好状态，也有利于机组人员正确处置故障症候，确保飞行安全。

本书可为飞机设计人员、飞行管理人员、飞机操作和维护人员、航空从业者提供借鉴和参考，也可供广大飞行爱好者阅读。

图书在版编目（CIP）数据

多乘员飞机飞行事故调查 /（美）詹姆斯 M. 沃尔特斯，（美）罗伯特 L. 萨姆沃特三世著；王华友，王玉成，周景锋编译. -- 北京：航空工业出版社，2024. 1

（飞机设计技术丛书）

书名原文：Aircraft Accident Analysis：Final Reports

ISBN 978-7-5165-3599-8

Ⅰ. ①多… Ⅱ. ①詹… ②罗… ③王… ④王… ⑤周… Ⅲ. ①飞行事故－事故分析 Ⅳ. ①V328.2

中国国家版本馆 CIP 数据核字（2023）第 240729 号

北京市版权局著作权合同登记

图字：01-2023-6034 号

James M. Walters；Robert L. Sumwalt III

Aircraft Accident Analysis：Final Reports

ISBN 9780071351492

多乘员飞机飞行事故调查

Duochengyuan Feiji Feixing Shigu Diaocha

航空工业出版社出版发行

（北京市朝阳区京顺路 5 号曙光大厦 C 座四层 100028）

发行部电话：010-85672666 010-85672683

北京盛通印刷股份有限公司印刷	全国各地新华书店经售
2024 年 1 月第 1 版	2024 年 1 月第 1 次印刷
开本：787 × 1092 1/16	字数：423 千字
印张：18.25	定价：120.00 元

《多乘员飞机飞行事故调查》

编 译 组

组长： 王华友

成员： 王玉成　周景锋　安　琦　王　玲　喻　杰
李　伟　李少雄　吕新波　何　思　孟曼丽
唐瑞琳　秦五诗　秦剑波　邱朝群　王　瑾
张兴国　吴莉莉　魏张斌　武虎子　陈绍宇
赵　海　郑桂宁　朱　斌

编译组组长简介

王华友，男，汉族，1977 年 3 月生，硕士研究生学历，研究员级高级工程师，硕士毕业于华中科技大学系统工程专业、英国克莱菲尔德大学飞行器设计专业，现西北工业大学工程博士在读。现任航空工业第一飞机设计研究院副院长，主要研究大飞机适航安全管理、民机项目管理和无人运输系统技术。曾多次获得中国质量协会质量技术一等奖和二等奖，多次获得国家级管理成果奖。

译 者 序

在飞机诞生之初，驾驶飞机翱翔蓝天曾经是一种风险极大的冒险活动。很多航空先驱或出于对技术的积极探索，或出于对冒险刺激的追求，耗尽了自己的财富，甚至牺牲了自己的生命。后来者在不断总结和汲取前人经验和教训的基础上，使得初期简陋的飞机不断完善，最终发展成为一种可供人们使用的有价值的工具。现如今，民用飞机已成为了社会经济发展不可或缺的高效运输工具，军用飞机已成为了威力巨大的军事装备，种类繁多的通用飞机则广泛应用于各行各业。

现代飞机是一种涉及多种学科的极度复杂的产品，飞机的安全飞行又依赖于一个更加庞大的多维系统。影响飞机飞行安全的因素复杂众多，其中包括系统的复杂性、产品的完好性、技术的局限性、经济的约束性，以及发生事故时飞行员判断的准确性、反应的及时性，另外还有环境因素、气候因素的影响。这就要求对飞行事故的分析需要秉持系统的、科学的、客观的和公正的态度，唯有如此，才能找出事故的内在原因，提出有价值的改进意见。

从系统的角度来讲，日趋复杂的飞机系统在带来智能的同时也带来安全隐患。飞机的飞控系统、机电系统、航电系统等变得更加综合化、集成化、复杂化。这样的技术趋势对飞机设计、使用以及事故分析提出了严峻的挑战。美国在论证 B–21 隐身轰炸机的发展过程中，提出了“系统簇”的发展理念，不再追求航空武器的系统复杂和功能齐全，而是将不同的功能分散在不同的平台之上。这种设计理念在降低某一平台复杂程度的同时，又提高了其在使用中的互联互通和互操作要求。

从技术的角度来讲，任何技术都有其“认知”局限性，任何产品都无法达到理想的状态。技术的局限性是由人的认识的局限性决定的，技术的发展也是一个由浅入深的螺旋式发展过程。莱特兄弟之所以被承认是飞机的发明者，主要在于他们发明了飞机的三轴操纵系统。但是，莱特兄弟是利用机翼的扭转实现飞机的滚转操纵，这源于他们对飞机操纵原理认识的局限性和当时技术手段的局限性。后来的研究者提出了副翼方案，才使得飞机的滚转操纵更加有效。在一定时期出现的新技术，表面看来可能有利于飞机的飞行安全，有时候也会因技术成熟度不足而产生其他的隐患。美国为 F-35 战斗机配备了“先进头盔显示系统”，但这并不意味着这种先进装备是完美无缺的。在 2020 年 5 月 19 日晚上，一架 F-35A 飞机由于飞行员的头盔显示器没有校准，导致着陆失败，飞机最终起火爆炸。美国海军为 F-35C 飞机配备了“联合精确进近与着陆系统”，大大提高了着舰效率。但是，正是由于在这种系统的引导下，飞机的着舰精度很高，测试结果表明 80% 的着舰都是尾钩挂在 3 号拦阻索。在 2020 年 1 月 24 日的一次着舰过程中，3 号拦阻索断裂，导致飞机坠毁。此次事故以后，美国海军考虑降低“联合精确进近与着陆系统”的精度。

从经济的角度来考虑，飞机实际上是经济与技术相互折中的结果。任何一个飞机项目，不但存在技术方面的约束条件，还存在资金方面的约束条件。飞机的设计、使用和维护，都要考虑经济因素，特别是民用飞机，要用尽可能低的成本创造尽可能高的经济效益。经济方面的约束有时会给飞机留下出现事故的隐患。波音公司为了以最小的成本与空客公司竞争，给波音 737 换装燃油效率更高的发动机，推出了波音 737MAX 机型。发动机安装位置的微调导致该型飞机在起飞过程中容易出现失速，而波音公司采用的解决办法是采用“机动特性增强系统”，但波音公司并未对该系统进行认证和培训，导致后来波音 737MAX 机型多次出现灾难性事故。

飞机是一种复杂的人机交互系统，人为失误因素是影响飞行安全的重要因素。另外，飞机在运营过程中不可避免地会受到环境因素影响。环境因素和飞机产品本身安全影响因素的叠加，会增加飞行员的负担，导致人为失误增多。对于多乘员飞机，不仅要考虑多人机组之间的交互，机组与飞机之间的交互，飞机与飞管系统之间的交互，还要考虑乘客与飞机的交互。在追求效率的过程中，人们可能会对技术和管理问题进行一定的妥协，决策过程中也有人为因素的作用。人的任何失误都会导致潜在飞行安全问题。

中国传统文化蕴含着丰富的思想内涵，在当今世界依然有着指导意义。“图难于其易，为大于其细；天下难事，必作于易；天下大事，必作于细”。这样的古训包含着为大于其细的辩证思维，给出了化繁为简的方法论指导。对于飞机这样的技术密集的产品，为了保证飞行安全，更需要从细节着手，做好飞机的设计、维护和使用。“温故而知新”则指出了总结经验、汲取教训的技术创新路径。本书通过对多乘员飞机典型事故的搜集、整理和分析，有助于设计人员改进和完善飞机设计，有利于维护人员维持飞机的完好状态，也有利于机组人员正确处置故障症候，从而保证飞行安全。

2023 年 2 月

前言：调查过程

人人都喜欢神秘的东西。也许没有比今天的航空事故调查人员面临更大的困惑了。用来揭示这些灾难的各种方法可能很有趣。通过这本书，读者将会感受到许多这些调查技术，并将认识到为什么事故调查被称为一门艺术，也是一门科学。在你开始对每一章进行自己的“阅读调查”之前，笔者决定透露一些技巧。

在美国，国家运输安全委员会（National Transportation Safety Board，NTSB）拥有对任何飞行事故调查的最终管辖权。在某些情况下，特别是涉及小型通用飞机的航空事故，NTSB 经常会委托联邦航空局（FAA）进行现场调查。然而，在这些情况下，NTSB 仍有确定事故原因和发布适当安全建议的最终责任。

NTSB 的人员和资金有限，而且是按照“政党”体制运作的，被委托方一般是那些熟悉程序并有能力为调查带来必要的技术专长和价值的组织。例如，FAA 总是被委托开展事故调查，因为空中交通管制系统、飞机和飞行人员的认证，以及联邦航空条例的执行都属于 FAA 的权限范围。飞机和发动机制造商通常是调查的参与者，因为他们对自己的产品最了解，经验也最多。如果事故涉及航空公司，这家航空公司将与飞行员和空乘人员工会一起结为“联盟”。这是为什么呢？因为 NTSB 多年来了解到，这些不同的组织对调查过程都有独特的认知和观点。还有谁比驾驶这些飞机的飞行员和他们所在的公司更了解这家航空公司的程序、政策和公认的做法呢？

正如 NTSB 前主席吉姆·霍尔（Jim Hall）最近在一次航空律师会议上所说：“政党体制的基本前提是，每个人对安全都有绝对诉求，每个人都想知道发生了什么，以便采取措施确保此类事故不再发生。”正如霍尔主席所解释的，“各方参与者——航空公司、制造商、飞行员、应急响应供应商或维修供应商——都曾在某个时候向 NTSB 提供我们所需的深度技术知识，以帮助确定事故原因……”

事故现场

调查人员到达事故现场后会做什么？“当你第一次去飞行事故现场时，

飞机残骸往往会像磁铁一样吸引你，”NTSB 的一位教员解释说，“这是你应该努力规避的情况。注意树木、建筑物、天气，以及所有包含事故现场周围环境的所有因素。这样，当你最终看到残骸时，你会得到更有价值的信息。”

在第一次到达现场时，建议调查人员首先对现场残骸进行“巡视”，以便对情况有个大致的了解。然后通过摄影和精确制图记录残骸。被毁飞机残骸的分布情况提供了重要的线索，说明这些碎片是如何以及为什么会出现在它们所在的位置。对于经验丰富的调查人员来说，通过地面上的划痕可以复现一个关于飞机最终飞行轨迹，以及飞机最初是如何撞击地面的“运动学”或碰撞动力学的场景。螺旋桨划痕之间的距离可以测量，如果已知螺旋桨的转速，就可以知道飞机撞击地面时的速度。反过来说，如果已知飞机撞击地面时的速度，则可以计算出撞击时的螺旋桨转速（见第 14 章）。

树木可以提供额外的线索。在树木繁茂地区，从树木的损伤模式可以推测出飞行路径下降角度和飞机的偏斜角度。这些信息再加上飞机残骸的分布规律，就可以大致推测出飞机坠毁前的大致情景。一般来说，发生直接撞击的飞机，残骸分布会相对集中（见第 1 章和第 5 章）。如果在远离主要残骸的地方发现了机翼或机尾碎片，调查人员将考虑飞机解体的可能性（见第 15 章）。

事故发生后一两天，树叶由绿转枯可能表明在撞击过程中燃料溅到树叶上。如果有人质疑撞击时飞机上是否有燃料，这可能是一个很好的线索。关于燃料类型的问题可以通过在实验室检验树叶来找到答案。

“然而，所有这些都只是常规经验，为了确保其准确性，必须与其他证据一起仔细权衡。在你没有充分掌握情况之前，很多线索都可能被忽视。”NTSB 的教练警告说。

如果质疑飞机解体，调查人员希望能找到机翼或机尾应力过大的证据。在正 g 过应力的情况下，机翼会被迫向上弯折。由于这种杠杆式的向上弯曲，上梁帽可能会出现“压缩应力”迹象。同样，机翼上表面的蒙皮可能会起皱。反之，下梁帽可能会出现拉伸，或“拉伸应力”迹象。这是事故调查人员的行话。

飞行过程中，机翼和尾翼前缘结冰对飞机的性能会产生毁灭性的影响（见第 12 章）。通常很难在飞机残骸中找到飞行中结冰的证据，因为当调查人员到达现场时，这些冰可能已经融化了。但是如果这些残骸表面没有被火损坏，仔细检查仍然可能找到线索。如果机翼的前缘没有灰尘、污垢和碎片，而机翼的其他部分有明显撞击污垢和烟尘的痕迹，这可能表明撞击时机翼前缘结冰，然后融化了。

螺旋桨损坏可能是发动机产生动力的证据（见第17章）。螺旋桨扭转的程度、螺旋桨前缘的损伤程度，以及螺旋桨表面的划痕都可以作为发动机动力的指标。然而，这是一个更难分析的领域，通常要交给螺旋桨专家。同样，没有什么严格的规则，所以调查人员必须综合考虑所有的证据。

飞机的碰撞无论是在空中还是在地面，都会在一架或两架飞机上留下明显的漆面位移和划痕。通过测量这些痕迹相对于飞机纵轴的角度，调查人员可使用基本的三角函数来确定碰撞角度。这些信息对于确定飞行员是否能看到对方，或者飞机内外的障碍物是否限制了飞行员的视野至关重要（见第11章）。

当调查员发现被烧毁的残骸时，总会有一个疑问：火灾是事故的起因还是结果？飞机可能在飞行的最后时刻掉落了碎片和零件。因此，当怀疑飞行中起火时，调查人员会沿着最后的飞行路线搜寻相关区域，以获取佐证。调查人员应将飞机部件拼接起来，比较烧毁的痕迹。发现其中一部分烧毁，而相邻的部分没有烧毁，这说明了一个明显的事实：这两个部分在起火之前已经分离。即使有充足的证据（见第5章和第6章），空中火源也很难确定，但艰难的重建工作通常能解决这个难题。

即使驾驶舱仪表被烧毁或破碎，有时也可以确定指示器在撞击时的位置。仪表的指针（如果是模拟或“圆形表盘”座舱）可能会在坠机时的瞬间撞击仪表表面，然后迅速弹回并撞击玻璃罩的背面。指针的这种弹簧动作可能会在仪表表面上留下轻微的划痕，也可能在仪表的玻璃上留下一层细微的夜光涂料。这些痕迹可以用紫外线检测（见第13章）。

采用“玻璃座舱”技术的飞机给调查人员带来了额外的挑战和新的可能。毁坏的仪表再也无法重现事故原因，只有计算机芯片还保留着。这些芯片有时会给知识渊博的调查员提供大量信息（见第2章）。

通过观察灯泡的灯丝，可以确定灯泡是否在坠机时还亮着。亮着的灯泡的灯丝温暖且具有弹性，在撞击时，这种灯丝会拉伸并延长。相反，不亮的灯泡的灯丝相对较冷且易碎，在撞击时可能会碎裂。

幕后工作

现场调查结束后，仍有潜在的证据需要搜集。空中交通管制（air traffic control，ATC）的无线电传输和雷达信息会被记录下来，如果需要，这些信息可供调查使用。雷达信息提供了事故飞机从起飞到着陆的位置“路线图”，声频信息在验证和掌握驾驶舱语音记录仪（cockpit voice recorder，CVR）和飞行数据记录器（flight date recorder，FDR）数据方面非常有用。还需要收集天气报告，并仔细审查维护记录。

飞机部件可能需要送到场外进行检查。翼梁的一部分可以送往冶金实验室，以确认疑似故障模式。动力装置可能需要制造商拆除和检查。CVR和FDR必须被送到调查总部进行读取。

目击者访谈应在事故发生后尽快进行。如果时间过长，目击者的想法可能会受到新闻媒体报道和其他来源的影响。此外，随着时间的推移，目击者可能会受到“封闭理论”的影响，即目击者的大脑会下意识地试图“填补空白”，以帮助调和他们目睹的创伤性事件。例如，飞机解体的目击者经常报告听到爆裂声，然后是机翼脱落。实际上，这种巨大的爆裂声通常是由翼梁折断时的机翼势能突然释放引起的。然而，目击者的大脑潜意识会将巨大的爆裂声和机翼分离与飞行爆炸联系在一起。然后可能会不由自主地添加其他与爆炸有关的元素，如火和烟。分析目击者陈述可能会成为调查中很困难的活动之一。

调查的人为因素部分将侧重于采访飞行前最后一个见到飞行员的人。建议调查人员从事故发生的那一刻开始，向后追溯，对机组人员 72 h 的历程进行调查，了解他们在事故发生前的活动。但这种调查应该只是人为因素调查的开始，而不是结束。仅仅知道某人犯了错误是远远不够的，真正的问题是他们为什么犯错误，这种错误会不会发生在其他人身上，以及将来如何预防。

我们在本书中为你提供了一些飞行事故调查技术。当你阅读这本书的每一个章节时，看你能否运用自己所学的知识。祝你好运！

缩 略 语

AAIB	Air Accidents Investigation Branch	航空事故调查处（英国）
AC	Advisory Circular	咨询通告
ACARS	Aircraft Communications Addressing and Reporting System	飞机通信寻址和报告系统
ACO	Aircraft Certification Office	飞机认证办公室
AD	Airworthiness Directive	适航指令
ADC	Air Data Computer	大气数据计算机
ADI	Attitude Direction Indicator	姿态方向指示器
ADF	Automatic Direction Finder	自动定向仪
ADM	Aeronautical Decision Making	特定飞行决策
AEW	Airborne Early Warning（U.S. Air Force）	空中预警（美国空军）
AFB	Air Force Base	空军基地
AFD	Airfield Database（U.S. Air Force）	数据库（美国空军）
AFI	Air Force Instruction	空军指令
AFIP	Armed Forces Institute of Pathology	美国陆军病理学研究所
AFM	Aircraft Flight Manual	飞机飞行手册
AFFSA	Air Force Flight Standards Agency	空军飞行标准局
AGL	Above Ground Level	高于地面
AHARS	Attitude/Heading Reference System	姿态/航向参考系统
AIA	Aviation Insurance Association	航空保险协会
AIB	Accident Investigation Board（U.S. Air Force）	事故调查委员会（美国空军）
AIC	Accident Investigation Commission（Peru）	事故调查委员会（秘鲁）
AIM	Aeronautical Information Manual	航空信息手册
AIRMET	Airman's Meteorological Information	飞行员的气象信息

ALPA　Air Line Pilots Association　航空公司飞行员协会

AMC　Air Mobility Command（U.S. Air Force）　空中机动司令部（美国空军）

AME　Aviation Medical Examiner　航空体检医生

AOA　Angle of Attack　迎角

AOPA　Aircraft Owners and Pilots Association　飞机所有者和飞行员协会

APA　Allied Pilots Association　联合飞行员协会

APU　Auxiliary Power Unit　辅助动力装置

AQP　Advanced Qualification Program　高级资格认证计划

ARAC　Aviation Rulemaking Advisory Committee　航空规则制定咨询委员会

ARFF　Airport Rescue and Fire Fighting　机场救援和消防

ARTCC　Air Route Traffic Control Center　航路交通控制中心

AS　Airlift Squadron（U.S. Air Force）　空运中队（美国空军）

ASR　Airport Suitability Report（U.S. Air Force）　机场适用性报告（美国空军）

ASAP　Airline Safety Action Program　航空公司安全行动计划

ASRS　Aviation Safety Reporting System　航空安全报告系统

ATC　Air Traffic Control　空中交通管制

ATIS　Automatic Terminal Information Service　自动终端信息服务

AW　Airlift Wing（U.S. Air Force）　空运联队（美国空军）

BAA　Bilateral Airworthiness Agreement　双边适航协定

BDHI　Bearing Distance Heading Indicator　方位距离航向指示器

CAMI　Civil Aeromedical Institute　民用航空医学研究所

CAS　Calibrated Airspeed　校准（正）空速

CDU　Control Display Unit　控制显示单元

CERAP　Center and Radar Approach Control　中心和雷达进场管制

CFI　Certified Flight Instructor　认证的飞行教官

CFIT　Controlled Flight Into Terrain　可控飞行撞地

CFR　Code of Federal Regulations　联邦法规法典（汇编）

CFR　Crash–Fire Rescue　坠机火灾救援

COMAT　Company-Owned Material　公司自有材料
CPI　Crash Position Indicator（U.S. Air Force）　坠机位置指示器（美国空军）
CRM　Crew Resource Management　机组人员资源管理
CTA　Centro Tecnico Aerospacial（Brazil）　航空航天技术中心（巴西）
CTAF　Common Traffic Advisory Frequency　公共交通咨询频率
CURV　Cable controlled Underwater Recovery Vehicle　电缆控制的水下搜救船
CVR　Cockpit Voice Recorder　驾驶舱语音记录仪
DA　Decision Altitude　决断高度
DER　Designated Engineering Representative　指定工程代表
DGAT　Director General Air Transport（Peru）　航空运输总局局长（秘鲁）
DGCA　Director General of Civil Aeronautics（DominicanRepublic）　民航总局局长（多米尼加共和国）
DME　Distance Measuring Equipment　测距仪
DOT　Department of Transportation　交通部
DOD　Department of Defense　国防部
DV　Distinguished Visitor（U.S. Air Force）　特别来宾（美国空军）
EAA　Experimental Aircraft Association　实验飞机协会
EGPWS　Enhanced Ground Proximity Warning System　增强型地面接近警告系统
EICAS　Engine Indicating and Crew Alerting System　发动机指示和机组警报系统
ELT　Emergency Locator Transmitter　紧急定位发射器
EMI　Electromagnetic Interference　电磁干扰
EPR　Engine Pressure Ratio　发动机压力比
FAA　Federal Aviation Administration　联邦航空局
FAR　Federal Aviation Regulations　联邦航空条例
FBI　Federal Bureau of Investigation　联邦调查局
FBO　Fixed-Base Operator　固定基地运营商

FDR　Flight Data Recorder　飞行数据记录器
FEF　Final Evaluation Flight　最终飞行评估
FL　Flight Level　飞行高度层
FLIP　Flight Information Publication（U.S. Air Force）　飞行信息出版物（美国空军）
FMC　Flight Management Computer　飞行管理计算机
FMS　Flight Management System　飞行管理系统
FOQA　Flight Operations Quality Assurance　飞行操作质量保证
FSDO　Flight Standards District Office　飞行标准地区办事处
FSHB　Flight Standards Handbook Bulletin　飞行标准手册公告
FSIB　Flight Standards Information Bulletin　飞行标准信息公告
FSM　Flight Standards Manual　飞行标准手册
FSS　Flight Service Station　飞行服务站
GDSS　Global Decision Support System（U.S. Air Force）　全球决策支持系统（美国空军）
GPS　Global Positioning System　全球定位系统
GPWS　Ground Proximity Warning System　近地警告系统
HAT　Height Above Touchdown　高于接地点的高度
HIRF　High Intensity Radiation Field　高强度辐射场
HSI　Horizontal Situation Indicator　水平位置指示器
ICAO　International Civil Aviation Organization　国际民用航空组织
IFR　Instrument Flight Rules　仪表飞行规则
ILS　Instrument Landing System　仪表着陆系统
INS　Inertial Navigation System　惯性导航系统
IRT　Icing Research Tunnel　结冰研究风洞
IRU　Inertial Reference Unit　惯性参考单元
ISA　Integrated Servo Actuator　集成伺服驱动器
JA/AAT　Joint Airborne/Air Transportability Training（U.S. AirForce）　联合空中和空中运输能力训练（美国空军）
JIAA　Junta Investigadora de Accidentes Aéreos（DominicanRepublic）　航空事故调查委员会（多米尼加共和国）
KCAB　Korean Civil Aviation Bureau　韩国民航局

LCO	Limit Cycle Oscillations	极限环振荡
LLWAS	Low Level Windshear Alert System	低空风切变通报系统
MA	Mishap Aircraft	事故飞机
MAP	Missed Approach Point	复飞点
MC	Mishap Crew	事故机组
MP	Mishap Pilot	事故飞行员
MLM	Mishap Loadmaster	事故装载管理员
MSO	Mishap Safety Officer	事故安全员
MDA	Minimum Descent Altitude	最低下降高度
METRO	Meteorological Service（U.S. Air Force）	气象服务（美国空军）
MMEL	Master Minimum Equipment List	主最低设备清单
MOU	Memorandum of Understanding	谅解备忘录
MSAWS	Minimum Safe Altitude Warning System	最低安全高度警报系统
MSL	Mean Sea Level	平均海平面
MV	Monovision（contact lens）	单光（隐形眼镜）
NACA	National Advisory Council on Aeronautics	国家航空咨询委员会
NASA	National Aeronautics and Space Administration	国家航空航天局
NASIP	National Aviation Safety Inspection Program	国家航空安全检查计划
NATCA	National Air Traffic Controllers Association	国家空中交通管制员协会
NCAR	National Center for Atmospheric Research	国家大气研究中心
NDB	Nondirectional Radio Beacon	无指向性无线电信标
NFPA	National Fire Protection Association	国家消防协会
NOAA	National Oceanic and Atmospheric Administration	国家海洋和大气管理局
NPRM	Notice of Proposed Rulemaking	拟议规则制定通告
NRS	National Resource Specialist	国家资源专家
NTSB	National Transportation Safety Board	国家运输安全委员会
NWS	National Weather Service	国家气象局
OG	Operational Group（U.S. Air Force）	作战大队（美国空军）
PAS	Public Address System	公共广播系统

PCU	Power Control Unit	动力控制单元
PF	Pilot Flying	飞行员
PGI	Principal international Geographic Inspector	首席国际地理监察员
PIC	Pilot In Command	机长，正驾驶员
PIREP	Pilot Report	飞行员报告
PM	Pilot Monitor	监视飞行员
PMI	Principal Maintenance Inspector	主要维护检查员
PNF	Pilot Not Flying	不把杆飞行员
POI	Principal Operations Inspector	主要运营检查员
PSI	Pounds per Square Inch	磅力每平方英寸
QFE	Query Field Elevation	场面气压（场压）
QNH	Query Normal Height	修正海平面气压高度
REIL	Runway End Identification Lights	跑道末端识别灯
RMI	Radio Magnetic Indicator	无线电磁指示器
RPM	Revolutions Per Minute	转数每分钟
RSPA	Research and Special Programs Administration	研究和特别计划管理局
RVR	Runway Visual Range	跑道视距
SAE	Society of Automotive Engineers	汽车工程师学会
SAAM	Special Assignment Airlift Mission（U.S. Air Force）	特别空运任务（美国空军）
SIGMET	Significant Meteorological Information	重大气象信息
SLD	Supercooled Large Droplet	过冷大液滴
SPAAT	Skin Penetrator Agent Application Tool	蒙皮穿透剂应用工具
SUPSALV	Supervisor of Salvage（U.S. Navy）	打捞主管（美国海军）
TAWS	Terrain Awareness and Warning Systems	地形感知和警告系统
TBO	Time Between Overhaul	大修间隔时间
TC	Type Certificate	型号合格证
TCAS	Traffic（Alerting and）Collision Avoidance System	空中（预警和）防撞系统
TERPS	Terminal Instrument Approach Procedures	终端仪表进近程序

THF　Tetrahydrofuran　四氢呋喃

UIUC　University of Illinois at Urbana/Champaign　伊利诺伊大学厄巴纳－香槟分校

USAFE　U.S. Air Force Europe　美国空军欧洲司令部

VASI　Visual Approach Slope Indicator　目视进场坡度指示器

VDP　Visual Descent Point　目视下降点

VFR　Visual Flight Rules　视觉飞行规则

VMS　Vertical Motion Simulator　垂直运动模拟器

VNAV　Vertical Navigation　垂直面导航

VOR　Very high frequency Omnidirectional radio Range　甚高频全向无线电信标

VSI　Vertical Speed Indicator　垂直速度指示器

目　录

第 1 部分　干线飞机航空事故

第3部分　通用飞机航空事故

第4部分　军用飞机航空事故

第 1 部分
干线飞机航空事故

第 1 章　美国历史上最漫长的调查：全美航空 427 航班

运营商：全美航空（USAir）

机型：波音 737-300

地点：宾夕法尼亚州阿勒奎帕（Aliquippa）附近

时间：1994 年 9 月 8 日

1.1　飞行经过和背景

1994 年 9 月 8 日中午刚过，两名全美航空公司驾驶员和三名空乘人员在佛罗里达州杰克逊维尔（Jacksonville）国际机场报到。该机组驾驶 7 年前交付给全美航空的波音 737-300 型飞机（见图 1-1），机号 N513US，航班号 1181，从杰克逊维尔飞往北卡罗来纳州的夏洛特（Charlotte），然后飞往芝加哥奥黑尔（O'Hare）国际机场。他们降落在芝加哥时，正值下午的航班高峰期。

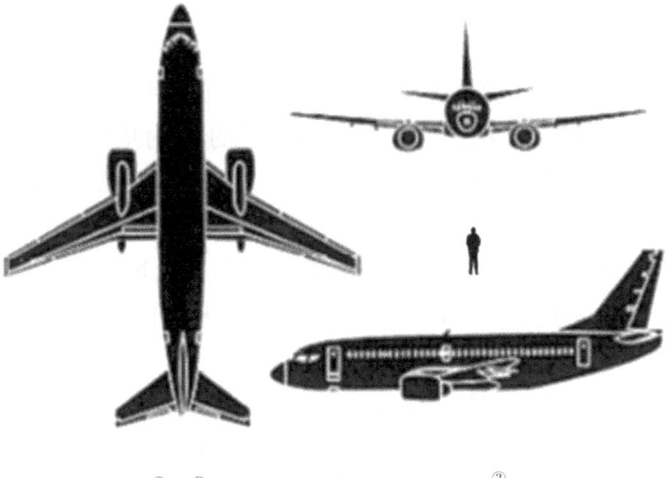

翼展：94ft[1]9in[2]　　标准最大起飞总重量[3]：124500 lb

标准航程：1860n mile　　巡航速度：马赫数0.74~0.84

图 1-1　波音 737-300

---

① 1ft（英尺）=0.3048m；

② 1in（英寸）=25.4mm；

③ 本书重量按国标规范应称为“质量”（mass），法定计量单位为 kg。

差不多1h后，他们飞离奥黑尔国际机场，以全美航空427航班的呼号飞往匹兹堡国际机场。计划飞行时间不到1h。45岁的机长负责无线电通信和其他非飞行（PNF）任务，而38岁的副驾驶负责飞行任务。这两位有丰富的飞行经验。他们加在一起的飞行时间超过21000小时，其中合作驾驶波音737飞机的飞行时间超过7500h。

当飞机接近目的地时，匹兹堡机场控制中心指示全美航空427航班向右转至160°的方向，并告知他们将收到通往28R跑道的最终进场路线的线路指引。由于空中交通管制员计划将427航班安排在Delta 1083航班的波音727之后降落，他进一步建议全美航空427航班将速度降低到210kn（n mile/h）。随后，晚上6:58，该航班被获准下降到6000ft的平均海平面（MSL）高度。

大约1.5min后，空中交通管制（ATC）指示Delta 1083航班向左转至130°，并将速度降至190kn。管制员仍然打算让全美航空427号飞机沿着Delta 1083航班的大致飞行路线飞行，然后将全美航空427航班的航向定为140°，空速为190kn。全美航空机组将襟翼选择为“襟翼1”设置，以使飞机减速。

晚上7:00:43，ATC指示Delta 1083向左转至100°的方向。1.5min后，匹兹堡机场说：“全美航空427，向左转，航向100。飞机将是1到2点钟，6mile[①]，北行，一架喷气式飞机从3300ft爬升至5000ft。”

“我们正在控制飞机，转向100，全美航空427，”机长回答。这架波音737飞机以190kn的速度，在6000ft的高度上平飞，自动驾驶仪已经启动。当它接近ATC指定的100°航向时，飞机开始平稳地从左倾向机翼水平的方向滚转。这个时候，时间大约在7:02:53，副驾驶对机长说：“哦，我看到了喷气式飞机。”当他说完这句话时，驾驶舱语音记录仪（CVR）记录了三声快速的重击声。

在这段时间内，飞机的指示空速从190kn迅速波动到193kn，然后又回到191kn。之前在指定航向上平稳滚转的左倾角，在接下来的2s内从大约7°增加到超过20°。CVR记录了另外一次重击声，两次“咔嚓”声，发动机噪声增大，以及机长一次快速吸气和呼气的声音。

大约在7:02:59，向左的快速滚转被抑制，飞机开始短暂地向右滚转，以达到机翼水平的姿态。但也是在这个时候，飞机的航向稳定地朝向ATC指定的100°航向，开始以更快的速度向左移动，穿过了100°航向。

向左侧滚转运动的阻止是短暂的。在7:03:00之后，飞机又开始迅速向左滚转；飞机的航向向左移动了大约89°，并继续以至少5°/s的速度向左移动。在大约7:03:01和7:03:04之间，CVR记录到副驾驶再次发出“咕哝”声，这次更加响亮。此时，飞机的左倾角已经增加到约43°，飞机已经开始从指定的6000ft海拔高度下降。在滚转运动中出现了几次快速的波动。副驾驶切断了自动驾驶仪的连接。向左滚转继续进行。到7:03:06，左倾角超过了70°。

在7:03:07.5，由于气动迎角过大，机翼上的气流受到干扰，飞机开始产生颤震，

① 1mile（英里）≈1.609km。

机翼发生失速。

波音 737 飞机的失速警告系统振杆器开始迅速振动驾驶盘。在 0.5s 内，高度报警器响起，提醒机组人员，飞机已经偏离其指定高度 300 多 ft。在下 1s 内，空中（预警和）防撞系统（TCAS）检测到可能与正在爬升到 5000ft 的喷气式飞机发生交通冲突，并发布了一条咨询信息："飞机，飞机。"大约在这个时候，进场管制员注意到全美航空 427 航班在其 ATC 雷达屏幕上的高度读数显示，波音 737 即将下降到 5300ft。

"全美航空 427 保持 6000，完毕，"管制员说。

"427 紧急情况！"机长回应道。

在几秒钟内，飞机几乎垂直朝向地面。在 7:03:18.1 到 7:03:19.7 之间，CVR 记录了机长的指令"拉……拉……拉，"也许是在绝望地试图让副驾驶把机头拉起来。然而，到此时，已经无能为力了。

CVR 记录在 7:03:22.8 停止。

飞机撞到了宾夕法尼亚州阿勒奎帕附近的丘陵和森林地带，位于匹兹堡国际机场（PIT）西北约 6mile 处，海拔约 930ft。撞击造成的大火燃烧了大约 5h，但飞机残骸持续好几天仍在冒烟，事故造成 132 人遇难。

1.2 调查和发现

第二天一早，NTSB 的一个完整的行动小组抵达匹兹堡。虽然前一天的天气非常晴朗，但是当调查人员开始初步调查时，一场大雨已经彻底淋湿了坠毁现场。泥浆、残骸和尸体到处都是。

飞机的主要撞击点是在一个树木茂密的地区，位于一个山坡上，旁边是一条穿过树林的土路。残骸严重碎裂、变形和烧毁，大部分位于以主要撞击坑为中心的 350ft 半径内。据计算，飞机以机头朝下大约 80°、稍微向左偏转的姿态撞击地面。

对扰流板操纵面和作动器的检查显示，所有的机翼扰流板在撞击时都处于收回的位置，没有证据表明撞击前有故障。对前缘襟翼和缝翼的检查表明，它们在撞击时是对称伸展的，没有任何撞击前存在故障的证据。同样，也没有证据表明后缘襟翼或襟翼轨道有结构性疲劳或撞击前起火。

飞行数据记录器（FDR）显示，在撞击地面之前，发动机运行正常，对发动机残余部分的实物检查也支持这一结论。对发动机推力反向器的检查表明，左侧发动机反向器的锁定推杆在撞击时处于收起的位置。然而，右侧发动机的推杆被发现处于伸出位置。在进行了为期两天的调查之后，调查人员终于取得了突破。随后的 X 射线检查和对 4 个推力反向器锁定推杆的拆解表明，所有 4 个推杆的活塞都处于收起的位置，在撞击时锁定销啮合。确定右边发动机上的异常是撞击力造成的。

飞机水平尾翼（简称平尾）落在反转的位置，水平安定面和升降舵仍然与尾翼相连（见图 1–2）。在飞机尾部，平尾的飞行控制串联可以建立起来，升降舵的位置大约向上 14°。垂直安定面和方向舵在机尾旁边，方向舵操纵换向器仍在其安装支架上。主方向舵动力控制单元（PCU）显示作动器杆发生弯曲，这与舵的位置大约向右转 2°相符合（飞机机头向右）。基于以上因素，调查人员对飞机为什么会向左转产生疑惑。

图 1-2　全美航空 427 航班的尾部残骸

找到的残骸中只有一些驾驶舱的碎片。一个值得注意的发现是空速表，固定在 264kn 或 303mile/h。

为了寻找更多的飞机残骸，调查人员在飞机最后的飞行路线进行了地面搜索，并用直升机进行了空中搜索，但没有发现。由于飞机以如此高的速度撞击地面，NTSB 担心重要的飞机残骸可能已经深钻地下。

使用从美国矿务局借来的地表穿透雷达，在地下 6ft 处发现了更多的残骸碎片。

将残骸从事故现场移出之前，对其进行了彻底的检查、识别并拍摄了照片，还记录了关键的测量数据。在对残骸进行记录和清洁后，把它带到匹兹堡国际机场的一个机库进一步检查并进行了模型重构，以确定事故中是否涉及控制缆索故障、鸟撞、地板梁故障或飞行中的爆炸。这个过程包括使用波音公司的图样来识别飞机部件，一旦完成识别，工作人员就会在机库地板上按大致相对位置把它们铺开（见图 5-3，ValuJet 592 航班的类似重建工作的照片）。由于英国航空事故调查处（AAIB）对大概 6 年前在苏格兰洛克比附近飞行中爆炸的泛美 103 航班进行过重建，有了经验，NTSB 寻求他们帮助。虽然重建工作因为飞机的大部分部件被摧毁或严重损坏而遇到了严重阻碍，但 AAIB 没有发现任何撞击前爆炸的证据。此外，来自联邦航空局（FAA）和联邦调查局（FBI）的爆炸专家检查了残骸并形成了类似的意见。

安全委员会还检查了事故飞机上的 CVR 和 FDR 信息，并将其与从泛美 103 航班上获得的 FDR 和 CVR 信息，以及其他已知的飞行中的火灾、炸弹袭击和爆炸事件进行比较，没有发现类似的特征。所有的飞机舱门和口盖都有记录，它们各自的锁定机制证明它们在撞击时处于关闭和锁定状态。

调查人员使用紫外线灯检查了雷达罩、前部压力舱壁、左翼前缘缝翼、驾驶舱飞行控制部件，以及垂直和水平安定面的前缘等部分，来寻找鸟撞的证据，但并没有发现。

尽管 CVR 装置出现内、外部结构损坏迹象，但录音带的状况良好，可以准确并容易复现几乎所有机组人员的对话。

受碰撞保护的 FDR 存储模块单元完好无损。虽然这个 FDR 实际上记录了 13 个参数，但它经常被称为“11 个参数的 FDR”，因为这 13 个参数中有两个不是要求安装 FDR 的联邦航空条例（FAR）明确要求记录的。以每秒采样一次记录的参数是高度、指示空速、航向和麦克风按键。每台发动机每秒记录一次的参数，还有排气温度（EGT）、燃油流量、风扇速度（$N1$）和压气机速度（$N2$）。采样频率较高的记录参数有：滚转姿态和驾驶杆位置（每秒 2 次），俯仰姿态和纵向加速度（每秒 4 次），以及垂直加速度（每秒 8 次）。

FDR 没有记录实际的飞行操纵面位置，FAR 也没有要求它这样做。然而，如果没有这些信息，调查人员在接下来的几年里只能进行复杂的计算机模拟和被称为“运动学分析”的数学研究，以得出他们对操纵面移动位置和时间的最佳估计。而在所有这些工作之后，真正的问题仍然存在：控制是如何传递到这些位置的？

多年后，在调查即将结束时，NTSB 前主席吉姆·霍尔坦言：“我并不希望调查持续 4 年半之久，但这项调查的复杂性，加上飞行数据信息的极度缺乏，需要进行长期、全面的调查。”

1.2.1　滚转事件

从目击者的陈述和 FDR 信息中可以清楚地看到，飞机在致命坠地的过程中向左滚转。调查人员考虑了可能产生快速向左滚转时刻的各种情况。慢慢地，他们最终一个接一个地排除了发动机推力反向器不对称展开、扰流板 / 起落架不对称启动、瞬时电子信号导致非指令性飞行控制运动、偏航阻尼器（SYD）故障，以及方向舵缆索拉断的可能性。虽然这些事件中的每一个都可能造成快速的滚转力矩，但调查人员确定，它们都不可能与 FDR 上记录的航向变化和加速曲线相匹配。

尾流：

NTSB 从匹兹堡进场控制中心获得了雷达数据，并绘制了全美航空 427 和 Delta 1083 的位置。雷达数据显示，当 Delta 1083 航班经过全美航空 427 航班最初发生故障位置附近时，正在 100°方向下降到海拔 6300ft。全美航空 427 航班在 Delta 1083 之后约 69s 到达该位置，两架飞机相距约 4n mile。NTSB 和美国国家航空航天局（NASA）的空气动力学专家创建了一个尾流模型，并得出结论，在当晚的大气条件下，尾流的下降速度为 300 ~ 500ft/min。这使它们处于全美航空 427 航班后来飞过的空间中的同一点，也就是最初开始出现故障的地方。由此，调查人员得出结论，全美航空 427 航班确实受到了来自 Delta 1083 航班尾流的影响。

NTSB 知道，在 1964—1972 年期间，尾流导致了三起航空事故。然而，这些飞机在起飞和降落时都是在低空飞行，而不像全美航空 427 航班飞机飞行速度相对较快，高度较高。在 1972 年的尾流事故后，空中交通管制（ATC）分离标准提高了，从那时起，就没有发生过与尾流有关的致命的航空事故。调查人员对尾流如何在这次事故中产生影响感到困惑。

为了进一步了解尾流，NTSB 于 1995 年秋天在新泽西州的大西洋城附近进行了一系列尾流测试。在这些测试中，使用了一架安装特殊仪器的波音 737 飞机穿越波音 727 飞机的尾流，波音 727 飞机的尾流由安装在每个翼尖的烟雾生成器标记。还特别留意将每架飞机加载到 Delta 1083 航班和全美航空 427 航班的大致重量，并在类似于事故发生时的大气条件下进行测试。

在测试期间，波音 737 飞机从不同的交叉角度、飞行姿态和 2 ~ 4.2mile 的距离穿过波音 727 飞机的尾流涡流核心超过了 150 次。每次穿过都用安装在波音 737 驾驶舱内的摄像机和安装在垂直安定面顶端的广角镜头摄像机进行了记录。此外，还使用了一个特殊的 FDR，每秒对特定参数进行 20 次采样。

在整个飞机上放置了各种录音设备，以捕捉任何可疑的声响。然后，NTSB 对几种奇怪的声音进行了声谱分析。结果发现，在飞机主机身通过尾流中心区时，CVR 上的三次重击声具有与尾流测试中听到的相同的声频特性。

参加这些测试的试飞员说，尾流对波音 737 的飞行操控特性有不同的影响。他还说，这些影响通常只持续几秒钟，不会导致失去控制，也不需要极端或积极的飞行控制输入来抵消。对测试数据的审查并没有发现在任何情况下，遭遇尾流涡流产生了类似于 427 航班 FDR 上记录的航向变化。我们进一步确定，在大多数的尾流测试中，一旦飞机进入涡流，飞机的自然趋势是从尾流的影响中退出。根据所有这些数据，NTSB 确定 427 航班不会在涡流中停留足够长的时间而产生当晚 7:03:00 之后的航向变化和倾斜角度，调查人员认为，除了尾流，肯定还有其他原因。

1.2.2 方向舵左偏

现有的 FDR 数据虽然有限，但与计算机模拟结果相吻合，这表明飞机方向舵可能曾经持续左满舵。然后，调查的重点被缩小到确定什么事件会导致方向舵的运动。

1.2.3 波音 737 的方向舵系统

在正常的飞行操作中，驾驶员通过操纵每个机翼后缘的副翼来使飞机倾斜（滚转）。波音 737 飞机还使用安装在机翼上的扰流板来加强滚转控制。随着副翼（和扰流板）的偏转，飞机开始转弯，它会倾向于与指令方向相反的偏航（转弯），这是因为正在下降的机翼上的阻力增加，正在上升的机翼上的升力增加。这种偏航趋势被恰当地称为“反偏航”。方向舵的作用是抵制这种反偏航，并由驾驶员通过方向舵脚蹬控制。当驾驶员通过转动飞机驾驶盘开始转弯时，他也应该适量使用方向舵，以防止飞机在转弯时偏航过大（见图 1–3）。

驾驶员在侧风起飞和降落时通常也会使用方向舵，以保持飞机沿着跑道中心线直线运动。在异常情况下，它也被用来对抗不对称的转弯趋势，如发动机故障或不对称的襟翼情况。

在波音 737 飞机上，每个驾驶员都有一对方向舵脚蹬。这些脚蹬通过缆索连接到飞机尾部，然后连接到主方向舵动力控制单元（PCU）和位于垂直安定面后部的备用方向舵 PCU。这个 PCU 通过各种机械和电子输入，将驾驶员的指令（通过方向舵脚蹬

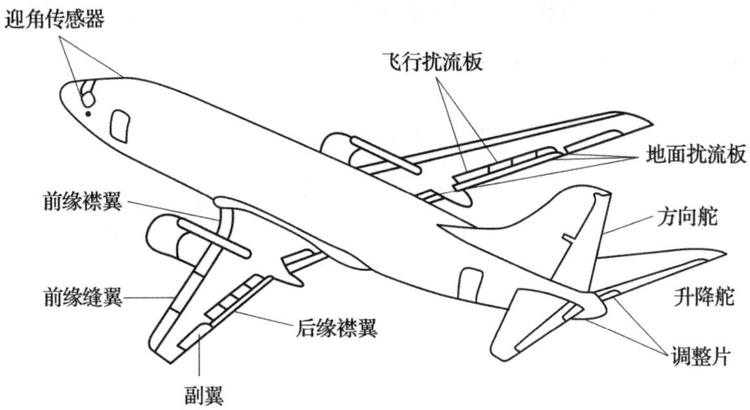

图 1-3　波音 737 的飞行操纵面

和缆索的机械输入）转换成液压输出来控制方向舵。波音 737-300 的方向舵是一个单独的面板，在正常操作中，它由一个液压 PCU（主方向舵 PCU）来驱动。

在波音 737 的两个主要液压系统（系统 A 和系统 B）都损失的情况下，“备用”液压系统可以为方向舵提供动力。备用液压系统完全独立于系统 A 和 B，并且有自己的备用方向舵 PCU。

NTSB 对大型运输类飞机进行了审查，包括波音公司、麦道公司、空客公司和洛马公司的机型，发现波音 737 是唯一只有单个方向舵舵面和单个方向舵作动器的双翼悬挂发动机的大型运输类飞机。所有其他双翼悬挂发动机的大型运输类飞机都设计成分段方向舵舵面，多个液压作动器，或机械 / 手动 / 配平片式方向舵作动系统。NTSB 观察到，由于波音 737 的发动机是安装在机翼上的，它的方向舵系统必须有足够的力量来有效对抗损失一个发动机动力时的显著不对称情况下的偏航效应。

当正确装配和安装时，在没有空气动力载荷的情况下，波音 737-300 主方向舵 PCU 可以控制方向舵从中立位置向左或右偏转最大 26°。当飞机在空中加速飞行时，来自气流的空气压力将限制可用的方向舵偏转量。举例来说，如果一个方向舵在没有空气动力载荷的情况下能够左右各偏转 26°（比如在地面上的静态条件下），那么当飞机以 300kn 的速度飞行时，同一个方向舵可能只能偏转 22°。在给定的飞行条件 / 配置下，方向舵可以偏转的最大限度被称为方向舵的“分离限制”（blowdown limit）。

主方向舵 PCU 伺服阀：

PCU 的主要工作部件是伺服阀，位于 PCU 主壳体内。该伺服阀由波音公司设计，并由派克 · 汉尼汾（Parker Hannifin）公司按照波音公司的规范制造。伺服阀的功能是将高压液压油引导到适当的“端口”，或组件中的小口，使方向舵向正确的方向偏转。这可以由驾驶员（通过方向舵脚蹬）、偏航阻尼器（它可以使波音 737-300 的方向舵在没有驾驶员输入的情况下在中立位置左右各偏转 3°，以保持飞机在湍流中的稳定性），或由方向舵配平器发出指令。

伺服阀的主阀大约有铅笔大小，上面加工有小槽和小孔，用来引导液压油到方向舵作动器上，方向舵 PCU 伺服阀的示意图见图 1-4。当 PCU 接收到转动方向舵的指令时，主阀就会向相应的方向移动，输送液压力，使方向舵作动器活塞伸出或缩回。作动器活塞直接与方向舵舵面相连。当方向舵作动器活塞伸出时，方向舵向左转动；当方向舵作动器活塞缩回时，方向舵向右转动。

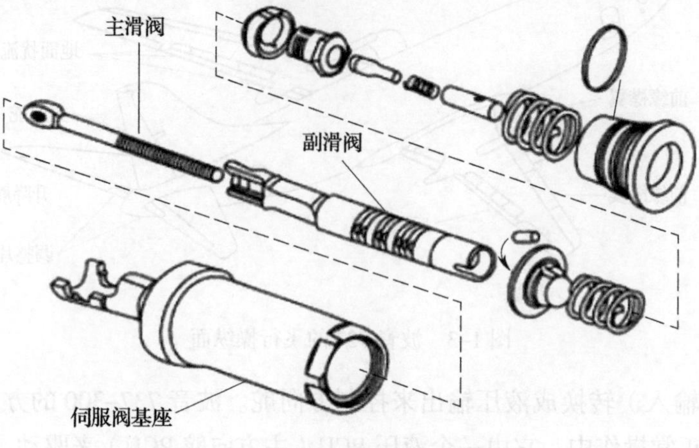

图 1–4　方向舵 PCU 伺服阀的示意图

副阀围绕主阀同心旋转，它在伺服阀外壳内，与外壳同心。像主阀一样，副阀也可以来回运动，引导液体压力驱动方向舵。通常情况下，当收到移动方向舵的指令时，主阀会首先移动。只有当主阀的移动不足以按预设的速度转动方向舵时，副阀才会作动。这两个阀设计为提供大致相等的液压油流量。在无空气动力的条件下，单独的主阀可以提供约 33° /s 的舵速，而主阀和副阀同时作动则可以提供 66° /s 的舵速。

这些阀实际移动的总距离是非常有限的。从中立位置到它们的完全极限位置，主阀和副阀各自的位移只有大约 0.045in，合计距离为 0.090in。这两个阀的设计使它们可以在正常工作范围之外轴向移动约 0.018in，这被称为“超程”能力。

这些阀的间隙设计得非常小，因此在制造伺服阀时可以不用 O 形环来密封阀。在主阀的外表面和副阀的内表面之间，以及副阀的外表面和伺服阀壳体的内表面之间，有大约 0.00015in（小于人的头发丝的直径）的间隙（见图 1–5）。

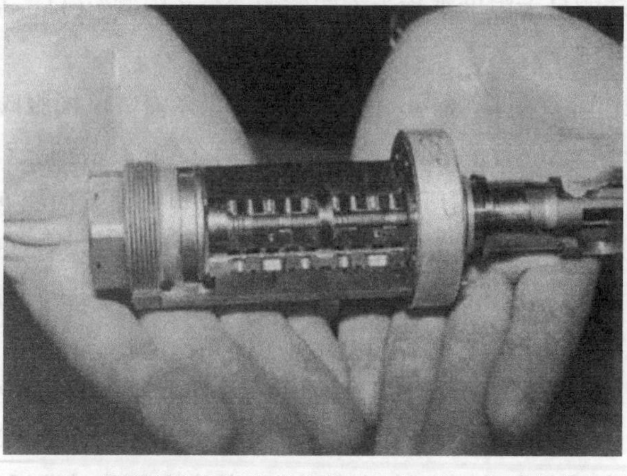
图 1–5　PCU 伺服阀去掉外壳的实物图（《民航飞行员》杂志提供）

1.2.4 NTSB 对 PCU 和伺服阀的测试

从全美航空 427 航班残骸中找到的 PCU 接受了很多测试。对偏航阻尼器系统进行了检查，以验证是否存在某种故障模式能使方向舵偏转超过 3°的限制。对残留在事故飞机的管路和作动器中的液压油进行了检查，看它是否含有可能导致方向舵异常的污染。在另一项测试中，将橡胶、金属丝和调质钢的小碎片放入测试的伺服阀中，以观察是否会被卡住。按照设计，大多数碎片被剪断，PCU 继续运行，然而，其中一个较大的钢片确实卡在了伺服阀中。在拆卸时，调查人员发现伺服阀上有碎片滞留的物理痕迹。在 427 航班的伺服阀上没有发现这种痕迹。还进行了测试来评估波音 737 液压系统中空气的影响，并检查“淤塞”的可能性，在这个过程中，极小的颗粒在伺服阀中堆积，损害了该系统的精密性。上述测试虽然有助于排除部分问题，但对调查人员回答 427 航班坠毁的原因提供的帮助不大。

1.2.4.1 独立技术咨询小组

令调查人员感到沮丧的是，他们绞尽脑汁进行的测试都没能发现真正的线索。1996 年 1 月，安全委员会成立了一个由 6 名来自政府和企业的专家组成的独立咨询小组。该小组的任务是审查调查中完成的工作，以确保所有问题都得到充分解决，并提出建议。他们认为需要更大的努力，以确保完整和彻底的调查。

在他们的第一次会议上，一位小组成员表示，他曾参与过一个军用战斗机项目，该项目使用的控制系统 PCU 在设计上与波音 737 的主方向舵 PCU 相似。该 PCU 较早之前就因为被卡住，导致了一次试飞事故。对那次事故的调查表明，当突然全速向冷 PCU 输入热液压油时导致装置卡住了。PCU 的内部零件在冷 PCU 内部产生热膨胀时，会使 PCU 卡住。鉴于这些信息，全美航空 427 航班坠机调查员制订了一个热冲击测试计划。

1.2.4.2 PCU 的热测试

波音公司的工程师证实，发动机驱动的液压泵发生故障可能导致液压油过热。1996 年 8 月，进行了 12 次热测试：4 次在新生产的 PCU 上，8 次在全美航空 427 航班的 PCU 上。1996 年 10 月，又进行了 19 次测试：8 次在新生产的 PCU 上，11 次在 427 航班的 PCU 上。

多种测试中的一种是“极端温差测试”。该试验首先将 PCU 预冷至约 –40℉[①]，然后注入被加热至约 170℉的液压油。

1996 年 8 月的测试结果令人惊讶。新生产的 PCU 反应正常，但 427 航班的 PCU 出现异常。在其中一次测试中，427 航班 PCU 卡在左满舵位置大约 5s。在另一次测试中，它卡住了大约 1s。在其他测试中，它比正常的左舵指令运动更慢。

1996 年 10 月的测试也得到了类似的结果。根据 NTSB 的说法，“对数据的进一步检查表明，伺服阀副阀瞬间卡在了伺服阀壳体上，随后主阀的超程导致系统回流增加，可能导致方向舵作动器反转（向与指令相反的方向转动）”。

---

① ℉称非法定单位的华氏度，换算公式为 t_F（℉）≈ 32+1.8t（℃）。

在热测试完成后，全美航空 427 航班的 PCU 在派克·汉尼汾公司被拆解和检查。主阀、副阀以及伺服阀外壳的内部没有显示出在热测试中发生的卡住或捆绑的损坏或物理痕迹。同样值得注意的是，在拆卸之前，PCU 通过了派克·汉尼汾公司用来验证 PCU 性能的功能验收测试。这种故障模式是难以捉摸的；尽管 PCU 在几次测试中被卡住了，但它仍然通过了验收测试，并且没有产生任何明显故障。

1.2.5 副阀卡住时的方向舵反转

在安全委员会 1996 年 10 月的热测试之后，波音公司使用新生产的 PCU 进行了独立的测试，该 PCU 经修改可以模拟副阀卡住的情况。这些测试表明，当副阀在某个位置卡在伺服阀壳体上时，由于 PCU 内部输入连杆的弯曲或扭转，主阀可能超出其预设的停止位置（超程）。这种偏移使得主阀运动到一个位置，在这个位置上，PCU 驱动方向舵的方向与预期指令相反（见图 1–6）。我们发现方向舵反转！

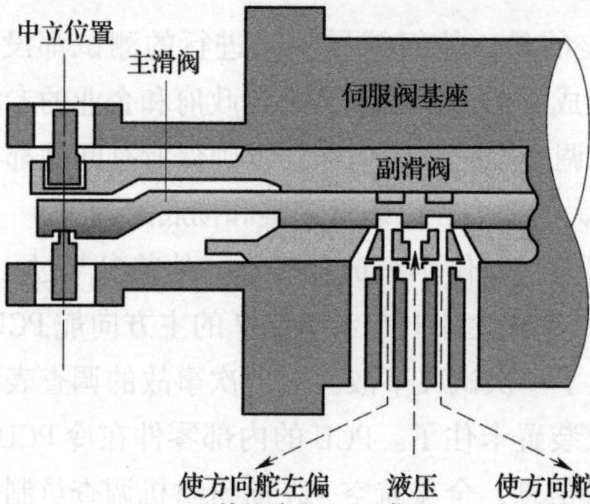

图 1–6 方向舵 PCU 伺服阀的示意图（NTSB 提供）

正常情况下，当飞行员蹬左脚蹬，主滑阀和副滑阀同步向左运动，沟通液压供压与使方向舵左偏的油路（见图 1–7），作动器驱动方向舵左偏；飞行员蹬右脚蹬，主滑阀和副滑阀同步向右运动，沟通液压供压与使方向舵右偏的油路（见图 1–8），作动器驱动方向舵右偏。

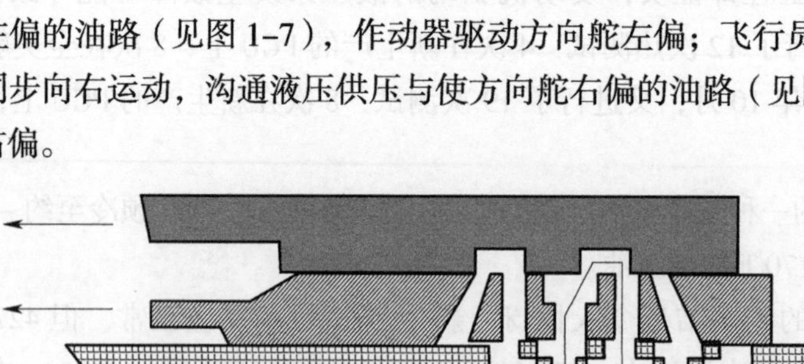

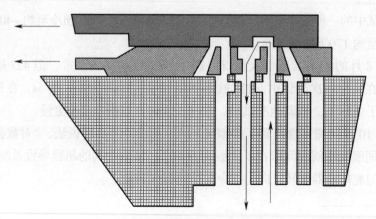

图 1–7 正常情况方向舵左偏的油路

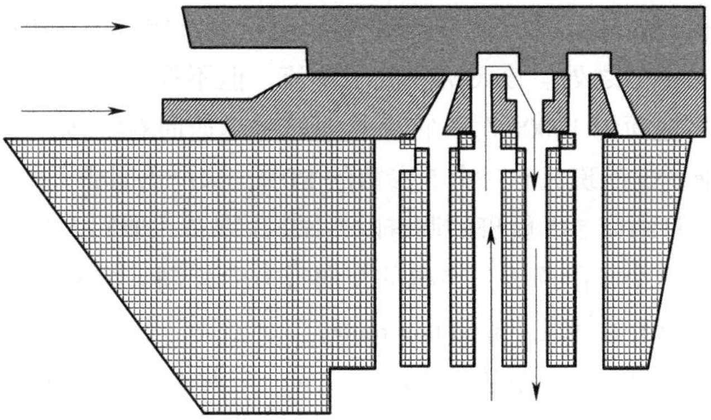

图 1–8　正常情况方向舵右偏的油路示意图

当副滑阀卡住时，由于 PCU 内部输入连杆可能发生弯曲或扭转，主滑阀与副滑阀的运动不再同步。如果副滑阀卡在特定的位置，飞行员蹬右脚蹬时，副滑阀不动，主滑阀向右运动，意外沟通了液压供压与使方向舵左偏的油路（见图 1–9），作动器驱动方向舵左偏，即发生所谓的方向舵操纵反效。

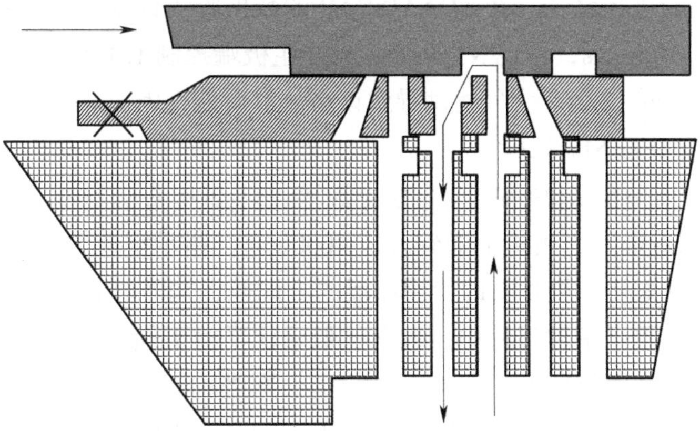

图 1–9　副滑阀卡死时方向舵操纵反效的油路

1.2.6　其他重要的滚转 / 偏航事件

在调查过程中，NTSB 收集了一份与波音 737 飞机方向舵有关或与滚转有关的事件清单，发现大部分情况下都是因为机械故障所致，只有极少数是人为因素导致。例如，在 1974 年 7 月的一个案例中，一名机组人员报告说，方向舵在着陆时“向右侧满偏”。调查显示，由于一个异物卡在伺服阀中，主方向舵 PCU 的主阀和副阀卡在一起。在 1993 年 1 月的案例中，一名机组人员在起飞前的飞行控制检查中报告了方向舵脚蹬“锁死”。主方向舵 PCU 立即被运往派克 · 汉尼汾公司进行分析。在测试过程中，该装置出现了方向舵反转的现象，也就是说，当操纵方向舵向右转动时，方向舵实际上会向左转动。虽然这些事件中有许多起都颇有启发意义，但 NTSB 认为有两个特殊事件是 427 航班调查的关键。

1.2.6.1　美国联合航空公司 585 航班

1991 年 3 月，美联航 585 航班，一架波音 737–200 飞机，在飞往科罗拉多州科罗拉多泉市（Colorado Springs）的途中神秘坠毁。委员会开始认为该事故与全美航空 427 航班事故有惊人的相似之处。该飞机遇到了湍流，但不像全美航空 427 航班那样的尾流涡流。当飞机离地面约 1000ft 时，它突然偏航并迅速向右滚转，随后迅速俯冲并坠毁。然而，美联航 585 航班只有一个 5 参数的 FDR，这严重阻碍了最初的调查。

在 1992 年 12 月结束 585 航班的调查时，NTSB 宣布，他们无法给出确定的事故原因。但他们列出了两个可能原因：飞机的横向或方向控制系统发生故障，或遇到异常严重的大气干扰，如山地旋风（mountain rotor）。

飞机的维修记录显示，在事故发生前的一周，有两份与方向舵有关的驾驶员报告。其中一份报告指出，“在起飞时，方向舵有输入减弱异常。拔出了偏航阻尼器的断路器。”针对这个问题，更换了偏航阻尼器耦合器。两天后，一名驾驶员抱怨说，“偏航阻尼器偶尔会无缘无故地突然移动方向舵……在爬升（25000ft）的过程中，非人为地操纵方向舵”。主方向舵 PCU 偏航阻尼器输入阀被更换，飞机重新投入使用。

根据 NTSB 的建议，1997 年，美国国家海洋和大气管理局（NOAA）和美国国家大气研究中心（NCAR）联手观察、记录和分析科罗拉多泉地区的潜在气象灾害，重点是科罗拉多泉机场的进场路径。在 NOAA/NCAR 的数据收集计划中观察到的山地旋风的最大旋转速率为 0.05rad/s，这比 NTSB 确定的产生极端控制困难而导致美联航 585 航班坠毁所需的速率要低 12 倍。大气扰动导致该事故的可能性因而降低。

1.2.6.2 东风航空公司 517 航班

1996 年 6 月，一架东风航空公司的波音 737-200 飞机在弗吉尼亚州里士满（Richmond）进场着陆。当飞机下降到海拔 4000ft 时，指示空速为 250kn，飞机突然向右偏航，然后向右滚转。机长立即使用相反的方向舵，“非常用力地踩着脚蹬”，同时使用左侧副翼。在整个事件过程中，方向舵似乎比平时更僵硬，似乎反应不正常。飞机继续向右滚转，同时航向变化约为 5° /s。机长推进右侧推力杆，用动力差异补偿滚转趋势。最后，机组人员完成了紧急检查清单，随后关闭了偏航阻尼器。故障结束后，机组人员安全着陆。

在这次事件之前的一个月，有三名驾驶员报告了与这架飞机的方向舵有关的不满。在收到报告之后，主方向舵 PCU 被更换。为了回应其他驾驶员的投诉，偏航阻尼器的各个部件也被更换，飞机经过试飞并重新投入使用。里士满事件发生在当夜较晚时间。

NTSB 负责全美航空 427 航班调查的前调查员托马斯·豪特（Tomas Haueter）说：“东风航空事件成为全美航空 427 航班调查的一个关键因素。”

1.2.7 临界空速

1996 年 9 月，安装了在尾流测试中的相同特殊仪器的波音 737-300，在华盛顿州西雅图波音机场进行了一系列的飞行测试。一些飞行条件要求试飞员通过使用飞机驾驶盘对抗方向舵满偏以保持对飞机的控制和保持稳定。这些测试表明，在襟翼 1 的配置下，在一定的空速下，滚转权限（使用扰流板和副翼）不足以完全对抗方向舵偏转到其分离限制的滚转效应。最大的滚转控制（由驾驶盘输入提供的全部滚转权限）不能再对抗方向舵偏转到其分离限制的偏航 / 滚转效应的空速，被测试组称为“临界空速”。

飞行测试表明，当波音 737-300 飞机配置在襟翼 1，重量为 110000lb[①] 时，其临界空速在正常重力加速度（1*g*）下为 187kn。这些重量和速度值的意义在于，在初始故障时期，全美航空 427 航班的重量约为 108600lb，运行速度约为 190kn。这些飞行试验表明，在空速超过 187kn 时，由方向舵满偏引起的滚转可以通过驾驶盘的输入来纠正。然而，在相同的配置下，在 187kn 及更低的空速下，由方向舵满偏引起的滚转不能通过相反方向驾驶盘满偏输入来完全消除，飞机只会继续沿着方向舵偏转的方向滚转。同样重要的是，随着过载的增加（通过增加垂直载荷系数或迎角），临界空速也会增加。

飞行试验还显示，测试飞机的方向舵在达到其气动分离限制之前，比波音公司的计算机模型所显示的行程要稍大一些。飞行试验的数据被编入波音公司的工程飞行模拟器，并由试飞员进行了多次模拟飞行。这些模拟飞行表明，当像 427 航班那样的重量和襟翼配置飞行时，在任何低于 187kn 的空速下，在方向舵偏转到气动分离限制的情况下，滚转不能通过使用相反方向驾驶盘满偏输入来完全抵消（并且不能重新获得对飞机的控制）。

1.2.8　人为因素

在对事故的机械方面进行调查的同时，NTSB 的人为因素小组也在默默地进行自己的调查。他们认为，机组人员行为的一些最直接的证据就在 CVR 中。与一些调查不同，NTSB 的 CVR 分析并不完全基于驾驶员所说的话。相反，有价值的线索来自于机组人员的说话方式，以及 CVR 上其他令人难以置信的声音。

1.2.8.1　语音、呼吸和其他 CVR 记录的声音

为了更好地了解驾驶员在事故发生过程中的行动和情绪状态，调查人员从 CVR 中提取了几个声学特征。被提取的是驾驶员的讲话（语音基频、振幅、语速和内容）和呼吸（吸气、呼气和“咕哝”声）模式，这些都是由 CVR 在飞行的常规部分、故障初和失控下降时记录的。在这次事故之前，可能无法使用 CVR 来分析呼吸频率，但在 1991 年，美国联邦航空条例（FAR）规定，在大多数类型的飞机上，机组成员必须使用悬挂麦克风。这些“热”话筒直接放在每个驾驶员的嘴前，连接到每个驾驶员的耳机上。

除了他们自己内部的人为因素专家外，NTSB 还寻求了三位独立专家的意见。其中一位是来自俄罗斯洲际航空委员会的医学博士阿尔弗雷德·贝兰（Alfred Belan），他参与过 250 多起航空事故的调查，在事故的医学和心理学分析方面享有盛名，其最突出的贡献是在语音的心理分析方面。其他专家来自美国海军航空医学研究实验室和 NASA 艾姆斯（Ames）研究中心。

在听取了 CVR 之后，专家们一致认为，没有任何驾驶员的语言模式或其他声音表明其有生理上的障碍或丧失了行为能力。相反，专家们认为，两位驾驶员在整个飞

① 1 lb（磅）=0.454kg。

行过程中，包括故障和事故过程中，听起来都很警觉，反应灵敏。专家们从机长的“sheeez”声和副驾驶的“zuh”声中得出结论，驾驶员对最初的故障感到惊讶，但他们一致认为，驾驶员对这种情况做出了迅速的反应，并试图控制飞机和查明问题。

贝兰博士指出，在最初的故障开始后，驾驶员表现出语言振幅（响度）、基本频率（声调）、呼吸频率增加，并且话语中的信息减少。这表明他们的心理压力水平已经增加。然而，心理压力的增加并不一定会干扰驾驶员应对紧急情况的能力。在提交给NTSB的报告中，贝兰博士将压力分为三个阶段，第一阶段实际上是通过“集中注意力”来强化一个人的反应。第二阶段的特点是仓促或不成熟地应对，如遗漏单词或检查表项目。然而，按照贝兰博士的“分级”在这个阶段，一个人仍然可以有恰当的表现。“只有在最高级别的压力下（第三阶段，或‘恐慌’），当事人才无法清楚地思考或行动。”贝兰博士说。

NTSB注意到，机长在向空管部门进行例行和紧急消息发送时都说了“427”这个数，这为使用相同的词语进行直接比较提供了依据。当机长在常规飞行操作中说出“427”这句话时，平均基本频率值为144.6Hz。然而，当他在紧急情况下说同样的话时（“427，紧急情况”），基本频率增加了47%，达到214Hz。根据贝兰博士的分类方案，基本频率增加47%与一个人的压力水平上升到第二阶段是一致的。他指出，直到撞击前大约5s，驾驶员的压力水平都没有上升到第三阶段，他的这一结论部分是基于机长发出的“拉……拉……拉……”进行声学测量所得出的。

贝兰博士对副驾驶的言语中断进行了评论，如“咕哝”和强制呼气。他向NTSB报告说“……一个人在做强度大的体力劳动时，会出现肌肉骨骼（胸部）的‘集中’，导致肺部正常扩张和通气（吸气和呼气）吃力。这些变化会在说话时表现出来。比如在说话时出现咕哝声和吃力的声音，因为这个人试图尽量减少空气的流出所以吸气和呼气变得被动和快速。”他指出，正常使用驾驶舱的控制装置不应该产生这些类型的声音，而副驾驶发出这些咕哝声，表明他在“异常努力地挣扎……（好像）他在使用控制装置时遇到了不同寻常的阻力”。

1.2.8.2　方向舵系统卡住时的脚蹬力

1997年6月，调查人员使用一架波音737-300飞机进行地面测试，以体验当PCU伺服阀副阀被卡住时方向舵脚蹬的感觉。使用特殊的工具来模拟不同位置的副阀被卡住的情况。NTSB负责全美航空427航班事故的人为因素小组主席参加了这次活动，他说：“我费力地左转舵。除了一两个例外，这个脚蹬上的输入触发了方向舵反转。在我输入后，左转舵脚蹬立即开始向外移动，直到到达最大止动位置……这个运动是稳定持续的，无论我如何用力踩踏来对抗也不会暂停（用‘不屈不挠’来描述更加形象，这个词基本上体现出了我对这种力量的印象……）。”

调查显示，当阀被卡住时，方向舵脚蹬到达最大止动位置时，一个有足够力量的驾驶员实际上可以将方向舵脚蹬向中立位置移动。这是由于缆索松弛和某些公差造成的，称为“合规”。正因为如此，NTSB指出：“方向舵脚蹬回中并不是波音737的方向舵反转问题已经被解决的有效指标。”

1.2.8.3　空间方向迷失

在调查期间，产生了一个探索性的假设，由于飞机被 Delta 1083 航班的尾流扰乱，全美航空 427 机组可能在空间上迷失了方向，因此在试图恢复时用错了飞行控制。为了探讨这个问题，NTSB 在 NASA 艾姆斯研究中心的垂直运动模拟器（VMS）中进行了测试。这是世界上最大的运动模拟器，可进行 60ft 的垂直运动和 40ft 的水平运动。NASA 航天飞机的宇航员也在这个模拟器中进行训练。

427 航班故障初期和紧急下降期的几秒钟被编入 VMS，CVR 磁带与模拟器的运动同步，设置了一个计算机生成的地平线，以重现事故发生时的飞行条件（NTSB 采访了 Delta 1083 航班的机长，并了解到飞行中的能见度没有限制，地平线是明确的）。对于 427 航班故障的几秒钟时间，那些参与 VMS 研究的调查员可以实际看到、听到和感受到全美航空 427 航班机组在故障发生时的感觉。

NTSB 聘用了一位专门研究空间方向的 NASA 科学家。他研究了事故过程和 CVR 副本，然后置于 VMS 中运行了几次。在审查了所有相关数据并在 VMS 中进行了多次模拟飞行，其中一些有地平线视觉提示（视觉显示开启），一些没有这些提示（视觉显示关闭），最后形成了意见。"我相信，驾驶员在保持其对方向的准确感知方面可能不会遇到困难，即使在飞机俯冲阶段，他们可能会失去对视觉地平线观察的短暂时间里也不会。此外，飞行路线出现扰动之后驾驶员会口头表达出来，这表明他们完全了解自己的飞行轨迹，而且他们无法改变它……。驾驶员因异常前庭刺激而导致的方向迷失好像根本不可能对这起事故起到主要作用。"

1.3　结论和可能的原因

全美航空 427 航班的机组人员都获得了正确的资格认证，并按照适用的联邦法规进行了训练。没有证据表明有任何医疗或行为状况可能对机组人员在事故航班上的表现产生不利影响。

事故飞机是按照适用的联邦法规装备、维护和运行的。飞机是按照联邦航空局和行业批准的做法进行调度的。飞机的所有舱门和口盖在被撞击时都是关闭的，没有证据表明飞行中发生了火灾、炸弹袭击、爆炸或结构故障。

飞机遇到了它所跟随的 Delta 航空波音 727 飞机的尾流，但仅靠尾流是不可能与 FDR、计算机模拟和运动学分析所证明的晚上 7:03:00 之后的持续航向变化和飞行轨迹相匹配的。

计算机模拟和运动学分析的结果经过多年的改进，FDR 记录的晚上 7:03:00 之后的航向变化与方向舵偏转到其左侧气动分离限制一致。因此，安全委员会的结论是："大约在晚上 7:03:00，全美航空 427 航班的方向舵迅速向左偏转，并在此后不久达到其气动分离限制，" NTSB 在其关于该事故的最终报告中指出，"飞机方向舵系统的这种运动只可能是由机组人员的行为或方向舵机械系统的异常造成的。"

1.3.1 方向舵卡住 / 反转情节

根据 FDR 的记录，在晚上 7:02:58—7:03:00 之间，飞机的航向迅速越过指定的 100°达到大约 94°。计算机模拟和运动学分析表明，这一航向变化很可能与一个明显的偏航运动有关，会在驾驶员的座位上造成超过 0.1g 的向左的横向加速度。驾驶员很可能会感觉到这个加速度在驾驶舱内产生一个持续的、不舒服的侧向力，并且会观察到地面和天空在飞机的风挡玻璃上侧向移动。

在晚上 7:02:59.4，机长说"喔啊"，可能是对飞机偏航运动产生的运动和视觉感觉的反应。安全委员会的结论是，副驾驶在晚上 7:03:00 左右对这种偏航运动做出反应，施加方向舵右脚蹬压力是合理的。"方向舵向右的输入的目的是为了缓解侧向力，使飞机回正，但随后却出现了快速的方向舵向左偏转（方向舵反转），增加了左偏航运动，加速了飞机向左偏转。"安全委员会表示。

NTSB 的结论是，当方向舵偏转到初始气动分离位置时，方向舵脚蹬的移动方向与副驾驶的指令相反。副驾驶很可能感觉到方向舵右脚蹬在他的右脚下上升，尽管他试图踩下脚蹬。在那段时间里（晚上 7:03:00—7:03:02 之间），CVR 在副驾驶的"热"话筒通道上记录了"咕哝"的声音。NTSB 将此声音与语言专家的研究结果联系起来，他们检查了这些声音，并指出这些声音是重大体力活动的迹象。安全委员会回顾了贝兰博士的话，他说，副驾驶似乎"在异常努力地挣扎……仿佛他在使用控制装置时遇到了不同寻常的阻力"。安全委员会的结论是，CVR 在 7:03:00.3 记录的"咕哝"声，也就是在方向舵反转发生后不久，很可能是"副驾驶对方向舵脚蹬开始反转运动时的身体反应不由自主的表现"。

NTSB 指出，方向舵的反转，加上飞机的快速左滚和偏航，无疑会让副驾驶感到困惑和惊慌。矛盾的是，副驾驶越是用力踩下方向舵右脚蹬，就越可能因为卡住而无法起作用。NTSB 称："在这种情况下，驾驶员踩下方向舵脚蹬，就会知道脚蹬没有正常反应，但却难以理解、评估和纠正这种情况。"

NTSB 称，CVR 上的信息（如"咕哝"声）和安全委员会对事故进行的最佳匹配计算机模拟中使用的飞行控制输入，与方向舵反转时可能出现的驾驶员反应一致。

1.3.2 驾驶员输入场景

在大约 7:02:59，就在最初遇到尾流之后，向左的快速滚转被抑止，飞机开始短暂地向右滚转，以使飞机实现平衡。波音公司给出的运动学分析表明，这种对向左滚转的抑止是副驾驶向右满转驾驶盘的反应。据推测，副驾驶可能惊愕于由此产生的从左倾到右倾的快速反转，以及飞机向右加速速率。波音公司提出，为了减缓这种向右的快速加速，驾驶员在 7:02:58—7:03:01 期间使方向舵左转。

安全委员会反驳了这一论点，指出："然而，这样的右滚加速会帮助驾驶员停止左滚并重新获得水平姿态；因此，驾驶员没有什么理由反对右滚加速。"委员会指出，在建议方向舵左脚蹬踩到底时，驾驶盘向右的输入正好阻止了飞机的左滚。"虽然右滚加速到水平姿态可能会促使机组人员取消部分或全部现有的驾驶盘向右输入，但是机组人员不太可能在操纵飞机向左滚转之前，通过使用左满舵来应对这种右滚加速度，”安全委员会总结说，“此外，安全委员会的计算机模拟和波音公司对这一时期的运动学分析都表明，驾驶员正经历着（由尾流涡流引起的）向左偏航加速所带来的侧向载荷。”从逻辑上讲，侧向载荷会促使驾驶员使用右舵，而不是左舵。“因此，”委员会总结说，“全美航空 427 航班的机组人员极不可能像波音公司所说的那样，使用左满舵。”

安全委员会进一步得出结论：“对 CVR、安全委员会计算机模拟和人类表现数据（包括操作因素）的分析……表明它们与最有可能由主方向舵 PCU 伺服阀副阀卡住……和主阀超程引起的方向舵反转相一致。”

1.3.3　未完成的事务：美联航 585 和东风 517

从全美航空 427 航班事故调查初期开始，安全委员会就认识到全美航空 427 航班事故与尚未定论的美联航 585 航班事故有明显的相似之处。事实上，NTSB 在完成 585 航班事故的调查后，在调查方向舵问题方面积累了很多经验。除了拥有更明确的方法来调查潜在的机械异常外，现在还有大量新的人为因素调查方法，如语音分析。调查组决定重启美联航 585 调查，并将这些工作与正在进行的美联航 427 航班事故调查工作相结合。几个月后，东风 517 航班事故发生了。许多新掌握的调查技术被应用到 585 航班和 517 航班的调查中。当 NTSB 公布他们对全美航空 427 航班的调查结果时，他们可以向世界展示，他们已经破解了这些谜团。

在他们发布的有关美联航 585 航班事故结论的第一份声明中，NTSB 首先排除了他们提出的两个可能原因的其中之一。“美联航 585 航班事故中的失控大概率不是与山地旋风相遇的结果。”在解释了每种情况后，安全委员会说：“全美航空 427 航班、美联航 585 航班和东风 517 航班的故障最可能是因为舵面在与驾驶员指令相反的方向上转动到了它们的分离限制。舵面的转动很可能是由于副阀与伺服阀壳体被卡住了，偏离其中立位置，以及主阀超程造成的。”此外，委员会发现，这些卡住情况发生后，可能在伺服阀中没有留下任何卡住的物质性的证据。

那么，为什么全美航空 427 航班和美联航 585 坠毁，而东风 517 航班却能安全降落？答案是当事件发生时，东风 517 航班的速度为 250kn，远远高于临界空速，而另外两个航班各自的设置中处于刚好或非常接近临界空速（随着倾斜角度的增加而增加）。当不期望的滚转发生时，由于美联航 587 和全美航空 427 的速度低于临界空速，飞行员无法用滚转控制（驾驶盘输入）来修正它。两架飞机都一直滚转直到失速。因此，坠机已不可避免。

1.3.4　缺少 FDR 信息

根据当时的联邦法规，美联航 585 航班和全美航空 427 航班事故中的飞机分别配备了 5 个和 13 个参数的 FDR。NTSB 在调查中多次指出了这一点，1995 年 2 月，他们向 FAA 发出了紧急建议（A–95–25），要求采用更高保真度的 FDR。尽管 FAA 对该建议采取了行动，但 NTSB 对 FAA 允许行业遵守的时间表并不满意。在 427 事故调查的最后 34 个结论中，NTSB 表达了他们的不满：“在增强飞行数据记录器的记录能力方面，FAA 没有及时采取有效措施，特别是在波音 737 飞机上，这严重妨碍了调查人员查明可能至关重要的安全飞行条件，并制定建议以防止可能的灾难性事故。”

1.3.5 可能的原因

安全委员会花了超过 100000h 的调查时间和 4 年半的工作才能写出一段话，得出明确结论：“NTSB 确定，造成全美航空 427 航班事故的可能原因是由于舵面偏转到其分离限制而导致飞机失去控制。由于主方向舵 PCU 伺服阀的副阀与伺服阀壳体卡住，偏离了中立位置，以及主阀的超程，舵面很可能向与驾驶员指令相反的方向偏转。”

就这样，美国历史上历时最长的飞行事故调查结束了。

1.4 建议

在对美联航 585 航班和全美航空 427 航班事故的调查过程中，NTSB 向 FAA 提出了 27 条建议，内容涉及波音 737 飞机的方向舵、驾驶员训练、山地旋风和 FDR 等问题。在全美航空 427 事故原因的最后听证会上，NTSB 又向 FAA 提出了以下建议：

● 要求所有 737 飞机以及运输类飞机都有一个可靠的高冗余度的方向舵驱动系统。（A-99-20 和 A-99-22）

● 成立一个工程测试和评估委员会，进行故障分析以确定潜在的故障模式，进行部件和子系统测试以隔离故障分析中发现的特定故障模式，并对波音 737 飞机的方向舵驱动和控制系统进行全面的综合系统测试以确定其潜在的故障。工程委员会的工作应在 2000 年 3 月 31 日前完成，并由 FAA 公布。（A-99-21）

● 修改 FAR，要求运输类飞机必须证明当飞行控制在任何偏转位置被卡住后，飞机仍能够继续安全飞行和着陆，除非证明这种卡住现象极其不可能发生。（A-99-23）

● 修改适航指令（AD）96-26-07，使处理卡住或受限的方向舵的程序不依赖于驾驶员能够将方向舵脚蹬回中作为成功解决方向舵故障的标志，并要求波音公司和美国其他波音 737 飞机的运营商相应地修改其飞机飞行手册和操作手册。（A-99-24）

● 要求使用 737 飞机的所有符合 FAR-121 部要求的航空运营商为其机组人员提供波音 737 操作手册中“无指令偏航或滚转”和“卡住或限制方向舵”程序的初始和反复的飞行模拟器训练。训练应证明在低于临界空速时无法通过使用滚转操作来控制飞机，并包括这两个程序的整体性能。（A-99-25）

● 要求波音公司更新其 737 模拟器包，以反映临界空速的飞行测试数据，然后要求所有 737 运营商将这些变化纳入其用于 737 驾驶员训练的模拟器中。（A-99-26）

● 评估 737 飞机的区间机动速度表，以确保每个襟翼配置的空速应高出临界空速充分的余量，并将评估结果提供给 737 飞机的航空运营商和 NTSB，并要求波音公司修改区间机动速度以确保临界空速之上的安全余量。（A-99-27）

● 要求所有根据 FAR-121 部或 125 部运行的 737 飞机都要配备 FDR 系统，该系统至少要记录 1997 年 7 月 17 日 FAR-121.344 和 125.226 所要求的参数，以及以下参数：俯仰调整、后缘和前缘襟翼、推力反向器位置（每个发动机）、偏航阻尼器指令、偏航阻尼器开 / 关、备用方向舵开 / 关，以及驾驶盘、驾驶杆和方向舵脚蹬力。已经装备了 FDR 的飞机必须在 2000 年 7 月 31 日之前达到新的要求，而那些没有配备 FDR 的飞机必须在 2001 年 8 月 1 日之前配备。（A-99-27 和 28）

1.5　行业行动

这些事故给航空业敲响了警钟，驾驶员应该接受更好的训练，以便及时从故障中恢复。虽然 NTSB 为全美航空和美联航机组人员的表现进行了开脱，但他们还指出，“如果向驾驶员提供必要的知识、程序和训练来应对这种事件，他们将更有可能从无指令的方向舵反转中成功恢复。”今天，几乎每一个规范的大型美国航空公司正在为其驾驶员提供“异常姿态”或“故障恢复”训练。

已经制定了机组人员程序，如果机组人员在 737 飞机上遇到非指令性的滚转或偏航，应该凭记忆执行某些动作。此外，许多航空公司已经提高了波音公司公布的最低机动“区间速度”，以便在临界空速之上提供更大的余量。

波音公司已经对 737 飞机的方向舵系统进行了调整。所有新的 737 飞机在交付时都配备了新的系统，现有的 737 飞机也在进行改装。NTSB 的结论是：“当改装完成后，波音 737 的方向舵系统设计变化应排除在全美航空 427 航班和美联航 585 航班事故以及东风 517 航班事件中最可能发生的方向舵反转故障模式。”但与此同时，NTSB 还发布了一个不乐观的结论：“波音 737NG 系列飞机的方向舵设计变化以及目前正在对波音 737 机队的其余部分进行改装的变化，并没有消除波音 737 方向舵系统中可能导致飞机失控的其他潜在故障的可能性。”

1.6　后记

NTSB 前主席吉姆·霍尔（Jim Hall）在向参加 NTSB 对全美航空 427 航班事故的最后听证会的大批听众讲话时说：“我怎么强调我们这次调查工作的重要性都不为过，因为全美航空 427 航班事故和美联航 585 航班在科罗拉多泉的坠毁引起了许多人对 737 飞机方向舵系统设计和操作的质疑。波音 737 是世界上最受欢迎的民航机型。全世界有 3000 多架在服役，它们已经积累了 9100 万飞行小时。737 飞机在服役的 31 年中，运送了相当于整个世界的人口（近 60 亿人）。在任一时刻，都有 800 架 737 飞机在世界各地飞行。”事实上，根据 NTSB 的审查，737 的安全记录与类似类型的飞机相当。

似乎很奇怪，波音 737 飞机服役这么多年，飞行了这么多英里，运载了这么多旅客，方向舵系统中的隐患竟然一直没有被发现。但正如全美航空 427 航班和美联航 585 航班事故所显示的，当隐患爆发时，影响大到可能致命。

第 2 章　压力迅速下降：美国航空 1572 航班的灾难之路

运营商：美国航空公司（American Airlines）
机型：MD–83
地点：康涅狄格州东格兰比（East Granby）
时间：1995 年 11 月 12 日

布拉德利国际机场（BDL）位于康涅狄格州的东格兰比，为哈特福德（Hartford）和温莎洛克斯（Windsor）提供服务。机场内的 6–24 号跑道长 9502ft，可通过仪表着陆系统（ILS）精确进场，是运输类飞机的首选跑道。而 15–23 号跑道只有 6846ft 长，从西侧使用 ILS 可供降落，从东侧可使用甚高频全向无线电信标（VOR）精确进场降落。

1995 年 11 月 11 日午夜，布拉德利机场的天气很恶劣。天空阴沉，能见度 5mile，下着小雨，东南风 28kn，阵风 42kn。高度表设定（setting）值为 29.42inHg①，气压正在迅速下降，已发布了低空风切变通报（LLWA）和 4 个低空有严重湍流和结冰的通知 [SIGMET（重大气象信息），以及 AIRMET（飞行员的气象信息）]。不幸的是，定于当晚抵达布拉德利的航班有一个没有安全返航。

2.1　飞行经过和背景

美国航空公司 1572 号航班在出发前，机组已被告知东海岸一带的最低气象条件。作为正常飞行计划审查的一部分，他们的调度员通过飞机通信寻址和报告系统（ACARS）发送了布拉德利国际机场的最新天气报告。该报告包括“压力迅速下降”的警告，这表明气压每小时至少下降 0.06inHg。通常情况下，大风、降雨、能见度恶化和快速变化的天气状况都与这种气象条件有关。

在飞行途中，机组收到了另外两条由调度员发出的关于 BDL 气象条件的 ACARS 信息。第一条转播了机组人员需使用的高度表设定值，第二条是通报飞机已经在降落，但只是在进场时遇到了风切变和湍流。发送给机组人员的第一个高度表设定值显示当地压力为 29.42inHg，这将被用来表示平均海平面以上的高度，被称为“QNH（修正海平面气压高度）”。第二个设定值是“修正”后的 29.23inHg，供机组人员在另一个高度表上使用，标示“机场标高以上”的测量值，即“QFE（场面气压）”。

---

① 1inHg（英寸汞柱）≈ 3.386kPa。

美国航空公司的 MD-83 飞机（见图 2-1）配备了三个高度表，通常情况下，客机驾驶舱内的所有高度表都会被设置为一直显示平均海平面高度。按要求，在飞机起降过程中，两位驾驶员的主高度表都要设置为 QFE，备用高度表设置为 QNH。在美国的各个航空公司中，只有美国航空公司是唯一使用这种特殊高度表设定值程序的公司。这两个设置如果正确的话，会使飞机在 BDL（或几乎任何机场）的地面上显示“0” ft，并且在备用高度表上显示“174” ft（BDL 相对于平均海平面的高度）。然而，由于仪器内部的机械限制，有几个更高海拔的机场不能使用这个程序。

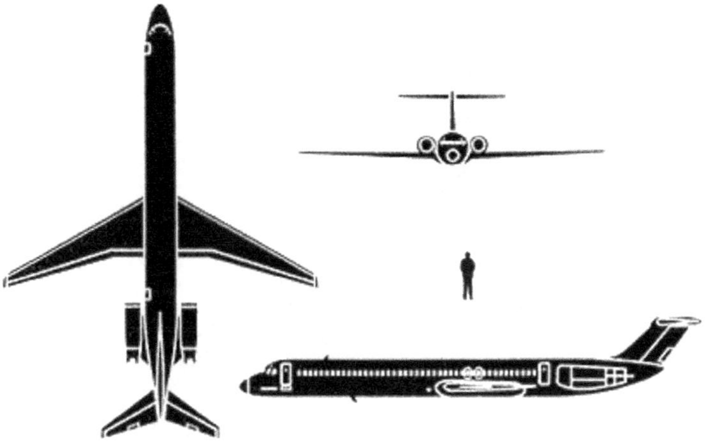

翼展：107ft10in　　标准最大起飞重量：160000 lb
标准航程：2.880n mile　　巡航速度：马赫数0.76~0.80

图 2-1　MD-83 飞机

在机组收到调度信息后不久，航路交通控制中心（ARTCC）批准 1572 航班下降到 19000ft（FL190）。机组通过记录自动终端信息服务（ATIS）设备收到的最新 BDL 天气报告显示，当地高度为 29.50inHg（QNH），并报告有严重湍流。机组人员注意到，这是 1.5h 前的信息，有可能已经过时。然后，他们收到批准下降到 11000ft 的高度，并得到最新的高度表设定值 29.40inHg。

7min 后，机组收到报告可能出现湍流，并阅读了着陆前检查清单。

“高度？”机长回答说，“2950。”副驾驶接着提醒道：“我们开始下降时，他们说 2947……不过无所谓。”

“OK”，机长只说了这么一声。

然后就收到计划中的 VOR 进场指示。在查看航线图时，机长说：“174 是海拔高度，所以是 2923。设置并交叉检查。”副驾驶回答说：“减去，呃，”接着机长说：“显示 70……检查 70ft 的差异。”该航班被移交给进场控制，并明确按 4000ft。报告风向为“170，29（kn），阵风 39（kn）”，并给出了进入最终进场航线的航向。

强风导致控制塔的窗户发生变形，使雨水进入控制室。虽然由此引起的电路风险迫使必须关闭该设施，但一名主管仍留在塔台工作室内监控维修工作。1572 航班的机组被告知塔台关闭，并批准 VOR 进场。当时时间是凌晨 00：50。

机长使用自动驾驶仪驾驶飞机，在进入布拉德利 VOR 的 328°方位后不久，机翼襟翼放到 11°的位置。然而，在进场飞行时，由于侧风非常大，自动驾驶仪的 VOR 跟踪模式无法保持正确的航线。意识到这一点后，机长将模式改为“航向选择”，以便使用航向“漏洞”手动操纵飞机（见图 2–2 中的飞机航迹图）。一旦通过 MISTR 起始进场点，就需将起落架放下，襟翼放到正常着陆配置的 40°。使用自动驾驶的垂直速度模式开始下降，下降速度为 2000ft/min。那时，飞机颠簸得很厉害，已经进入了中度湍流区。

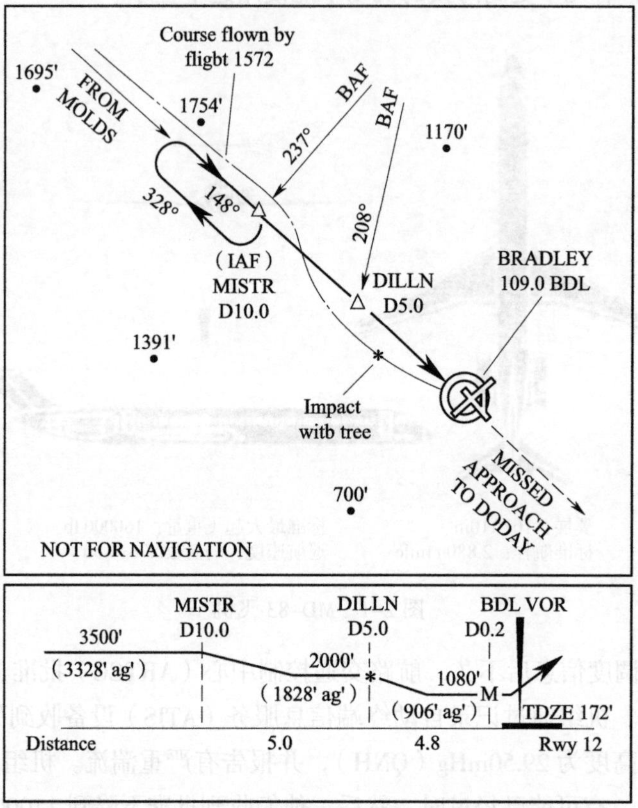

图 2–2　布拉德利的 VOR 15 跑道进场和美航 1572 的飞行路线（NTSB 提供）

在航图标明的 2000ft 海拔高度，飞机平飞向机场。在最后的进场点 DILLN，机组可以下降到进场时公布的最低下降高度（MDA）。这个最低下降高度是海拔 1080ft，即比高度为 172ft 的跑道高 908ft。

在到达 DILLN 后，机长在垂直速度显示上要求“1000 以下”，这使得飞机低头稍过了一点，导致下降速度为 1000ft/min。前起落架着陆灯被短暂地打开，但明亮的光线反射到了驾驶舱内，降低了前方的能见度，所以又立即熄灭了灯。塔台主管发布了机场的风切变警报，大约在同一时间，副驾驶喊到“还有 1000ft，你有 4040 着陆距离，可以降落了。”这是为了提醒机长，飞机的配置是正确的，可以降落，而且他的场高只有 1000ft。5s 后，副驾驶说“……现在你的高度是 908，呃……”机长回答说：“对。”

然后，副驾驶试着向外看从跑道末端延伸出来的进场灯。直向下看，他能够看到地面，但云层的底部挡住了他的视线。飞机不断地被湍流冲击着。大副回过头来看了看驾驶舱内的飞行仪表，发现飞机开始下降，但下降时的高度低于 908ft 的最低下降高度（相对于跑道的高度）。他迅速地说：“你正在低于你的……”机长随即伸手在飞行引导板上选择了“高度保持”，利用自动驾驶仪保持当前高度（见图 2–3）。

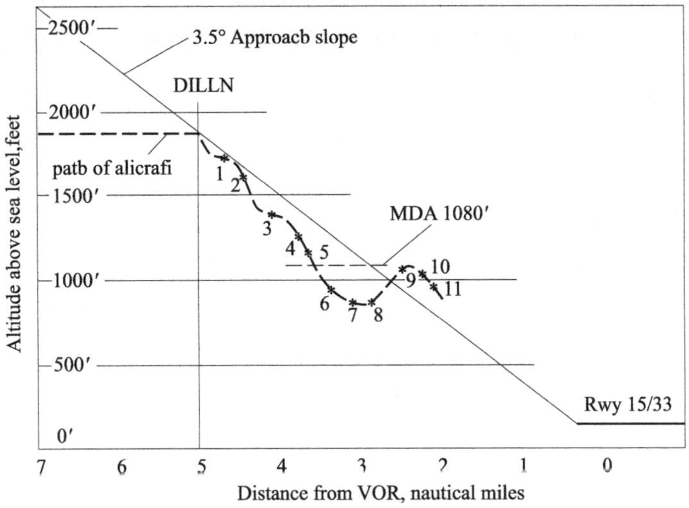

1. CAM-2 “You got a long way to go”
2. TWR “Wind shear alert...”
RDO-2 “Copy”
3. CAM-2 “There's a thousand feet. You got forty forty land, cleared to land.”
CAM-1 “OK.”
4. CAM-2 “Now. Nine hundred and eight is your, uh...”
CAM-T “Right.”
5. CAM-2 “Your “ bug”
CAM [Sound of rattling similar to aircraft going through turbulence]
6. CAM-2 “You’re going below your...”
CAM-4 “Sink rate...sink rate”
7. CAM Sound of impact
CAM-4 “Wind shear, wind shear...”
8. CAM-2 “Go...go around!”
CAM-1 We’re going, going, going around, going around!”
CAM-4 “Landing gear...”
9. CAM-1 “Left motor's failed!”
10. CAM-2 “There’s the runway straight ahead.”
CAM-1 “OK.”
11. CAM-T “Tell ’em we’re goin’ down. Tell ’em emergency.”
RDO-2 “Tower call for emergency equipment. We have, we’re goin down on the runway!"

CAM Cockpit Area Microphone
CAM-1 Captain
CAM-2 First Officer
RDO-2 F/O Radio Transmission
TWR Radio Transmission from Control Tower

图 2–3　按照 CVR 复原的美航 1572 的进场路径的示意图

就在这时，近地警告系统（GPWS）检测到飞机，下降速度过快，并发出了警告。随着“下降速度！下降速度！”的声音在驾驶舱的扬声器中不断响起，机长拉动驾驶杆，同时将油门向前移动到发动机压力比（EPR）的极限。飞机慢慢地开始对机组的控制作出反应，但 4s 后，1572 号航班就飞过了皮克山脊上的橡树。在距离地面 76ft，海拔高度 819ft 的位置撞到第一棵树，此时距离 15 号跑道约 2.5mile。

驾驶员感到一阵颠簸，并听到大声的报告，但“风切，风切”的警报声淹没了其他大部分声音。机长立即开始“复飞”，将油门一直向前推到机械最大，同时要求将襟翼升至15°，并将起落架收回。风切变警报持续了几秒钟后，当起落架选择器被放到“收”的位置时，告警铃和语音都在警告“起落架！起落架！”。

他们仍然在飞行，但飞机受到的损害是巨大的。机身整流罩被刺穿并被切掉，机翼的前缘被树枝严重撕裂并撞凹。两台发动机都吸入了树枝，造成左发动机内部严重损坏，右发动机起火。襟翼大面积损坏，右侧主起落架舱门被扯掉。

20s 后，机长喊道：“左侧的发动机故障了！”两台发动机都出现了停车，混乱的气流产生了震耳欲聋的撞击声和爆裂声。

右侧的发动机开始失去动力。为了保持空速，开始了小幅下降。但随着雨势的减弱和飞机的稳定，副驾驶看到了机场。“跑道就在前面！”他喊道。

机长努力维持对飞机的控制，并说：“告诉他们我们要下降了，告诉他们紧急情况！”

“塔台，需要救援设备。我们要降落在跑道上了！”副驾驶呼叫。然后他问机长是否应该再次放下起落架。

“是的，放下起落架！”他确认。与此同时，近地警告系统（GPWS）已经开始在驾驶舱的扬声器中再次发出“下降速度！下降速度！”的警告。

“你会成功的！”副驾驶说，“继续前进……”他接着问道：“襟翼？”“把它们放下！”回答是这样的。

GPWS 又发出了新的警告：“太低！襟翼，地形，地形……太低了！不要下降！”

“襟翼，襟翼 40。全放下！”机长大喊。他希望全襟翼提供一个“气球效应”，将他的滑行距离延长到更接近机场的地方。

“襟翼正在放下。”

“好的，坚持住，伙计！”机长喊道。

一阵火焰和火花从右发动机飞出，驾驶员努力将损坏的飞机对准跑道。

飞机撞上了固定 ILS 定位器天线的一排金属柱和水泥板，越过跑道保护区，弹到了跑道上。一个轮胎爆裂，起落架支柱上的液压管被扯断。飞机的尾部撞击地面，压碎了机身的下部，并损坏了机尾的压力舱壁。飞机起初向中心线左侧行驶，然后转向跑道中部。

“把它摆正到跑道上！”机长喊道．“稳住，伙计，稳住，稳住它……”当他们开始减速时，拉动了两个发动机的消防手柄，切断了所有的燃料供应。飞机最终在距离它第一次触地位置约 3500ft 处停了下来。

机长随后立即打开应急电源开关，拿起公共广播系统的电话听筒，喊道“紧急撤离”，并指挥机舱人员开始疏散乘客。他还建议乘客不要使用机尾的舷梯，并调出撤离清单。

疏散开始后，一名空姐指示乘客脱鞋。大多数人遵从了指示，但由于过道上和应急出口附近堆积了很多鞋，很快就对快速撤离形成阻碍。当门被打开时，机尾紧急出口的滑梯没有自动充气，空姐拉动手动充气手柄给滑梯充上了气。

副驾驶在机长之前完成了他在驾驶舱内的工作，从前门出去，下了滑梯。机长随后离开驾驶舱，穿过客舱，检查厕所，以确保没有乘客留在飞机上。然后，他也从前面的乘客门安全撤离。

2.2　调查和发现

在事故发生的一个星期后，由气象学、空中交通管制、飞机性能、结构、系统、运行和动力装置等各方面专家组成的调查小组在 NTSB 的指挥下，抵达失事现场开展工作。此外，驾驶舱语音记录仪和飞行数据记录器小组在华盛顿特区汇合。

事故调查组对以下方面特别感兴趣。

2.2.1　气象信息的充分性

当时有好几个重大气象信息（SIGMET）没有发送给机组，但在美国航空公司最初的飞行调度文件中包含了相关信息。抵达 BDL 时的天气与预测的一样，有强风、中度湍流和可能的风切变。机组人员也收到了飞机通信寻址和报告系统（ACARS）的天气更新以及该机场的 ATIS 报告。虽然该 ATIS 信息是 1.5h 以前的，但安全委员会认为，机组应该很慎重地和 BDL 进场管制员联系并要求其给出最新的天气报告。

2.2.2　高度表设定值

在机组人员开始下降时，从调度员那里得到的 29.42inHg（QNH）和 29.93 inHg（QFE）高度表设定值已经是 1h 之前的数值。在事故发生时，来自波士顿空中交通控制中心的设定值（29.40 inHg）是 22min 前的，而 ATIS 的场压设定值（29.50 inHg）是在近 2h 前记录的。安全委员会判定，由于使用了不正确的高度表设定值，飞机在 MDA 处实际比主高度表上显示的高度低 76ft。

《空中交通管制手册》一直要求进场管制员在与飞机初次接触时发布当前的高度表设定值，但在这个案例中，却没有这样做。就像其他的天气信息一样，NTSB 认为机组人员无论如何应当向空管要求得到该信息。

2.2.3　下降到 MDA 以下

在任何进场过程中的某些点，未驾驶飞机的驾驶员需要向驾驶飞机的驾驶员报出飞机的高度和位置。因此，在机场高度以上 1000ft、MDA 以上 100ft 以及 MDA 高度需要进行这样的报出。副驾驶第一次报出了，他说：“还有 1000ft。”他也意识到了正在迅速接近 MDA，他说：“现在是 908……”和“你正在低于……”调查人员认为，如果副驾驶更仔细地监测仪表上的进场情况，并直到飞机与 MDA 持平再观察外面的跑道环境，他就能更好地注意到低于 MDA 的下降情况，并引起机长的注意。最终，NTSB 认定，机组人员让飞机在指示的 MDA 位置下降了 309ft。

目视下降点（VDP）为机组人员提供了一个特定的空间点，在此点上使用正常的飞行路径角度从 MDA 下降，飞机就能在预定的跑道上着陆。使用目视下降点计划进场，可以降低下降速度，是因为机组人员知道他们可以预期离开 MDA 的确切距离。这种较慢的下降速度使飞行路径的监测更加容易，飞机在 MDA 的平飞更加精确。机组人员可以很容易地计算出 VDP，所有美国航空公司的飞行手册中都有这样做的说明。此外，VDP 经常被设计在非精密进场程序中，然后直接在航图上标出。但在 BDL VOR 15 号跑道的进场中，并没有显示 VDP，机组也没有自行确定 VDP。

通过模拟器研究，安全委员会发现，当自动驾驶仪启动了“扰动气流”功能时，使用“高度保持”选择器的自动平飞会导致持续（暂时）下降。在 1000ft 的下降速度指令下，采用“高度保持”导致模拟器在爬升到要求的高度之前又下降了 120 ~ 130ft。然而，手动控制确实导致了模拟飞行路径立即改平。

委员会还调查了风切变导致偏离 MDA 的可能性。对 FDR 的压力高度轨迹的分析表明，只有轻微的逆风切变，不会对飞机的飞行路线产生重大影响。

2.2.4 终端仪表进近程序（TERPS）

在联邦航空局（FAA）内部，航空系统标准办公室负责仪表进场的设计工作。这些专家的工作依据是航图、地图和当地地形图，而不是实际的物理勘察。在 BDL VOR 15 跑道进场的最初开发过程中，计划将一个 VDP 置于目视进场坡度指示器（VASI）的滑行路径与 MDA 相交的位置。但使用当地的地形图时，发现有一个障碍物高度超过无障碍区域 55ft。因此，FAA 在最终公布的进场版本中并未包括该 VDP。

FAA 的飞行检查业务部负责确认航图上标明的所有障碍物的高度和位置都是符合实际的，并且进场程序要求的所有下降和转弯都在可接受的操作限制内。所有这些都是通过实际调查和飞行测试来完成的。新泽西州大西洋城的飞行检查区办公室初步核实了当时新的 VOR 15 跑道程序，随后在事故发生后再次发现，整个进场是无障碍的。

值得注意的是，FAA 的一个部门发现了一个障碍物，但同一组织内的另一个部门却没有发现。不幸的是，这两个部门从来没有比较过笔录。安全委员会指出，如果事实上存在障碍物，那么 FAA 自己的政策应该迫使重新审查该程序，以确保足够的审查许可，并且 VASI 应该被重新安置或撤销。然而，如果没有障碍物，那么就应该公布一个合适的 VDP 来实现这一目标。NTSB 发现 FAA 的程序开发组和飞行检查组之间严重缺乏协调。

TERPS 手册指出，任何时候强风和险峻地形的相互作用都可能导致高度表错误或驾驶员控制问题，必须考虑修改进场程序。由于 15 号跑道主要是在风力强大不能使用 624 号跑道的情况下使用，安全委员会认为，FAA 应该考虑到机场西部的山脊及其对驾驶员飞行能力的影响。

委员会还发现，在公布的进场图上只描绘了一个 819ft 的障碍物是有误导性的，整个山脊线都是障碍物。因此，NTSB 重申支持在所有的进场图和导航图上用图形显示地形信息。（由于美国航空公司在哥伦比亚卡利附近发生的事故，在布拉德利报告定稿前的几个月，NTSB 公布了一项关于此话题的建议。见 2.2.3 节）。

2.2.5 机场问题

1572 航班在凌晨 00:32 收到的 ATIS 报告对他们来说没有什么用。这份报告是在当晚 10:51 分记录的，几乎是在事故发生前 2h。它没有更新，因为塔台内的条件导致通信很困难，甚至不可能。然而，安全委员会关心的是，尽管这并不是本次事故的一个原因，但是塔台管制员应尽一切努力在必要时记录新的 ATIS，且内容中包含塔台即将关闭的信息。

委员会还确定，低空风切变检测系统的一个传感器没有校准，这可能会降低该系统检测所有切变的能力。然而，这并没有被认为是一个导致事故的因素，因为该系统整个晚上都在使用其余功能正常的传感器发出风切变警报，更多的警报不一定会促使机组放弃进场。一个出故障或未校准的传感器可能最多需要 6 个月的时间来修复，在此期间，FAA 可以为整个低空风切变通报系统（LLWAS）重新发放“可运行”认证。NTSB 担心，FAA 的重新认证过程没有确认 LLWAS 中每个部件的运转能力和正常功能。

2.2.6　撞击树木后的飞行

经过机组人员在飞机撞击树木的处理方式后，安全委员会对机组人员资源管理（CRM）和飞行技能印象深刻。正如安全委员会在报告中所说，“机长和副驾驶在下滑道管理、地面路径管理或飞机配置时间上的任何一点错误，都可能导致飞机在不适当的地形上降落……并会导致机组人员和乘客受到更严重的伤害。”

2.2.7　疏散问题

逃生滑梯系统被设计成在舱门打开，系统启动的任何时候都能自动运行。当舱门向外旋转时，一个水平拉杆将滑梯组件固定在地板上，滑梯从飞机滑落的操作方式是拉动充气绳，将压缩空气释放到里面，充满滑梯。为了正常操作，充气绳必须穿过位于水平拉杆附近的一个扣眼，然后安全地连接到手动充气手柄上。在这架事故飞机上，充气绳没有通过扣眼，使得滑梯组件在没有产生足够的张力来激活充气机制的情况下坠落。安全委员会发现，道格拉斯维修手册中公布的滑梯系统安装说明是模糊的，很容易被误解。

在紧急疏散过程中，所有乘客必须尽可能迅速地移动到出口处，从出口处跳出并迅速滑下，并远离飞机。在过去，曾经发生过高跟鞋刺破了滑梯，伤害了在滑梯底部协助的救援人员。但现代疏散滑梯的设计和强化的织物已经使这一规定过时，穿上大多数类型的鞋子都可以迅速离开飞机。

因为在这次疏散中，被丢弃的鞋子确实阻碍了人们进入过道和出口，安全委员会担心航空公司之间没有统一要求，FAA 也没有就这个问题向运营商提供足够的指导。

2.3　结论和可能的原因

经调查，得出以下结论：

- 机组人员是合格的，并且能得当地操纵飞机。
- 机组人员收到了准确和适当的天气信息，且天气状况优于 BDL 的最低着陆要求。
- 自动驾驶仪或飞行控制系统未出现导致事故的故障。
- 多次高度表设定值错误并没有影响事件的最终顺序。

• 风及风切变均未严重到导致飞机偏离到低于 MDA。

经过上述的分析，导致此次事故的原因是 BDL 进场管制员没有向机组人员提供最新的高度表设定值，而机组人员也没有要求提供最新的设定值。

2.4 建议

NTSB 在调查后发表了 15 项独立的建议，其中两项是在 1996 年 6 月发布的：

• 公布一个 VDP 供 BDL VOR 15 号跑道进场使用，如果由于障碍物而无法实现，则警告所有驾驶员 3.5° 的滑行角和进场路径上的地形高度。（A 96–31 和 32）

其他的是与最后的事故报告一起发布的，包括：

• 评估在所有非精确进场中使用恒定速率或恒定角度下降的可能性，以取代传统的“逐级降低”下降程序。（A–96–128）

• 改善联邦航空局内部的飞行检查和程序开发部门之间的协调。（A–96–129）

• 在 TERPS 中更好地定义关于险峻地形标准和调整的准则，并将其并入 BDL VOR 15 号跑道的进场中。（A–96–130 和 131）

• 审查任何高地形附近进场的下降高度是否合适，并征求系统用户对所有进场的意见，以更好地评估实际操作设计。（A–96–132 和 133）

• 在官方天气报告中存在“压力迅速下降”时，要求管制员频繁发出高度表设定值变化。（A–96–134）

• 如果时间允许，要求塔台管制员记录一个新的 ATIS，表明塔台已经关闭。（A–96–135）

• 制定一个程序，及时修复低空风切变通报系统（LLWAS），并确保重新认证过程涉及系统所有部件的功能。（A–96–136）

• 要求对所有的 MD–80 和 DC–9 飞机进行检查，以确保疏散滑梯的正确安装，并重写维修手册，以提供清晰和一致的指示。（A–96–138 和 139）

• 制定统一的乘客疏散期间“脱鞋”条例，并对空乘人员进行培训。（A–96–140）

2.5 行业行动

FAA 发布了美国 TERPS 的 17 项变更，要求对所有非精确进场的下降角度和坡度进行计算。随后，描述了最佳的 3° 下降法。政府发布的进场航图上的梯度将允许驾驶员按照确保稳定的最终进场路径的下降率飞行，从而取消了大多数逐级下降固定点。这些变化将在两年一次的定期审查中对非精确进场进行调整。

此外，FAA 还制定了使用气压垂直导航和引导的垂直面导航（VNAV）仪表进场设计的标准，并为从所有方向降落到跑道的入口指定每一个进场的垂直路径角度。一个“决定高度”将取代这类进场的传统 MDA，因为 FAA 已经为进场失败期间的高度损失做了考虑，并且已经做了适当的越障飞行高度评估。

BDL 机场为此修改了 VOR 15 号跑道的进场方式，包含了 TERPS 手册中所有现有的险峻地形。政府当局也和 FAA 一起，制订了一项彻底修订这些准则的计划。国家大气研究中心在 1999 年提交了一份报告，详细阐述了行动计划。在距离 BDL 机场 15 号跑道末端 2.3mile 处发布了一个 VDP 供 BDL 机场 15 号跑道 VOR 进场用，该 VDP 与 MDA 以及为该跑道安装的 3.5° VASI 系统的交叉点相一致。

FAA 随后通过第 7110.65L 号命令“空中交通管制”，要求管制员在天气报告中采用“压力迅速下降”的表述时，对执行非精确进场的飞机发出高度表设定值的所有变化。此外，联邦航空局修订了第 6560.13B 号命令“航空气象系统和杂项辅助设备的维护”中的 LLWAS 维护程序，要求对系统进行一次全面检查的时间间隔由 90 天减少为 30 天，并且对系统部件进行维修的所有纠正措施必须在 30 天内发出通知。

FAA 还发布了飞行标准信息公告（FSIB）97-11，“疏散滑梯装配程序”，指导检查员核查所有 MD-80 和 DC-9 飞机滑梯是否正确装配，麦道公司还同意审查所有的维修手册，以保证滑梯系统图形和术语的清晰、简明和一致。另一份通知，即“飞行标准公告 97-07”，发给了所有 FAA 主要运营检查员（POI），以分发给所有的航空公司，并指出在紧急疏散时应该穿鞋。在被明确告知的情况下，乘客应该脱掉高跟鞋并放在行李架上。

美国航空公司采取的行动：

就在 BDL 事故 38 天后，美国航空公司 965 航班，一架飞往哥伦比亚卡利（Cali）的波音 757，在夜间下降时撞山。163 名乘客和机组人员中除 4 人外全部遇难（见第 3 章）。

可控飞行撞地（CFIT）事故是指正常飞行的飞机不慎在飞行中触地、落水或撞上障碍物。由于这两起 CFIT 事故的发生，美国航空公司立即采取了行动。发布了一份名为“非精确进场机组协调程序”的公告，重申了高于 MDA 平飞的正确程序，以及在进场过程中仔细监测飞机高度，并要求机组所有人员要时刻关注飞机在非平飞状态时的飞行高度。此外，还实施了三项临时性措施：

（1）将非精确进场 MDA 和能见度要求分别提高 100ft 和 1.5mile。

（2）将所有非方向性标灯（NDB）非精确进场的最低能见度提高 1mile。

（3）在拉丁美洲空域，将“无干扰驾驶舱”的上限，即驾驶员在驾驶舱中不能有任何分心的飞行高度，从 10000ft 提高到 25000ft。

美国航空公司还建立了一个安全评估计划，将仔细检查美国航空公司运营的 7 个具体领域。安全评估小组的工作重点是：

- 人为因素问题，特别是与进场航图、程序和培训有关的问题。
- 与航空公司每个业务领域相关的地理问题。
- 飞行员管理系统（FMS）和 GPWS 先进技术。
- 企业文化及其对飞行操作的影响。
- 将飞行操作质量保证（FOQA）和航空公司安全行动计划（ASAP）全面纳入高级资格认证计划（AQP）培训和可信报告系统。

- 改进各级飞行业务部门之间的通信。

每季度召开一次推进会，并于 1997 年发布了最终报告。美国航空公司成立了 CFIT 特别小组，并制定了具体的指导意见，以改进模拟器训练中的 CFIT 场景。

美国航空公司也修改了其高度表设定值程序，以符合行业内其他公司的要求。QNH 现在是公认的主要高度表设定值，用于所有阶段的飞行操作。

2.6 后记

1572 航班在花费 900 万美元进行修理后重新投入使用，机上没有人受重伤。但该事故只是多年来发生的数百起事故中的一起。大多数事故要悲惨得多。CFIT 仍然是全世界运输类飞机飞行事故的主要原因。

第3章　魂断埃尔·德鲁维奥山：美国航空965航班的进近

运营商：美国航空公司

机型：波音 757-233

地点：哥伦比亚卡利市（Cali，Colubia）附近

时间：1995 年 12 月 20 日

安第斯山脉纵跨整个南美洲，沿着太平洋海岸线从合恩角（Cape horn）到巴拿马（Panama），高达 20000 多 ft，直戳蔚蓝的天空。这条雄伟的山脉是世界上最长的山脉，在南美大陆西北角的哥伦比亚西部形成了崎岖地貌。

卡利市是考卡（Cauca）山谷地区的经济、文化和政治中心，坐落在一个长长的河谷尽头。阿方索·博尼利亚·阿拉贡国际机场（Alfonso Bonilla Aragon International Airport）为该市提供服务。它有一条南北向主跑道，着陆时需要在高山峻岭之间进行精确导航和精准下降。

而在 1995 年 12 月 20 日，当最后一缕阳光照射在山顶上时，夕阳从那些白雪覆盖的山峰上闪过，没有人能够想象到将再次不得不付出的可怕代价。

3.1　飞行经过和背景

1995 年 12 月 20 日，两位驾驶员兴致勃勃地来到迈阿密国际机场（Miami International Airport）调度室。机长被认为是一个能力非常专业的驾驶员，副驾驶在空军服役期间曾担任多种高性能飞机的飞行教官，并于 1985 年获得了“空军年度教官”的荣誉。他们加起来有 35 年为美航飞行的经验，总共飞行了近 19000h。他们驾驶的美国航空公司 965 号航班原定于下午 4：40（美国东部时间）离开登机口。

机组人员检查了天气情况，制订了飞行计划。卡利市的天气预报显示天空晴朗，气温适中。965 号航班是一架波音 757-233（见图 3-1）飞机，编号 N651AA，于 1991 年 8 月 21 日交付给航空公司，机龄刚刚超过 4 年，累计飞行时间只有 13782 飞行小时。波音 757 飞机具有良好的安全性和可靠性，此前波音 757 飞机未曾发生过致命事故。该机前序航班刚完成飞行，飞行日志中没有注明起飞前需要维修的项目。

该飞机像所有波音 757 和波音 767 飞机一样，配备了最先进的飞行管理系统（FMS）。该系统由飞行管理计算机（FMC）、移动地图显示器和其他飞行仪表和控制装置组成，还包括一个机载全球数据库，其中包含辅助导航台和机场信息。FMC 将存储

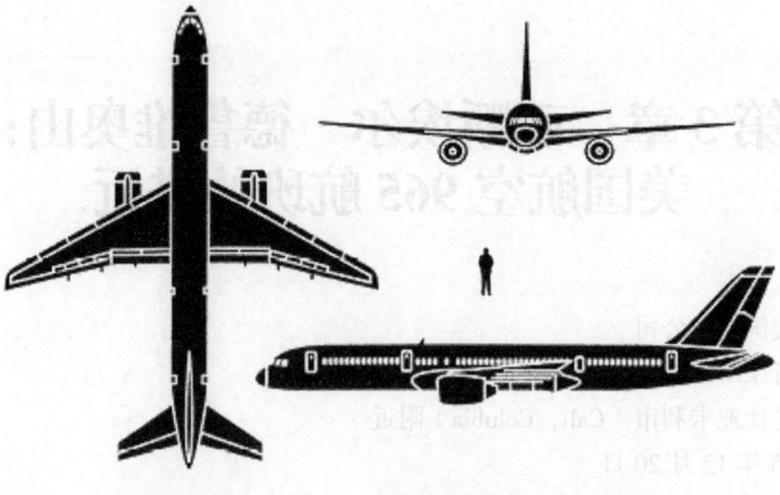

翼展：124ft10in　　标准最大起飞重量：220000 lb
标准航程：2800n mile　　巡航速度：马赫数0.80~0.86

图 3-1　波音 757-200

的信息、机组、输入的飞行计划数据和机载计算机提供的位置信息结合起来，优化飞行剖面。

每个驾驶员位也有一个控制显示单元（CDU），带有一个用于计算机输入的小键盘。一个整体式阴极射线管显示大量的数据，包括飞机位置、计划航路、机场、航点、选定的辅助导航台和驾驶员的输入。在机组人员的指示下，FMC 可以参与控制所有的自动油门和自动驾驶功能。

飞行机组将计划中的航线编入 FMC，向机务人员介绍情况，并完成检查清单后，准备驾驶飞机准时起飞。然而，乘客和行李转机使他们的登机时间推迟了 37min，当他们开始向起飞跑道滑行时，机场地面的拥堵又使他们的起飞时间推迟了 1.5h。终于在晚上 6:35 起飞，计划飞行时间 3h12min。

该航班从迈阿密向南飞行，穿过古巴、牙买加控制的空域，最后进入哥伦比亚。在下降到指定的飞行高度 370（FL370，或平均海平面以上 37000ft）前不久，机组通过机载 ACARS 检查了卡利当时的天气状况。发现其似乎仍然散布着大量疏云，能见度大于 10km。

卡利机场有两个仪表进近程序可用于降落。一个是 19 号跑道配备测距仪（DME）和甚高频全向无线电信标（VOR）非精密进近，用于向南降落。另一个是通往 01 号跑道的 ILS 精密进近，通常由运输飞机使用。ILS 的航向信标部分有助于非常精确地对准跑道，而下滑信标则为机组提供了非常精确的下滑道信息。但对于像 965 航班这样从北向来的飞机来说，选择 01 号跑道降落需要先在机场南部飞行几英里后再转入跑道，这就使飞行时间多了几分钟。

当晚驾驶美航 965 航班的驾驶员是副驾驶，而机长负责所有的无线电通信。

“晚上好，先生，美国航空 965 离开［飞行高度］230，下降到［飞行高度］200。继续吧，先生。”他向卡利进场控制中心建议。

机场进场管制员问道："与卡利的 DME 距离？"机长回答说："DME 是 63［n mile］。"通常情况下，在管制员的雷达屏幕上会显示出飞机，使驾驶员没有必要报告与该站的距离。但那天晚上没有空中交通管制雷达，因为反政府游击队在 1992 年摧毁了该机场唯一的雷达设施。

"收到，批准到卡利 VOR，下降并保持 15000ft，高度表 3022……预计进场无延迟。报告 Tulua VOR。"机长回答说，"好的，明白。获准直飞卡利 VOR。报告 Tulua 和高度，是 15000，3002。这一切都正确吗，先生？"

"是的。"一声答复。当地时间是晚上 9:35（美国东部时间）。

机组人员随后将卡利 VOR 作为一个当前航路点编入飞机的 FMS。仅仅通过几个按键，机载计算机就改变了显示给驾驶员的航线，显示出一条从当前位置直飞到卡利 VOR 台的直线，该台位于机场以南仅 8mile。机长通知副驾驶，已经做了更改，这个输入通过计算机指挥飞机飞行新的航线。

大约 1min 后，管制员问："先生，风速为静风。你能进场 19 号跑道吗？"由于风速为静风，管制员可以向机组提供任何一条跑道。他认识到，向南降落可以为航班节省大量的时间。经过简短的讨论，驾驶员们决定接受"直入"19 号跑道的建议。当时，副驾驶向机长表示，他们需要降低高度，机长回答管制员的询问："是的，先生，但我们需要立刻下降高度。"

"收到。美航 965 号已获准以 VOR DME 方式进入 19 号跑道。ROZO No.1 抵达。报告 Tulua VOR。"

965 航班确认后，驾驶员开始准备进场。管制员要求核实下一个报告点，而机长回应说："报告 Tulua。"

机长对副驾驶道："我得先把你交给 Tulua。你，你想直接去找卡……呃，到 Tulua？"

副驾驶回应说："呃，我以为他说的是 ROZO 1 到达？"

"是的，我们有时间把它拉出来吗？"

CVR 随后记录了两名驾驶员试图从他们的活页夹中找到并取出正确的进场图时发出的沙沙声。

"还有，Tulua 1……ROZO……在那里……看到了，从 Tulua 过来的……"

关于到底应该如何飞行的问题开始出现。为了简化程序并确认他们可以飞往的具体地点，于是机长决定申请一个新的许可。"美国航空公司，965，能不能直接到 Rozo，然后从 Rozo 到达，先生？"ROZO 是一 NDB，距离跑道末端只有 1.5mile，是进场设施的一部分。

管制员的英语水平只有后来所说的"日常航空通信"水平，他回答说："是的，走 Rozo 1 和 19 号跑道，风速为静风。"这与之前发出的许可相同。他后来重申："好的，报告 Tulua 21mile 和 5000ft，美国 9，呃，65。"管制员仍然预计 965 航班将从 Tulua 信标开始，执行整个进场程序。管制员和驾驶员之间正在形成的这种误解将被证明是一个关键问题。

美航 965 航班做出应答。副驾驶与机长核实了他们可以下降，并启动下降程序。意识到飞机现在所处的高度比程序预设好的高度要高，然后他拉动了减速板控制杆。

在接下来的 40s 内，驾驶员讨论了进场程序，并试图通过 FMS 编程来识别在他们的导航显示器上的 ROZO NDB 和 Tulua VOR（标识符 ULQ）。但在他们的仪表盘屏幕上所显示的，完全不是他们所期望看到的那样。他们的导航显示器本应显示出一条近乎笔直向前的线，但实际上这条线却向左急剧弯曲，而且根本就没有显示出 Tulua VOR。

当管制员问及美航 965 航班与卡利 VOR 的距离时，机长回答说："好的，呃，与卡利的距离是 38。"大约在同一时间，副驾驶问："呃，我们在哪里？"

"我们要去……"

"让我们先去 Tulua，好吗？"机长问，"是的，我们要去什么方向？"副驾驶回答。

"177，ULQ，呃，我不知道这个 ULQ 是什么？这……这发生了什么？""我们往右转一点。"机长开始意识到，他无法使飞机机头朝向 ROZO NDB 或 Tulua VOR 方向飞行。

此时波音 757 飞机越来越接近暗夜中的山地。"你想左转回 ULQ 吗？"副驾驶问道。"不……该死的不，让我们继续前进……"

"Tulua？"

"我们正在去哪里？"机长问。

"让我们去卡利。首先，让我们……我们在这里被搞［乱］了，不是吗！"6s 后，"……直接去……我们怎么会被搞［乱］到这里来的？"

他感觉到危险正在逼近，并意识到卡利就在右边，于是他指示副驾驶将飞机转向南面的方向，也就是大致上更向着卡利机场方向。"到右边来，现在，到右边来，现在！"

机长意识到，他需要核实即将飞行的路线。他赶紧问管制员："美国航空 965，呃，卡利以北 38mile，你想让我们走 Tulua，还是 ROZO，到 19 号跑道？"

由于 965 航班从未呼叫报告经过 Tulua 信标，管制员认为他们仍未开始进场。但最新的报告是距离卡利 VOR 38mile，这意味着 965 航班已经经过了 Tulua，比管制员预期的更接近机场。管制员对最新的信息感到迷惑，他回答说："……你可以降落，19 号跑道，你可以使用，19 号跑道。到卡利的高度和 DME 是多少？"

机组回答说："好的，我们 DME 37，高度 10000ft。"

"收到，回答。""报告 5000，呃，最后到 11，跑道 19。"

但驾驶员们仍然感到困惑。他们不确定自己的位置，不确定各种导航点的位置，为什么这些点没有显示在计算机显示器上，以及应该使用哪种程序。

几秒钟后，在晚上 9 点 41 分，管制员也很担心。他问："965，高度？"

"965，9000ft。"回答道。

"收到，现在的距离？"

美航 965 航班没有回答，再也不会有回答了。

那一刻，驾驶舱内的噪声震耳欲聋。GPWS 的合成声音响起，“地形！地形！”伴随着“呜呜”的警报声，断开了自动驾驶仪，引起它发出自己独有的警告声音，驾驶员启动了避开地形的“逃生”机动飞行。油门猛然向前推顶住了机械挡板，飞机的机头急剧上升，努力爬升。用空速换高度，波音 757 飞机接近气动失速，这激活了失速警告“摇杆”，按照设计，这会猛烈地摇动两位驾驶员的驾驶杆以警告即将发生的失速。

在 13s 的时间里，两位驾驶员当时已经绝望地意识到即将发生的灾难，晚上 9:41:28，随着机头的倾斜和发动机的啸叫，美国航空 965 号航班撞到了埃尔·德鲁维奥山的侧面。

这架飞机在距离山顶仅 250ft 的地方撞上了树木，在穿过森林时被划出一道道口子，掉落了一些小碎片。发动机整流罩以及机翼和机尾部分从机身上被撕落。片刻之后，飞机机身猛地撞向地面，瞬间解体。撞击力将最大的碎片扔到了山脊的顶部，使它们在山的另一边翻滚了 500ft。断裂的树木、尸体和扭曲的金属碎片散乱地分布在山坡上。小而轻的碎片继续下落，并在几秒钟内飞来飞去，但不到 1min，所有运动都停止了。

当最初爆炸的烟雾散去后，只有几块大的残骸可以辨认：两台发动机，其中一台被掩埋了一部分，被撞碎的驾驶舱，一块约 35ft 长的机身，部分机尾，以及部分机翼中段。在 159 人丧生之后，寂静和黑暗再次笼罩了这座山（见图 3–2）。

图 3–2　救援人员梳理美国 965 号飞机的残骸

3.2　救援

冲击力对客舱的破坏是如此之大，以至于不可能有人能活下来。但是，奇迹偶尔也会发生。

12 月 20 日晚，阿拉贡国际机场（Aragon International Airport）拥挤着数百人，等待着两个航班抵达，其中一个航班来自迈阿密，另一个是国内的哥伦比亚国家航空公司的航班。人们的心情是欢快的，因为家人和朋友即将回家过节。

在他们等待的时候，有人宣布美国航空965航班被推迟。当新的预计到达时间过去后，再没有任何更新时，一些人开始担忧。在公共广播宣布控制塔内需要一名美国航空公司的代理人后，每个人都变得焦虑不安。而当最后承认空中交通管制已经与该航班失去了所有联系时，航站楼内立刻变得一片混乱。

一位哥伦比亚的先生赶来迎接搭乘965航班的兄弟，他比大多数人到得晚。听到这个消息后，他冲向外面一辆救护车，那里有许多协助救援的救护车。作为一名医生，他被允许随车前往一个叫布加的小镇，该镇距离卡利46mile，靠近飞机坠毁的地方。

这支小型救援队驱车数小时进入山区，并在圣何塞山下边建立了一个营地。当地的消防员和其他的救援人员协助搜寻，花了一晚上的时间穿过崎岖的山路向山顶徒步前进。为了防范在该地区活动的左派游击队，大多数小组都有政府军巡逻队陪同。

第二天早上6:30，一架直升机发现了坠机地点。上午9:00，一位经验丰富的护理人员在独自搜索时发现了这一破坏性的现场。但是，在一大片尸体之中，有5位幸存者在寒风中蜷缩着。这几个人满身是血，昏昏沉沉，神志不清，但他们还活着。当天晚些时候，他们被空运到营地，在那里历尽重重困难后，那个医生终于和他的兄弟团聚了。

5个人中有4个人活了下来，一天后，救援队发现了一只狗，它不仅活着，而且很健康，仍然在它原来的货物集装箱里。他们给它起了个绰号叫“米拉格罗”（西班牙语Milagro，意为“奇迹”），这个名字一直沿用至今。

3.3 调查和发现

该调查是根据国际民用航空组织（ICAO）的国际标准和推荐做法附件13（飞行事故和事件调查）所载协议进行的。在现场调查阶段，哥伦比亚共和国民用航空公司的代表领导着来自NTSB、波音公司、美国航空公司、联合飞行员协会（APA），以及其他人员组成的团队。

从残骸中找到了一个非常重要的证据。发现左边的FMC处于可运转状态，外壳只有一个小凹痕。虽然计算机内存通常是“易失性”的，或者说当断开电源时就会被删除，但在这个案例中，备用电池使内存处于活动状态。这样导航缓冲器、内置测试文件、导航数据库和操作程序都可以恢复。

3.3.1 坠机现场之外的研究

除了在现场工作的时间，还在其他地方进行了好几个月的研究和测试。在波音商用飞机集团，使用波音757固定基地模拟器进行模拟，以复刻飞行性能条件和参数。还对CDU和FMS组件的系统测试和飞机接口问题进行了模拟。位于亚利桑那州凤凰城（Phoenix，Arizona）的霍尼韦尔航空航天集团（Honeywell Air Transport Systems）是FMC的制造商，对回收的电子部件进行了大量的检测。

我们访问了科罗拉多州的英格伍德，因为杰普森·桑德森（Jeppesen Sanderson）

公司提供了用于更新机载导航数据库的软件和驾驶员使用的进场图。最后，调查组与美国航空公司就航空公司的运营、飞行人员培训和维护问题举行了多次会议。

初步证据显示，965 航班没有遇到飞机机械故障；天气良好，不构成事故因素；机组人员经过适当的培训和资格认证；在开始卡利机场进场控制之前，各方面都很正常。

那么，为什么经验丰富的机组人员会使飞机偏离计划的航线，然后下降到未知的山地区域，一系列的错误操作成为了调查的重点。

3.3.2　接受 19 号跑道的决定

副驾驶从来没有飞过卡利，机长也从来没有在 19 号跑道上执行过这种进场或降落。该航班计划采用 ILS 方式进入 01 号跑道，该程序仍在 CDU 的航线页面中。

机组人员接受了向南降落的提议，以加快抵达卡利的速度。然而，飞机太高，无法启动进场，需要把航线重新编入 FMS，而且两位驾驶员都不熟悉进场程序。由于他们离 Tulua VOR 很近，而且 Tulua VOR 是初始进场点或进场程序的起点，准备时间非常有限。因此，调查确定，机组人员行动很匆忙，一些关键的工作，如进场程序审查、简报和 FMS 的重新编程，都没有完成。

调查人员还确定，在急于开始下降的情况下，机长作为不飞行的驾驶员将指令输入 CDU 并“执行”，并没有得到其他驾驶员的正常核实。他们的结论是，这可能将副驾驶排除在决策和审查过程之外。

3.3.3　态势感知

机组人员对飞机的位置和预计飞行路线与导航设备和地形关系的理解被称为“态势感知”。调查人员确定，首先犯的一个错误是机长假设“直飞”批准到卡利 VOR，而实际上说的是“……批准到卡利”，隐含的意思是按照飞行计划飞到卡利。然而，当机长随后要求核实时，管制员给出了肯定的确认，从而加深了这种误解。

当“直飞”到卡利的程序被输入 CDU 时，所有中间航点，包括 Tulua VOR（ULQ），都从有效的航点列表中删除，不再显示在驾驶员的移动地图显示器上。如果没有额外的提示，机组人员无法立即找到 ULQ VOR 台，导致他们飞过 VOR 而没有注意到它。

片刻之后，机长要求直接前往 Rozo NDB，然后继续抵港。调查人员认为这表明他对进场缺乏了解，因为 ROZO 在初始进场点以南 30mile 处，距离跑道端头只有 1.5mile（见图 3–3）。

3.3.4　地形感知

民航局认定，由于副驾驶从未到过卡利，他在很大程度上依赖机长的经验。这可能降低了他对飞机飞行路线提出质疑的自信。然而，机长之前的 13 次着陆也都是在夜间进行的，几乎没有迹象表明机组人员意识到当地的危险地形。

驾驶员已经接受过关于在南美飞行的特殊性的培训，以及关于某些高海拔机场的额外信息。卡利不是这些“特殊”机场之一。在飞行地图上，FMS 没有向驾驶员显示任何地形信息，在进场图上只显示了地形高点信息。当地的导航图确实以图形方式描述了较高的海拔，但是没有迹象表明，在下降过程中，机组人员曾经参考过它。

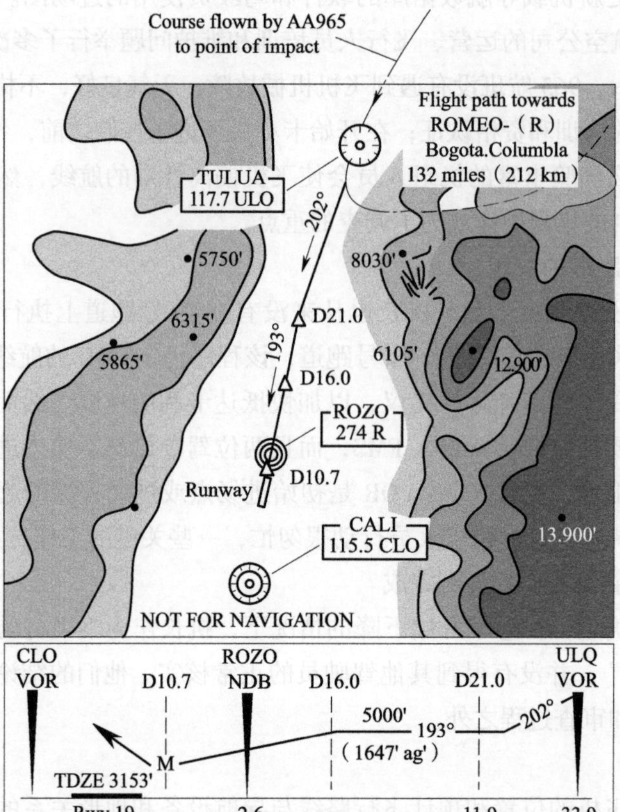

图 3–3　卡利的 VOR DME 19 号跑道进场和美航 965 的飞行路线

调查人员还认为，机长可能是依靠卡利进场管制员提供离地高度，就像他在美国期望的那样。

3.3.5　自动化

使用“玻璃化座舱”先进技术可以实现高效的飞行路径管理、全面的飞机系统监控，以及灵活且多余度的导航。每个驾驶员的飞行地图都以图形方式显示飞机的位置、预计的飞行路线，以及选定的导航辅助设备和机场的相对位置。驾驶员们已经开始欣赏并依赖 FMS 的先进功能。

然而，驾驶舱自动化的使用并非没有风险。民航局指出他们是“过度依赖自动化，自动化驾驶系统反应迟钝或难以理解，而且熟练使用它需要大量的经验”。

报告还指出，由于自己造成的时间限制，可能导致该机组人员犯了一个关键错误，即在没有核实飞机飞行路径的影响的情况下，编入并执行了一个航向更改指令。机长输入了导航点“R”，认为它是进场点 ROZO。进场图上的标识符确实是“R”。但在 FMS 中输入这个特定的航点必须完整拼出这个名字，如“R–O–Z–O”。因为在飞机的机载电子数据库中至少有 12 个其他点使用字母“R”。选择离他们目前位置最近的“R”，结果是新的航线直达“Romeo”NDB，这个点位置在波哥大附近，距离卡利东北方向 130 多 mile。一旦这个错误的固定点被编入 FMS，一条白色的虚线就会指示出离开卡利的新航线。一个“燃料不足”的信息也应该提醒机组人员注意到这个错误。但是他们没有注意到，而是按下了有背光的“执行”按钮。在选择之前没有得到校核，飞机开始转弯离开卡利（见图 3-3 中的地面轨迹图）。

调查人员指出，驾驶员在试图定位 Tulua VOR 和 ROZO 时继续使用自动化设备，更增加了他们的困难。

“原始资料”信息，也就是说，也许可以做到手动调谐到 VOR 和 NDB 的频率，不使用 FMS 直接飞往这两个站点，但却没有这样做。当局发现，机长无法在 FMS 中找到 Rozo 或 Tulua，而可用于执行其他关键任务的时间有限，这就造成了非常紧张的局面，并缺少了态势感知。

3.3.6　机组人员资源管理（CRM）

调查人员立即发现了另一起与之相似的装有 FMS 的飞行事故，这起事故飞机是一架泰国航空公司的 A310 飞机，发生在尼泊尔加德满都。在高负荷工作期间，该机组遇到了一个系统问题，造成态势感知的丧失。使得他们认为自己正在飞离高地，但实际上他们是直接飞向高地。他们被显示的导航信息所迷惑，当飞机飞向一座山时，两位驾驶员都试图只用 FMS 来确认飞机的位置。

美国航空公司有一个示范性的 CRM 培训计划，其中包括对泰国航空公司坠机事件细节的讨论。但是，即使有这样的培训，在有压力或高负荷工作期间，也不能保证机组人员对 CRM 技术的有效利用。报告中列举了美国航空公司机组人员行动中具体的 CRM 缺陷，包括：

- 将 FMS 作为位置信息的唯一来源是不可靠的，会引起混乱；
- 两位驾驶员都不明白应该如何飞行，但还是继续进场；
- 有许多迹象表明，决定接受在 19 号跑道的进场和着陆是一个糟糕的选择，但两个机组成员在任何时候都没有质疑过这个选择；
- 他们的情况与最近 CRM 培训中回顾的一个事故场景非常相似，但没有被识别出来；
- 在飞行的最后 1min，两位驾驶员都没有有效地监控飞机的飞行轨迹。

3.3.7　减速板

从来没有人确定在逃生机动过程中迅速收回减速板是否能防止与地形撞击。飞机与地面的距离很接近，只需要额外的 250ft。然而，驾驶员几乎没有得到任何提示，说明减速板已经展开，也没有一个程序来核实减速板的位置，然后再执行机动动作。与一些具有自动收回功能的飞机不同，波音 757 飞机的减速板在飞行中会在全功率状态下保持打开。只有当驾驶员发出收起指令而它们未能收起时，驾驶舱内才会发出警告声。

3.4　结论和可能的原因

经过调查，可能的原因有：

（1）机组和空管对彼此询问答复的误解，对于不熟悉进近程序的机组带来了多一层风险。

（2）机组未能在起飞前对目的机场各跑道的进近程序、机场的进近导航设施及地形进行熟悉，导致进场航线突发变化时不能正确应对。

（3）正副驾驶之间未进行飞行计划变更前航图核实，亦未进行操作后交叉检查确认，错过了纠正错误的最佳机会。

（4）为了减少飞行时间，机组未选择飞过的仪表进近程序的跑道着陆，而是选择了自己不熟悉的非精密进近的跑道着陆，并且当机组发现很多不适宜进场的因素时，未及时停止进近程序。

（5）机组过度依赖飞行管理系统，当导航地图上未出现设置的导航航路点，并且处于关键的进近阶段时，应转化为传统的无线电导航。

3.4.1 造成事故的因素

通过调查和发现中的各种现象分析得出，导致事故发生的一系列直接原因为：

（1）机组决策在带 VOR 台进近程序的 19 号跑道着陆时，没有充足的准备时间，在 FMS 中设置卡利为当前航路点时删除了中间的所有航路点，包括空管要求的报告点 TULUA VOR，飞机错过了 TULUA 点，但飞行员和空管都没有意识到该错误。

（2）待机组在导航地图上找不到 TULUA 航路点，想要改航线直飞 ROZO NDB 台时，在 FMS 中仅输入“R”，错误地插入了卡利 130mile 以外的 Romeo 点，导致飞机偏离进近方向转向了东北方向。

（3）出现地形告警后，在打开减速板的情况下进行拉起机动，飞机不能有效地脱离撞击山体的危险。

3.4.2 其他间接原因

从美国航空公司提交给调查机构的材料分析，其他间接原因有以下几个：导航辅助设备标识差异，飞行员和管制员通话误解，对 FMS 的过度依赖，以及 GPWS 逃生机动动作不正确。

由于航图和电子数据的固有差异，进近中的一个导航台在航图上和空管导航地图上显示标识不同。这种现象其实是极少数的，飞行员本应该经过相关培训提前了解进场数据，但他们没有意识到两者的不一致，导致错过空管要求的报告点“LULUA VOR”。

飞行员与空管的通信多次出现误解，双方都存有疑虑而未解释或再次证实。这是很多英语不熟练者的习惯行为或者说安全隐患。飞行员可能错误地认为他们在整个进近过程中一直处于二次雷达监控之中，放松了对错误进近的警惕。

机组过度依赖飞行管理系统，在错过 VOR 报告点，且没有充足时间的情况下，依然在 FMS 中设置导航航路点，而没有转化为传统的无线电导航，导致错失了对准跑道的关键补救时机。

在出现 GPWS 告警时，机组通过改变飞机俯仰姿态来防止激活抖杆，但如果操纵飞机以一个最大升力系数下固定的抖杆迎角飞行，性能会有很大提高。

3.5　建议

根据调查的事故经过、发现和结论，给出以下建议：

3.5.1　对机组的培训和要求

（1）加强飞行员对航图及机载导航数据库差异的培训，尤其是标识不同的点，要作为机组记忆项目。

（2）对机组人员培训，让他们知道什么时候使用 FMS 是一种障碍，应该停止使用，而改用基本的无线电导航技术。

（3）制订强制性的 CFIT 培训计划。

（4）要求操作 FMS 进近时，驾驶员都要打开适用的进场图，并随时查看。

（5）在飞行前对起飞目的机场的进离场程序及周边导航台、地形进行熟悉，做到胸有成竹。

3.5.2　对设计部门的建议

（1）FMS 的直飞和插入点设计逻辑的完善，并在向飞行员培训时表明这两种操作的区别。

（2）飞机具有自动收起减速板的能力，否则飞行机组操作手册中应明确在规避撞地的特情操作时必须人工收起减速板。

（3）能够在导航地图上看到周边一定范围内的导航台，便于与航图做比较。

（4）数字地图具有最小安全高度显示，能够同时在数字地图上叠加飞行计划、周边导航台及机场。

3.5.3　对 ICAO 的建议

（1）敦促各成员国严格遵守国际民航组织的标准无线电通信用语。

（2）考虑实施飞行安全基金会的 CFIT 工作组提出的建议。

（3）为所有电子数据库标准制定唯一的世界性标准。

3.5.4　向美国航空公司提出的建议

规范检查驾驶员使用的评价标准，解决培训记录中飞行人员所表现的问题。

3.6　行业行动

在官方事故报告公布后，NTSB 发布了一些自己的建议。与 ICAO 的建议内容相似，它们集中在情境意识（A–96–106）、航空图上的地形描述（A–97–102）、正确设计和使用减速板（A–97–90、91、92）、FMS 显示（A–96–97、98、99）、驾驶员培训（A–97–95）、迎角指示器（A–97–94）和增强型地面接近警告系统（EGPWS）（A–97–101）。

由于这项调查，已经采取了以下行动：

（1）FAA 资助了一个研究项目，最终在 1998 年 2 月发表了一份题为“态势感知培训指南”的报告。其目的是制订一个方案，以帮助识别“自动驾驶舱中态势感知的具体提示”，该方案旨在供航空运营商和FAA检查员使用。此外，将在咨询通告AC 121-51B，“机组人员资源管理培训”的新版本中编入适当的指南。

（2）为了解决CFIT的具体培训问题，波音公司和FAA开发并出版了“可控飞行撞地案例和培训辅助材料”计划和视频。该计划和视频强调通过“有效的沟通和决策行为，以及对地面接近警告的立即、果断和正确反应的重要性”来预防事故。

（3）汽车工程师协会（SAE）的G-10制图小组委员会、机构间制图委员会和FAA成立的FMS工作组都在努力制定导航信息的命名和描述的国际标准。一旦成员国同意，ICAO将成为管理机构，并负责实施必要的修改。1998年底，向ICAO航空信息服务/航空图分部会议提出的所有建议都得到了实施。所有500个途中固定点和3100个终端导航固定点会在1999年被绘制成“计算机”固定点。

（4）杰普森·桑德森公司在1995年之前就已经开始在进场图上公布地形等高线信息，这一工作仍在继续。但是，一直以来，美国没有公认的标准用于选择合格的机场或是在航图上使用的描述方法。为此，一个政府/行业制图论坛一直在评估所有提议的程序，并将建议是采用目前的国际标准还是美国新制定的标准合适。

（5）1998年1月，在评估了波音公司推荐的使用过程中监护减速板手柄的程序后，FAA发布了一份飞行标准手册公告（FSHB）。这份文件的标题是《在GPWS恢复机动中监控减速板的位置》，指示POIs“确保其航空公司的飞行机组操作手册或飞行机组模拟程序包括减速板展开情况下GPWS逃生机动动作的训练”。这种类型的培训很有必要，因为FAA发现，简单地“监护”，并不总是可行的操作。

（6）FAA评估了在现有和新设计的运输类飞机上要求自动收起减速板和显示迎角操作的可行性。最初，FAA对这两项建议的答复是：“如果确定［自动收起减速板或迎角显示］是有必要的，FAA将采取适当的监管行动。”然而，FAA在1999年6月表示，地形感知和警告系统（TAWS，包括各种“增强型地面接近警告系统”，即EGPW在未来避免CFIT事故方面最有希望。因此，他们建议在所有运输类飞机上安装这些系统（拟议规则制定通告，NPRM 98-11《地形感知和警告系统》），在该规则生效后4年内完成，或大约2005年以前完成。由于他们认为这一技术和其他技术的进步将减少一般情况下对接近地面逃生动作的需要，因此不需要对现有的减速板系统进行修改。此外，在未来的飞机设计中，不考虑改变强制要求自动收回减速板的规定。最后，由于类似的原因，FAA选择不强制要求运输类飞机使用迎角系统。

（7）FAA拒绝了安全委员会的一项建议，即在驾驶员发出“直接”指令后，旁路的航点仍保留在FMS地图显示上。他们指出，驾驶员可以通过NAV AID或WPT命令将该信息手动输入系统，尽管该程序在操作上可能会很麻烦。如同他们对NTSB的答复中所说：“航点的位置和通过使用目前电子地图显示系统中已经存在的其他专用功能，可以更简单和准确地使用导航辅助工具。”

（8）FAA提议的规则中所设想的增强型GPWS已经出现。EGPWS利用飞机的机载数据库和计算机化的飞行轨迹来识别地形和障碍物带来的危险，可能是目前预防CFIT

事故的最有价值的手段。它们现在已经被常规地安装在新的运输机上，而 NPRM 98-11 的发布只是全行业积极降低 CFIT 事故率努力的开始（也可参见第 9 章“等待救援”）。

美国航空公司：

结合其他安全举措，美国航空公司立即采取措施，将非精确进场的 CFIT 风险降至最低。这些措施包括：

（1）在正确的非精确进场程序方面进行额外的驾驶员培训。

（2）提高所有非精确进场 MDA 和能见度要求。

（3）提高“无干扰驾驶舱”的高度要求。

（4）修改所有飞行操作的高度表拨定程序。

3.7　后记

在哥伦比亚发生的“美国航空 1572 航班的灾难之路”对业界关于 CFIT 事故的态度的影响。如同在第 2 章中所定义的，“机械功能正常的飞机飞行不慎触及地面、水面或障碍物的事件”，CFIT 事故是世界上运输类飞机损坏事故的主要原因。1993 年，飞行安全基金会组织了一个特别小组来研究这个问题，1997 年，由 32 个机构、航空公司和协会组成的政府和行业联合小组开发并出版了一个全面的培训指南。只有通过有效的飞行人员培训和提升全行业对该问题的认知，才能防止可控飞行撞地事故。目前已经采取了初步措施。

第4章　两大悲剧故事：伯根航空301航班和秘鲁航空603航班

运营商：伯根航空公司

机型：波音757–225

地点：加勒比海（Caribbean Sea），距离多米尼加共和国（Dominican Republic）海岸12mile处

时间：1996年2月6日

运营商：秘鲁航空公司

机型：波音757–200

地点：太平洋（Pacific Ocean）距离秘鲁（Peru）海岸30mile处

时间：1996年10月2日

当今，先进的客机利用最新数字飞行引导系统、三重冗余的自动驾驶仪和自动飞行控制器，以及令人难以置信的精确导航设备。多个大气数据计算机联网，收集、处理并向驾驶员显示大量的信息。

1996年发生的两起令人难以置信的相似事故表明，正确的信息解释和驾驶员的反应是多么重要。这两起事故都涉及波音757飞机（见图3–1），机组人员是国外的，水域上空夜间飞行，起飞后不久飞行引导系统出现异常，并且最终都对机上的所有乘客和机组人员造成致命伤害。下面就来看看这两起悲剧故事。

4.1　伯根航空301航班

4.1.1　飞行经过和背景

TC–GEN是土耳其拥有的波音757–225型飞机，由伯根航空公司运营，租给多米尼加小型航空公司Alas Nacionales。这架飞机1986年制造，主要用于假日包机，将欧洲游客送往全球各地。

1996年1月23日飞机完成了一系列的短途飞行后，在多米尼加共和国的普拉塔港地面上停留了10天，在这期间进行了发动机运行，但没有进行飞行测试或“返岗”检查。发动机地面运行完成3天以后，在301航班计划起飞前2.5h，伯根航空运营部接到通知计划有变。另一架飞机出现了机械故障，需要更换飞机和机组人员，飞往柏林和法兰克福。当地时间晚上10:15，替补机组到机场报到，核实了飞行计划，检查了天气，并完成了所有其他飞行前的工作。晚上11:40，伯根航空301航班滑上跑道。

三名驾驶员在驾驶舱内值班，进行漫长的通宵飞行。机长是土耳其人，62 岁，非常有经验，已经积累了近 25000h 的飞行时间，其中 2000h 在波音 757 飞机上。接替他的机长，51 岁，刚刚完成培训，只有 120h 的飞行时间。机上有 179 名乘客，大部分是德国人，还有 10 名多米尼加的机务人员。

由于计划在（加拿大）纽芬兰省的甘德（Gander）停留加油，机长选择了飞行第一段行程，从普拉塔港到甘德。在小雨中滑行到跑道，副驾驶按规定发出了“80kn”的呼叫。就在这时，机长说：“我的空速表不工作了！”几分钟后，他问道：“你的工作吗？”

“是的，先生，”回答道。

“你告诉我……”机长告诉副驾驶向他提供正确的空速信息。

“V1，旋转，”随着飞机继续加速，副驾驶叫道。

“正向爬升，升挡，”机长叫道，飞机开始上升。

副驾驶问他是否应该把飞行指挥仪和惯性导航系统结合起来，他被告知可以这样做。机长接着说：“它（机长的空速指示器）开始工作了。”升空后 45s，襟翼收起，爬升动力设置以及起飞后的检查清单已经完成。中央自动驾驶仪被打开，机组人员开始进入正常的工作状态。几秒钟后，在经过 4500ft 的平均海平面高度时，发动机指示和机组警报系统（EICAS）显示屏上出现了 RUDDER RATIO（方向舵比）和 MACH/SPD TRIM（马赫数 / 空速配平）咨询信息。

“出了毛病……有点问题，”机长说。15s 后，他再次问道：“有什么东西坏掉了，你明白吗？”

副驾驶也感到困惑：“是有些毛病！现在我的［空速指示器］显示只有 200［kn］，而且在减少，先生！”

“这两个都不对！”机长不相信地喊道，“我们能做什么？”

对断路器进行了检查和重置，没有效果。两位机组成员的言论都暗示备用空速指示器的功能是正确的。该指示器位于中央仪表板上，独立于机长或副驾驶的空速指示系统。驾驶员之间随后进行了讨论，机长说，“由于飞机在地面上放置了很长时间，一些小的系统异常，如升降舵不对称，是有可能的。”“我们不相信它们（EICAS 咨询信息），”机长说。出现了近 20s 的沉默后，代班机长建议重新设置断路器以“了解［所发生问题的］原因”。

几秒钟后，超速警报器响起，但机长说：“好吧，这没有关系。”然后他要求拉开断路器，使这个嘈杂的警报失效。当副驾驶确认机长指示器上显示的空速为 350kn 时，警报就停止了。5s 后，在爬升到 7000ft 高度时，中央自动驾驶仪指令机头向上 18°，自动油门处于非常低的功率设置，失速警告“振杆器”启动，一直持续到驾驶舱语音记录仪（CVR）录音结束。

驾驶舱中出现了混乱。尽管自动油门已经断开，自动飞行系统的 VNAV 功能也不再连接，但自动驾驶仪仍然短暂地保持着工作状态。惊讶和惊愕的感叹声此起彼伏。飞机的俯仰角在 5° ~ 21°之间摆动（飞机机头向上，ANU），施加全功率，然后立即取消。飞机陷入了陡峭的下降。

“我们没有爬升？怎么办？”机长喊道。

“你应该平飞……我正在选择高度保持，先生！”

“选择……选择！”

然而，没有了动力，并且在人工驾驶状态下，自动驾驶仪的命令输入对波音757飞机没有影响，它继续俯冲。“推力，推力，推力，推力！”机长命令道。意识到动力水平的降低，他再次恳求道：“推力……不要拉回来，不要拉回来，不要拉回来！”

再一次，两个发动机都恢复了全功率。然而，令人费解的是，左侧发动机的推力立即被降低到一个较低的水平。几秒钟后，在完全的空气动力失速中，下降到3500ft，波音757飞机的机头向下倾斜到近80°。GPWS感觉到极端的下降速度和即将到来的水面冲击，开始响起它无情的“呜呜，呜呜，拉起，拉起”的警告。

“先生，拉起来！”驾驶舱里的第三驾驶员喊道，“哦！发生了什么事？”

8s后，在普拉塔港东北14n mile处，伯根航空301航班坠入大西洋。飞机解体，机上189人全部遇难。

4.1.2 调查和发现

根据《国际民用航空公约》附件13的规定，多米尼加共和国民用航空总局（DGCA）的事故调查委员会（JIAA）对事故原因进行了调查。在多米尼加共和国的要求下，美国提供了技术援助，并派遣了NTSB的一个专家小组前往坠机地点。此外，FAA、波音公司和罗尔斯－罗伊斯公司的代表也参与其中。来自土耳其、德国和伯根航空公司的调查员也提供了援助。

美国海军打捞主管（SUPSALV）和海洋工程技术公司的技术人员制订了具体打捞计划，动用了一个重达13000lb的电缆控制的水下搜救船CURV Ⅲ来探索残骸。通过使用无人潜艇的闭路电视系统和静止摄像机，可以记录详细信息。它的钛合金机械臂在深海中轻松穿梭，灵巧地探测着破碎的飞机机身，在水面下工作仅2h后，两台飞行数据记录器（FDR）被打捞上来（见图4–1）。这些设备被小心翼翼地弄干，用酒精溶液处理以防止氧化，并被运到华盛顿特区的NTSB实验室进行读取。

图4–1 找回CVR后，CURV从海中升起

调查人员确定，两个记录器在最后的飞行中功能正常，但很快就发现FDR上记录的校准空速（CAS）值与所有其他数据不相关。飞机在起飞后不久直到最后失去控制的实际地面速度远远低于机长指示器上显示的空速，但是接近副驾驶读取的数值。机组收

到的两条 EICAS 咨询信息也指出了空速指示的问题。

4.1.2.1　皮托管 / 静压系统

该飞机是利用皮托管 / 静压系统来感受飞行中的总压及静压信息，解算出空速和高度并输出给机上显示设备。皮托管安装在机身外部，正对气流方向开有总压感受孔，感受飞行中气流的总压；静压孔齐平安装于机身蒙皮外，感受飞行中气流的静压。在先进的飞机上，大气数据计算机（ADC）会采用总压与静压的差值即动压，通过标准大气方程来计算飞机的空速，发送到驾驶舱的主要空速指示器（见图 4–2）。该信号随后被转换为指针的旋转运动，然后驾驶员将其解释为空速。为了保证冗余，大多数大型飞机都有几组皮托管 / 静压系统，每组都是独立的。

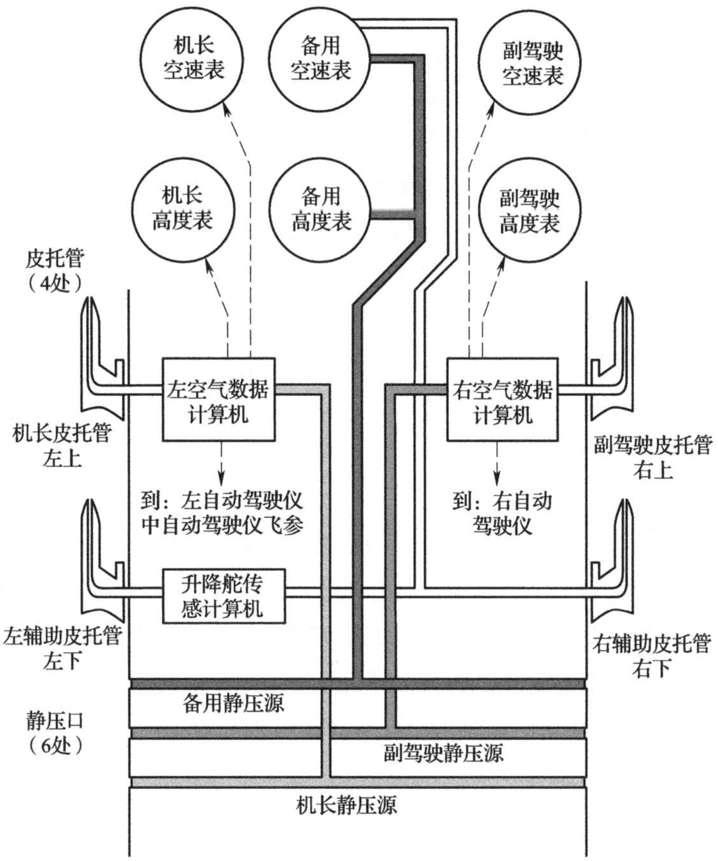

图 4–2　波音 757 皮托管 / 静压系统原理图和选定的电子元件，虚线代表电气连接（波音公司提供）

波音 757 的左侧 ADC 驱动机长的空速指示器、中央自动驾驶仪以及飞行数据记录器上记录的空速。对调查人员来说，越来越明显的是，在左边的皮托管 / 静压系统中可以找到 301 航班失事的答案。事实上，众所周知一连串的异常指示绝对是一个问题发生的特征：皮托管被一些异物完全堵塞。

如果皮托管被完全堵塞，随着飞机的爬升，皮托管中被堵塞的总压不变，而静压不断减小，则动压不断增加，从而产生一个不断增加的空速指示。FDR 会记录下更高的数值，而中央自动驾驶仪也会根据不准确的空速来驾驶飞机。调查人员相信，这可能正是发生在伯根航空 301 航班的实际情况。

4.1.2.2 飞行模拟

调查人员能够使用波音 757 飞行模拟器创建一个与事故飞行相似的场景。由于左上角的皮托管（机长的）被模拟的冰块“堵塞”，驾驶舱内的指示与 301 航班相同。随着飞机（模拟器）的爬升，指示空速开始增加。根据大气数据计算机感应到的信号，中央自动驾驶仪适当地采取行动，增加了仰角，自动油门减少了动力，以应对不断增加的空速。不久，机长的错误空速表产生了一个超速警告。此后不久，振杆器也启动，在没有适当的飞行控制输入的情况下，飞机（模拟器）失速。

4.1.2.3 维护工作

正常的维护工作要求，当飞机长时间停止服务时，必须在飞机皮托管、静压口和发动机口上安装遮盖物。正如民航总局的最终报告中所说，“在这段时间内［前 20 天没有飞行］进行了一次发动机检查，要求在下次起飞前进行发动机地面测试。调查人员认为，在发动机地面测试之前或之后，没有安装发动机和皮托管遮盖物。”此外，没有按照制造商的建议对皮托管 / 静压系统进行飞行前的功能验证。“如果这个检查在重新使用前完成，可能就会发现皮托管系统的堵塞，而且在飞行前就会得到纠正。”

本案中堵塞的确切原因无法确定。正如报告中所述：“……调查当局的结论是，皮托管系统中可能的阻塞源是泥浆和 / 或一只小昆虫的碎片，当飞机在普拉塔港的地面上时进入皮托管。”

4.1.2.4 驾驶员行为

在起飞过程中，机长的仪表上没有显示空速，这是出现问题的第一个迹象。调查人员发现：“……机长低估了起飞过程中出现的空速指示器之间差异的重要性，因为在上升的初始阶段，指示显然是正确的。”波音 757 飞机上没有具体的空速差异警告，但指标之间相差 10mile，持续 5s，将导致显示 MACH/SPD TRIM 和 RUDDER RATIO 信息。根据报告，当这些 EICAS 警报在经过 4300ft 时被触发，“……机组人员没有尝试澄清这些警报或采取纠正措施。”

副驾驶意识到他的指示空速正在迅速下降，但驾驶舱内的混乱干扰了他对问题的分析和对正确行动方案的选择。当机长说两个指示器都不正确时，他还提到“备用的［空速指示器］是正确的”。两位驾驶员都肯定了这一至关重要的事实，但正如报告所说，“……他们似乎并不了解比较三个指标的重要性。”他们也没有“建议将仪表选择器的‘备用源’切换为‘备用’，以便从副驾驶的 ADC 中获得空速信息……”这一操作使机长的空速指示器显示的速度与副驾驶空速指示器的指示相同。

JIAA 记录了机组可以获得的 5 个速度信息来源。两个主要的（机长的和副驾驶的）指示器和备用指示器提供空速信息。飞机的地面速度（直接来自导航惯性参考单元，完全独立于皮托管 / 静压系统）也持续显示在两位驾驶员的 EFIS 屏幕上；在飞行过程中，没有任何时候提到过这个关键信息。报告认为，“机组人员没有意识到正确的行动方案，也没有理解 EFIS 屏幕上显示的地面速度信息的减少，这表明他们缺乏对飞机系统的了解，也缺乏驾驶舱内的机组人员资源管理”。

在模拟器上复制事故飞行曲线，确定利用最大功率设置和适当的、及时的飞行控制输入，从失速中恢复是可能的。波音公司证实，在飞机的研究测试飞行中，他们的试飞员进入了非常类似的失速状态，但能够利用正常的失速恢复技术重新获得对飞机的控制。

4.1.3　结论和可能的原因

飞机空速是根据皮托管感受的总压、静压孔感受的静压之差即动压来计算的，当皮托管总压孔及排水孔被完全堵塞时，其总压系统内部压力为恒值，不会因为飞机飞行速度变化而改变，但静压系统正常，静压会随着飞机高度不断爬升而逐渐减小（即高度越高静压越小）。如果总压不变静压变小，则动压不断增大，导致空速指示高于飞机实际飞行速度，飞行员如果按错误的指示空速操纵飞机，就会造成飞机进入失速状态，影响飞机飞行安全，严重时导致机毁人亡。

JIAA 确定，天气、通信程序和导航辅助设备不是事故的原因。对打捞上来的 72 具尸体的尸检和水下残骸的检查没有发现撞击前起火或烟雾的证据。但也考虑到了其他问题，机组人员可能由于突然出勤而没有得到充分的休息；机组人员的培训没有包括任何客户关系管理，而在不属于伯根航空公司的学院进行的驾驶员培训可能没有提供一个“综合”方法来处理飞行中的问题或解决航空系统具体问题。此外，报告还指出，波音 757/767 的操作手册没有包含有关空速差异或“不可信”的空速指示器飞行的适当、详细的信息，如果检测到错误的空速信号，波音 757/767 的 EICAS 也没有发出警告。

正如最终报告中所指出的，“事故的可能原因是机组人员没有认识到振杆的启动是进入空气动力失速的一个紧急警告，他们没有执行适当的程序来恢复丧失的控制权。在启动振杆之前，由于错误地显示了空速增加和随后的超速警告，机组人员发生了混乱”。

阻塞的皮托管虽然不是可能的原因，但被认为是“一个促成因素”。

4.1.4　建议

飞机在地面停放时，应安装皮托管和静压感受孔保护装置，以防止皮托管唇口磕碰、异物或水分进入总压孔和静压感受孔而影响总、静压的测量，保护装置上挂有红色警示飘带，上书“飞行前取下”字样。

大气数据系统进行地面试验或飞机飞行前，必须取下皮托管和静压感受孔保护装置，检查其总压孔、静压孔应无异物堵塞，用保险丝或专用工具疏通皮托管排水孔。试验及飞行后，待皮托管及静压感受孔完全冷却立即安装保护装置。

注意：试验或飞行前必须拆下皮托管及静压感受孔保护装置。

4.1.5　行业行动

经过仔细审查，FAA 决定不强制要求对波音 757/767 飞机飞行手册进行修订，增加提醒驾驶员注意特殊的空速差异的内容。他们指出，咨询报告，包括 FAA 的起飞安全培训教具和波音 757 操作手册的正常程序，已经强调了早期识别错误空速信息的重要性。还注意到，同时点亮马赫数 / 配平和方向舵姿态咨询级，告警灯可能预示着四种不同的情况；对手册的拟议修订实际上可能会误导机组人员找出警告的真正原因。

然而，作为一种替代行动，联邦航空局（FAA）确实在 1996 年 9 月 26 日向航空运输业发布了 FSIB，96-15，“波音 757/767 飞机空速指示器故障程序和培训”。该公告指示主要运营检查员确保其承运人的手册“包括在观察到或怀疑有错误的空速指示时，应采取适当的识别和纠正应急程序”。

FAA 决定不要求波音公司修改 EICAS，增加在检测到错误的空速指示时提供“注意”警报。然而，波音公司考虑未来对 EICAS 进行升级认证时提供这样的空速“咨询”（advisory）提示。1996 年 11 月，波音公司修订了波音 757/767 操作手册，增加了“识别不可靠的空速 / 转速指示的详细信息以及应对这种情况的指南”。

1998 年 2 月 27 日，FAA 发布了对咨询通告（AC）120-51B“机组人员资源管理”第 2 项的修改，其中纳入了一个训练场景，要求对皮托管堵塞的影响做出适当的反应。这一培训是与面向航线的飞行培训（LOFT）一起进行的。并要求在飞行仪器出现异常时，“重点放在质询 / 辨别 / 推断、态势感知和机组协调”。

尽管这些行动是适当和及时的，但这还不够。

4.2 秘鲁航空 603 航班

4.2.1 飞行经过和背景

在伯根航空 301 致命坠机事件发生仅 8 个月后，那天晚上在西南方向 2400mile 处，另一架波音 757 飞机（编号 N52AW）正在完成例行维护，准备稍后进行国际飞行。按照航空标准，N52AW 是新飞机。它于 1992 年制造，从安捷全球航空服务（Ansett Worldwide Aviation Services）公司租赁，于 1994 年交付给航空公司。该机自制造以来仅运行了 22000h。

1996 年 10 月 2 日，机械师们整晚都在飞机上辛勤工作，更换因吸入飞鸟而损坏的发动机进气口导向叶片以及右侧发动机驱动的液压泵。当 603 航班 58 岁的机长在起飞前进行“绕飞机一周”检查时，维修小组基本完成了所有维护工作，并很快完成了记录工作。

驾驶舱中的两位机组成员都非常有经验，他们的职业生涯中总共积累了 30000h 的飞行时间。秘鲁航空 603 航班在午夜 00:41 起飞，机上有 61 名乘客和 7 名空乘人员。

就在收起起落架的 7s 后，出现了第一个故障。“高度计被卡住了！”副驾驶惊呼，“所有的！”

就在这时，驾驶舱的扬声器里响起了“风切变，风切变，风切变”的警告。机长惊讶地问：“发生了什么，我们没有爬升？”

“速度……V2+10……保持，不……保持速度”！不仅高度计对飞机的爬升没有正常反应，而且两个空速指示器也不稳定，并且不一致。

EICA 上出现了一个警告。“Rudder Ratio！”副驾驶在升空 1min 后喊道。“真奇怪，”机长回答，“向右转。”在向南起飞后，向右转将使飞机飞到公海，远离东部的山地。

“往上走，往上走，往上走！”机长恳求道。

“我在！”副驾驶大喊，“但速度……”

机长口述了空速问题的第一个迹象。“但是它被卡住了……马赫数配平，方向舵率……现在你是……”

30s 后，机组成员开始意识到情况的严重性，驾驶员决定不启动自动驾驶。“速度，我们看看基本仪器，一切都消失了！”随着注意和警报声的响起，秘鲁航空 603 在凌晨 0:42:32，即起飞 1.5min 后出现紧急情况。

当时高度表显示的是 1700ft 的平均海平面高度，管制员确认这就是他雷达上所显示的高度。在整个飞行过程中，机组人员要求并接收来自 ATC 的高度信息，用它来确认高度计上显示的内容。管制员屏幕上显示的高度不是独立产生的，而是由飞机的应答器以电子方式发送给 ATC 的，应答器的内容直接来自飞机高度表。因此，管制员的雷达屏幕上显示的高度将始终与飞机高度表上显示的高度相同，无论是否准确。

此后不久，机长接管了所有飞行任务，但无法确定自动驾驶仪是否开启。“自动驾驶仪已连接，”他说。

“不，不，他们已经断开了！”副驾驶争辩道，“……只有飞行指挥仪开着。”

在机组人员试图了解问题的性质时，ATC 发出了矢量信号，使航班在海洋上空飞行。进行了“备用”静压源的选择，没有发现仪表有任何变化。副驾驶多次试图在飞机飞行手册中找到补救措施，读到：“……避免大的或突然的方向舵输入，如果正常的左侧液压系统压力可用……是的，横风限制，不要尝试自动降落，它说……”

“是的，我们甚至不能飞！”机长反驳道。

在混乱中，通常在起飞后立即完成的程序被遗忘。在起飞 8min 后，襟翼终于收回。几分钟后，机组人员讨论是否使用自动驾驶仪和自动油门，1min 后，空中交通管制员再次呼叫，“秘鲁航空 603，你离利马 40mile，根据我的屏幕显示，你的高度 120，对地速度大约是 310kn。”重要的是，由于管制员提供的对地速度信息不是来自飞机的应答器，而是直接来自 ATC 计算机计算的距离和时间，所以它是一个完全独立的信息来源。

两名机组成员都承认管制员的说法，加强了他们对飞机真实高度的错误认知。他们还确认“……保持速度，我们有 230……”没有注意到他们的指示空速和空管报告的对地速度之间的差异。

机组人员再次重读了飞行手册，他们再次发现推荐的程序没有任何帮助。在被引导返回利马机场的过程中，机长指示的空速增加到 320kn，超速警告响起，并惊动了机组人员。起初机组人员认为警报是合法的，发动机推力被降低，减速板被打开，错误地试图使飞机减速。此时利马控制中心再次说明了603航班的位置："你正穿过利马的260［度径向］，西边31mile。飞行高度为100加7［10700ft］，大概速度为对地280。"

"是的，但我们这里有350kn的指示！"副驾驶回应道。

机长大喊道："我打开了减速板，一切都不灵了！所有的仪器都失效了，全部都失效了！"

在听到超速啪啪声的17s后，失速警告振杆器启动。在嘈杂的警报声中，副驾驶向管制员恳求道："……有任何飞机可以起飞来救援我们吗？有任何飞机可以引导我们吗？有可能在附近的飞机吗？有人吗？"

正当他们被告知，一架波音707飞机将很快起飞可以协助他们时，驾驶舱内又传来了另一个声音的警告，这个警告甚至更加不祥，"太低了，地形！地形太低！"刻板的警告声。

"发生了什么事？"机长不相信地问道。

"我们有一个地形警报！我们有一个地形警报！"副驾驶对着无线电喊道。

"地形太低了！"声音继续说道，有点淹没了超速啪啪声和振杆声。

空速的差异再次引发了另一个熟悉的警告，"风切变！风切变！风切变！"加入了整个喧嚣声中。

"地形太低！地形太低！""风切变！风切变！风切变！风切变！"

"这里所有的电脑都疯了！"副驾驶用无线电说道，"我们有一个地形警报，我们应该在10000ft的高度？"

"根据［雷达］显示器，你在105［10500ft］。"管制员回答。

意识到飞机那天一直在维修，机长没有特别针对任何人地说："这到底是什么？那些［机械师］做了什么？"

603航班再次转向西方，由于不确定他们与山脉的相对位置，于是转向公海方向寻求一定的安全。

"我们在水面上，是吗？"机组问道"……我们好像有370kn，我们现在在下降吗？"

"是的，在水面上，你在西边42mile，"管制员回答。"它显示了同样的速度……你的速度是大约200。"

"速度是200？现在我们将会失速！"

"下降率！下降率！下降率！下降率！"驾驶舱内的机械声音提醒道。

加大了动力，飞机略有爬升，但他们的高度计继续显示10000ft。尽管避免了失速，但警告声仍在持续，再读一遍紧急程序指南也无济于事。

"好，我们回去吧，"机长宣布。假设情况已经稳定如初，他想再尝试一次在利马进场和降落。

"你有我们的速度吗？"机组问利马控制中心。

"是的，显示速度为300kn，"管制员回答。

"地平线没问题……地平线是正确的，这是唯一正确的事情！"副驾驶说。

该航班再次被调整为进入利马 ILS，在几分钟内，机组人员讨论了他们可以选择的几个方案。重新阅读了检查表，但没有采取其他行动。再一次，他们错误地试图向 ATC 核实他们的高度。“请你告诉我高度，因为我们爬升了但没……”

“地形太低！地形太低了！”又被打断了。

“是的，”管制员在无线电中说，“根据我这里的显示，你仍然在 9700ft，先生。”

“9700？但它显示‘地形太低’！你确定 50mile 处的雷达上有我们吗？”副驾驶说，他认为管制员提供的高度信息是正确的，现在对他们的位置提出质疑。他的理由是，GPWS 的警告是由于他们接近山区地形，而不是因为离水面的高度。

但他们的时间已经不多了。28s 后，波音 757 飞机的左侧机翼和发动机划破了太平洋的表面。“我们正在冲向水面！”副驾驶对着无线电喊道，“把它拉起来！”

努力保持控制，驾驶员们又将这架残缺的飞机飞行了 17s。“我找到了！我找到了！”机长喊道。在他与驾驶杆较劲的过程中，他发现了一个问题。但致命的伤害已经造成，飞机继续向左缓慢滚动。起飞 31min 后，秘鲁航空 603 航班以一个非常陡峭的左倾姿态坠入海中，机上 70 人全部遇难。在撞击时，机长的仪表显示高度为 9500ft，空速为 450kn。

4.2.2 调查和发现

在 NTSB 调查员的协助下，秘鲁事故调查委员会（AIC）根据《国际民用航空公约》附件 13 对事故原因进行了调查。采用 3500lb 的无人潜水艇找到了两个记录器，并从海面下 700ft 的海底将其取回。在将这些设备送到华盛顿特区进行读取后，完成了对残骸的全面摄影记录。Magnum 拍摄的一张照片特别有说服力；一块遮盖胶带覆盖了机身左侧的所有三个静压口（见图 4–3）。

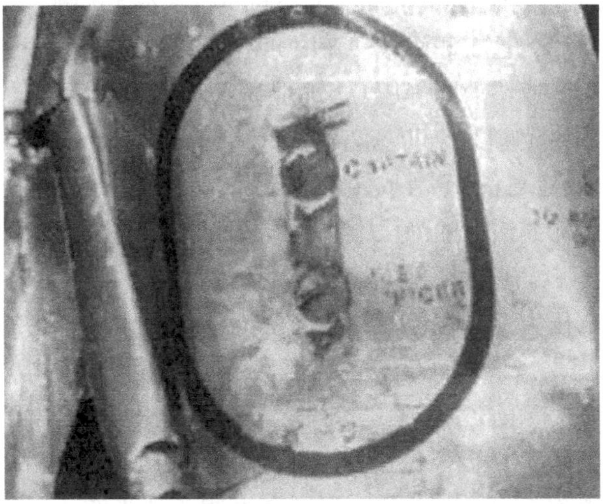

图 4–3　秘鲁航空 603 航班左侧静压端口的水下照片，注意覆盖端口的深色遮蔽胶带残留物

堵塞的静压口（见图 4–1 的系统示意图）会导致驾驶员仪表上显示完全错误的空速和高度信息。如果只是部分阻塞，则会出现显示的延迟或“滞后”，导致爬升时显示的高度低于实际高度，而下降时显示的高度更高。秘鲁 AIC 和美国 NTSB 的调查人员

认为，CVR上记录的错误指示与静压口的部分堵塞是一致的。从来没有确定过右侧的静压口是否也被阻塞。

调查人员发现，技术人员在对飞机进行清洗和抛光时，在静压口上贴了遮盖胶带，以防止水分和污染物进入系统。然而，批准的维修程序要求使用“防潮”纸，而不是胶带。为了保证适当的质量控制，第一次检查应该由一个技术人员在完成维修工作后立即进行检查。在这种情况下，驾驶员在进行飞行前检查时，将有最后的机会观察静压口上的胶带。调查人员无法确定为什么在这个安全“链条”上没有一个人注意到抛光工作结束后胶带没有被移除。

机组人员在紧急情况下的表现也被仔细审查。调查人员意识到，多个警报和相互矛盾的高度和空速指示给驾驶员带来了巨大的心理压力。调查人员认为，由于他们的焦虑和混乱，机组人员未能优先考虑各种问题和可能的解决方案，没有对GPWS的指示作出适当的反应，忽略了完成任何正常或紧急检查清单，并且从未使用适当的机组人员资源管理。

CVR证实，从未参考EFIS的地面速度，也没有参考正常运行的无线电高度表。在整个飞行的最后12mile里，尽管机组人员被错误的信息和分散的注意力所淹没，但是没有采取任何明确的、决定性的行动来确定真正的问题或纠正这种情况。AIC指出，虽然未能从静压口移除胶带是一个“主动”故障，但随后机组人员在“态势感知、导航、呼叫、程序和战术决策”方面的错误都是典型的CFIT事故。

4.2.3 结论和可能的原因

为消除飞机飞行过程侧滑的影响，静压受感器对称安装在飞机左、右两侧，且左右相通。当一侧多余度静压受感器压力感受孔被堵时，飞机在巡航状态且无侧滑时，各余度高度、空速的解算和指示均正常，对飞机飞行基本无影响。

当飞机在爬升阶段，且有侧滑或转弯时，由于单侧多余度静压受感器压力感受孔被堵，飞机会感受迟滞或错误的静压，从而造成飞机当时实际飞行高度高于高度表的指示高度，飞机实际飞行速度小于空速表的指示空速。

当飞机在下降阶段，且有侧滑或转弯时，由于单侧多余度静压受感器压力感受孔被堵，飞机会感受迟滞或错误的静压，从而造成飞机当时实际飞行高度低于高度表的指示高度，飞机实际飞行速度大于空速表的指示空速。

单侧静压受感器压力感受孔被堵，飞机在转弯或带侧滑爬升及下降过程中，大气数据系统为飞行员提供错误的高度、空速信息。如果按此时的高度、空速操纵飞机，则会严重影响飞机的飞行安全。

事故调查委员会认为，天气不是一个因素，所有的ATC参与都是适当的，飞机的装载、性能和认证都符合公认的标准。驾驶员获得了适当的认证，除了静压系统外，没有任何飞机或发动机的异常情况导致事故发生。

事故调查委员会的结论是，主要的可能原因是“人员的错误，包括机组的错误”。他发现“……［一名］员工没有从静压口上取下胶带……［也没有］被任何做检查的人或［在］由［机长］进行的飞行前检查时发现”。

促成的原因是“驾驶员的错误……没有遵守 GPWS 警报的程序……”和副驾驶的错误，因为“……没有坚持、坚定或更加强调说服驾驶员认识到地形接近警报的［重要性］”。

4.2.4　建议

飞机在地面停放时，应安装静压受感器保护装置，保护装置应完全包裹静压受感器感受盘工作面，以防止磕碰及异物或水分进入静压受感器感受孔而影响静压的测量，保护装置上应挂有红色警示飘带，上书“飞行前取下”字样。

大气数据系统进行地面试验或飞机飞行前，应取下静压受感器保护装置，试验及飞行后，待静压受感器完全冷却后立即安装保护装置。

注意：试验或飞行前必须拆下静压受感器保护罩。

4.2.5　行业行动

事故调查委员会发布最终事故报告之前，NTSB 已经发布了自己的紧急建议。正如前主席詹姆斯·霍尔所说：“使用胶带覆盖物并没有引起足够的重视，应确保在飞行前拆除覆盖物。”给 FAA 的信还说，“安全委员会认为，FAA 应立即采取行动，审查并根据需要修改所有的飞机维修手册，要求运营商只使用标准的、高度醒目的［静压口］覆盖物，并附上警告旗帜。”（A–96–141）

FAA 在这个问题上迅速采取行动，于 1997 年 4 月 2 日发布了飞行标准适航信息公告 97–08A，“确保清洁和维护后从静压口移除覆盖物的程序”。该公告指示 POI 审查其承运人的维护手册，以确保在维护和清洁期间有足够的保障措施和程序来安装适当的静压口盖。该公告还指示主要运营检查员“建议他们的运营商采用委员会的建议在任何可能需要覆盖静压口的情况下，使用明显的覆盖物，并附上警告旗帜”。

NTSB 并不满意 FAA 所采取的行动完全响应了最初建议的意图，并敦促“指示 POI 应‘要求’使用，而不是‘建议’使用明显的静压口盖。”1997 年 9 月，FAA 用飞行标准适航手册公告（HBAW）97–15 取代了原来的公告，指示 POI 要求承运人使用“醒目的［静压口］盖与警告旗”，这是 FAA 批准的任何持续维护计划的一部分。

各国的个人责任法不尽相同。1997 年底，秘鲁国家检察官指控 5 名秘鲁航空公司的工人，包括质量控制部门的负责人和油漆车间的负责人，犯有过失杀人罪。如果法庭确定案件其他人负有部分责任或有任何疏忽，仍然可以对他们提出指控，包括空中交通管制员。

4.3　后记

超过 800 架波音 757 飞机在世界各国被使用，且一直保持着令人羡慕的安全纪录。然而，作为一种高度自动化的飞机，人与机器之间的互动是至关重要的，正如这两起事故所显示的那样，这种互动的任何中断都可能是灾难性的。

飞机上的自动化系统设计是非常可靠的，以至于飞行员对其越来越依赖。这可能导致对系统的功能和运行状态的认知下降，并降低操作者的效率。矛盾的是，随着技术的改进，曾经简单的任务会变得更加复杂。以前直截了当的问题变得更难分析，其解决方案可能变得不那么明确。

飞行员将永远是安全链中的最后一环。但是，为了在未来取得成功，从奥维尔·莱特那里继承的基本飞行技能不能被取代，只能用有效的技术管理来增强。

第 5 章　沼泽地里的悲剧：瓦卢杰 592 航班

运营商：瓦卢杰（ValuJet）航空公司
机型：道格拉斯 DC–9–32
地点：佛罗里达州迈阿密附近的沼泽地
时间：1996 年 5 月 11 日

当天迈阿密国际机场（Miami International Airport）一片繁忙，105 名乘客已经登上了飞往亚特兰大的 592 号航班，由于当天早上早些时候飞机出现机械故障，他们晚了 40min 离开登机口。

5.1　飞行经过和背景

592 航班原定于下午 1:00 从迈阿密国际机场起飞，但由于前序航班晚点，592 航班比预定的起飞时间晚了 10min。

当地面准备工作正在紧张进行时，机长报告了一个机械问题——公共广播系统（PAS）无法使用。ValuJet 公司安排了一名机械师来排查这个故障。经排查后，确认是支架上的一个放大器出现松动，重新安装后确认 PA 可以正常工作。

592 航班是一架道格拉斯 DC–9–30 飞机（见图 5–1），当时机上装载了 4109lb 的

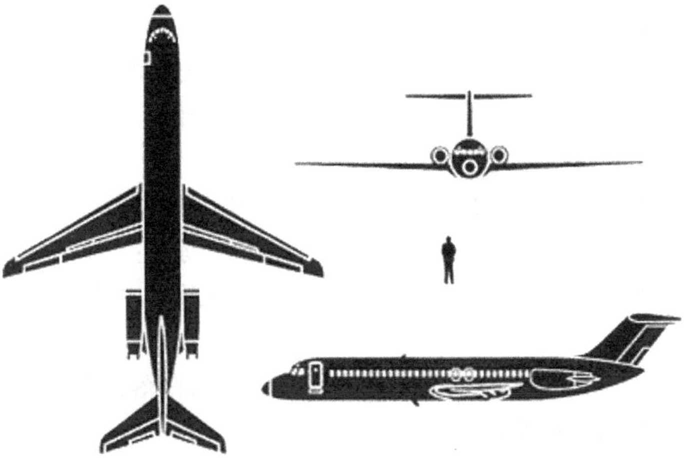

翼展：93ft5in　　标准最大起飞重量：108000 lb
标准航程：1670n mile　　巡航速度：马赫数0.72~0.79

图 5–1　道格拉斯 DC–9–30 飞机

货物，包括属于 ValuJet 公司的 5 个被称为“空氧气罐”的箱子。

下午 1:40，登机梯从 592 航班撤离，大约 4min 后开始滑行准备起飞。迈阿密机场塔台使用他们的官方空管呼号“Critter 592”，允许该机下午 2:30 左右在 9L 跑道上起飞。

驾驶 592 号航班的是坎达林·库贝克（Candalyn Kubeck）机长，她是一名熟练的飞行员，前一天刚过 35 岁生日。从高中开始飞行的库贝克机长，在大学学习飞行，在积累了作为通勤航空公司飞行员的经验后，她于 1993 年 10 月被选为 ValuJet 公司的飞行员。1994 年 5 月，她升任 DC-9 机长，总飞行时间约为 8928h，其中 1784h 是作为 DC-9 的飞行指挥。

副驾驶是 52 岁的理查德·哈森（Richard Hazen）。从美国空军退役后，他作为一名飞行员积累了大约 6448h，作为民用和军用飞行工程师，还积累了 5400h。他在 DC-9 飞机上飞行了 2148h，于 1995 年 11 月受雇于 ValuJet 公司。

起飞后约 4min，迈阿密机场控制中心指示 592 号航班“左转，航向 300，加入 WINCO 过渡，爬升并保持 16000”。

3min 后，当飞机以 260kn 的指示空速爬升到平均海平面 10600ft 时，驾驶舱内出现了一种异响。机长库贝克问道：“那是什么声音？”副驾驶哈森表示：“我不知道。”

“我们的电路出问题了，”机长在 12s 后说。“飞机失控了！”

大约在同一时间，由于没有意识到 ValuJet 机组人员面临的危险，机场管制员建议 592 航班与迈阿密管制中心联系。但是驾驶舱出现了严重的问题，机长紧急告诉副驾驶：“我们需要，我们需要返回迈阿密！”

3s 后，从客舱里传出了哭声：“着火了，着火了，着火了！”不久之后，一个声音大喊：“我们着火了，我们着火了！”

由于没有听到回复，机场管制员重新发出指令。副驾驶很快回答说他们需要立即返回迈阿密。管制员回答说：“Critter 592，呃，收到，左转航向 270，下降并保持 7000。”副驾驶确认了该航向和高度。

“你遇到了什么问题？”管制员问道。

“呃，驾驶舱内有烟雾……机舱内有烟雾。”副驾驶用无线电说。

在 DC-9 飞机上，情况十分危急。驾驶舱的门被打开了，一位空姐恳求道：“我们需要氧气，我们在后面缺氧了。”

下午 2:11，管制员指示 592 航班左转，航向 250°，下降并保持 5000ft。大约在此时，CVR 记录下了客舱的喊叫声，随后是一名空乘人员惊呼：“完全着火了！”

机组人员驾驶飞机开始下降并向南转。副驾驶在无线电中说：“Critter592，我们需要最近的可用机场。”

管制员回答说：“Critter 592，他们有跑道位置支持你降落，你可以准备 12 号跑道。如果可以，直接与 Dolphin 联系。”

副驾驶通过无线电表示，他们需要位于 12 号跑道最后进场处的电子无线电导航系统 Dolphin 的雷达信号。管制员随后发出了信号并得到副驾驶的确认。

1min 后，管制员发来消息：“Critter 592，保持航向，呃，120。”592 号机组人员没有回应。当飞机在航向 218°下降到 7200ft 时，FDR 停止记录数据。由于飞机的应答器继续工作，飞机的位置和高度数据继续被 ATC 雷达记录。

下午 2:13:18，起飞管制员说："Critter 592，你可以左转航向 100，进入 12 号跑道，在迈阿密航道。"同样，没有人回应。管制员再次指示 592 号航班下降并保持 3000ft。几秒钟后，另一架飞机发出的信号混入了一个无法理解的信号。

下午 2:13:42，592 号航班在迈阿密国际机场西北约 17mile 处，以 400mile/h 的速度坠入佛罗里达沼泽地。这场悲剧发生在飞机起飞后仅 10min，110 人因此丧生，并成为了历史上最具挑战性和最苛刻的飞行事故调查之一。

5.2 调查和发现

NTSB 在下午 2:30 左右接到了事故报告，当天下午，FAA 召集了一个事故调查小组，乘坐飞机前往迈阿密。

现场显示，这架飞机几乎消失在大沼泽地中。一位在附近钓鱼的目击者说："就像地面把飞机吸走一样。"在第一天的晚间新闻发布会上，NTSB 前副主席罗伯特·弗朗西斯（Robert Francis）解释说，这一天在极具挑战性和艰难的环境中度过。事故现场满是污水、污泥，甚至还有鳄鱼、毒蛇，泄漏的航空燃油也可能随时引发火灾。

坠机区域的水深 6 ~ 10in 不等。水的底部有一层很厚的、腐烂的锯齿状的树根和茅草，都铺在石灰石层上。只有泥浆中的一个大坑和被压扁的锯齿草可以初步确定是 DC-9 的主要坠地区域。大坑的中心线沿南北轴线方向，长 130ft，宽 40ft。大部分残骸位于大坑以南，呈扇形，有些残骸在大坑以南 750 多 ft 处被发现。

在持续 7 周的打捞工作中，打捞人员面对着恶劣的环境和危险。搜索人员甚至必须穿上生化防护服和长筒靴。由于这些防护服内温度极高，工作人员的实际搜索时间只有 20 ~ 40min。

由于水下能见度非常差，工作人员和潜水员只能用手和渔网盲目地搜索（见图 5-2）。发现残骸先进行清洗（见图 5-2），然后用卡车运到机库进行检查。

图 5-2　回收 ValuJet 592 的残骸

两个机翼的大部分都被找到，大约 50% 的左副翼和 75% 的右副翼也被找到。襟翼和起落架的制动器被找到时都处于收回位置。三个机翼扰流板也被找到，一个扰流板找到时处于 40°偏转状态，但有被撞击损坏的痕迹。前机身右侧比其他区域碎片化程度更严重，使得具体部件识别极为困难（见图 5–3）。

图 5–3　识别和分类 DC–9 的数千块

5.2.1　前货舱重构

调查人员使用按比例切割的胶合板和铁丝网组成框架，制作了一个完整的三维前货舱模型（见图 5–4）。由于残骸碎片被确认来自该区域，它们被放置在各自框架位置。

图 5–4　前货舱的重建模型

这些部件的检查是整个前货舱及其正上方区域发生火灾的证据，其中受损最严重的区域是货舱的前方区域和天花板。检查还显示，飞机的其他区域没有表现出明显的火灾损坏迹象，包括驾驶舱和驾驶舱下面的电子设备舱。

对找到的飞机线路进行了检查，看是否有发生电弧、火灾和热损伤的证据，但没有发现可能引发火灾的短路或电弧。沿着前货舱外壁的电线束有燃烧的痕迹，与外部热源的损坏一致。

NTSB 确定，前货舱内的热量和火灾对货舱内的破坏比对外部破坏严重得多，这与货舱内部正在发生的火灾是一致的。他们指出，货舱内发生火灾时，货舱内的衬垫也会起到防止外部起火的作用。他们注意到货舱衬垫的设计是为了将火灾控制在货舱内，还会起到将外部火灾挡在货舱之外的作用。

5.2.2　易燃货物

采访 ValuJet 公司货物处理人员和查看一张公司自有材料（COMAT）运输票据，证明 592 号航班前货舱装载有 COMAT 货物。这批货物包括 5 箱大约 140 个未启用的飞机化学制氧机、飞机轮胎和机轮组件。这批货物是从萨布雷特（SabreTech）公司运往亚特兰大的 ValuJet 百货公司。SabreTech 公司是 ValuJet 公司在迈阿密签约的一家维修公司，负责进行飞机的重大维修。SabreTech 公司的一名仓库职员表示，为了方便运输，他将制氧机放在纸箱中，并在每个箱子顶部放了一层 2 ~ 3in 的塑料气泡膜，然后密封纸箱。塑料气泡膜是一种石化产品，属于易燃物。

592 航班上运送的化学制氧机通常用于在飞机减压时为乘客提供氧气。装机时，它们被安装在每排乘客座位上方的面板上，并与氧气面罩相连（见图 5-5）。如果发生快速减压时，面板打开，面罩落下，可供乘客使用。当面罩被拉下时，一个装有弹簧的起爆针会撞击安装在制氧机末端的装有小型炸药的堵盖，开始化学反应，产生可用于呼吸的氧气。

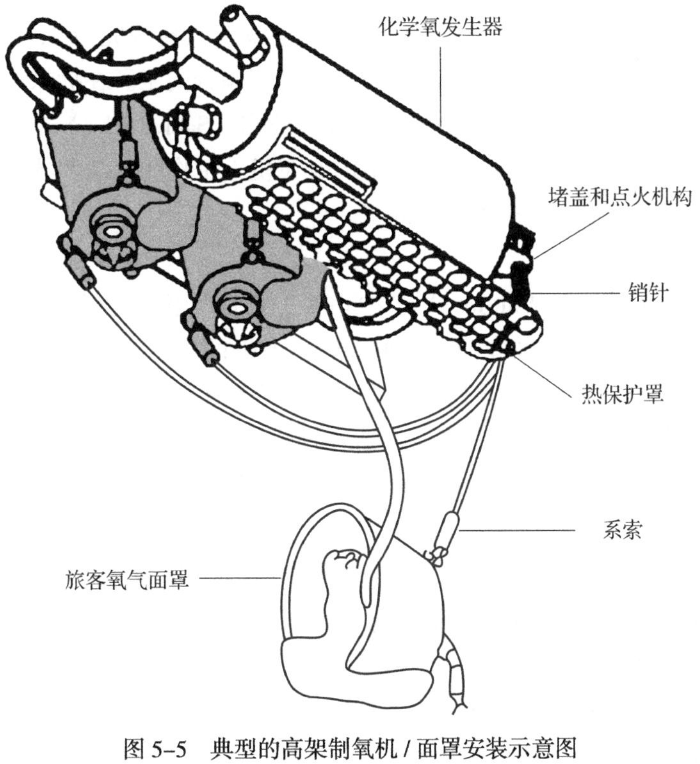

图 5-5　典型的高架制氧机 / 面罩安装示意图

然而，这种反应的一个副作用是会放热，使制氧机外表面温度达到450 ~ 500℉。在事故发生时，这种快速发热可能带来的危害是众所周知的。10年前，一架DC-10飞机在芝加哥奥黑尔国际机场的地面上被烧毁。事故的原因是货舱中运输的化学制氧机无意中被激活。调查结论进一步显示，这些制氧机没有按照FAA的规定进行包装或贴标签。该事件发生3天后，FAA向所有国内航空公司和外国适航当局通报了DC-10火灾的情况，并提醒运营商，化学制氧机内置有氧化剂，因此被列为危险品，必须妥善包装和安全存放。

18个月后，一架波音757飞机再次发生了与化学制氧机有关的机舱火灾。空乘人员在向大火中喷射了三个“哈龙”（Halon）灭火瓶后才控制住火势。那次事故之后，又发生了4起与制氧机有关的事件，但这些事件没有造成灾难，因为火灾或燃烧是在地面装、卸载货物时发生，而不是在飞行中。

5.2.3 过时的制氧机

1996年初，ValuJet从麦道金融公司购买了两架二手麦道MD-82飞机（N802VV和N803VV）和一架MD-83（N830VV）飞机。这3架飞机通常被笼统地称为“MD-80”，被运到SabreTech公司的迈阿密维修和大修车间进行各种改装和维护。

MD-80飞机上的化学制氧机，制造商给出的最大允许使用寿命是12年。ValuJet在将MD-80飞机投入使用之前，必须确定包括机载制氧机在内的有寿命限制的部件都符合要求。由于两架MD-82飞机的大部分制氧机都超过使用寿命期限，ValuJet公司要求SabreTech公司拆除并更换所有制氧机。

5.2.4 重要服务合约

对ValuJet公司来说，让SabreTech公司等外部承包商来完成工作并不罕见。与ValuJet公司一样，SabreTech公司在很大程度上也依赖合同工。在拆除和更换制氧机的工作中，SabreTech公司的合同工主要来自6家公司。SabreTech公司的记录显示，在1996年2—5月，在3架ValuJet公司的MD-80飞机上工作的587名员工中，只有25%是SabreTech公司的雇员，其他都是合同工。

5.2.5 制造车间的时间压力

根据SabreTech公司和ValuJet公司之间的飞机维修服务协议，飞机晚交付一天，SabreTech公司就要赔偿2500美元。N802VV号飞机的维修应于1996年4月24日完成，N803VV号飞机的维修应于1996年4月30日完成。在N802VV维修工作延期两天后，SabreTech公司发布通知，要求包括管理人员在内的所有维修人员都需要工作7天（包括休息日），直到3架MD-80飞机完成维修并交付，尽管如此，工期仍然很紧张。

最终在1996年5月9日，也就是592航班坠毁的前两天完成了N802VV号飞机制氧机的检查和更换。N803VV飞机上制氧机的检查和更换工作于1996年4月30日完成，第二天交付给ValuJet公司。

5.2.6 拆除/更换制氧机工作记录

“日常工作卡”是由计算机生成的，按步骤列出用于完成特定维修任务的关键程序。工作完成后，每一步都要在工作卡上签名。SabreTech 公司人员使用日常工作卡 0069 跟踪飞机上化学制氧机的拆除和安装情况。在工作卡上关于“拆除”的部分，卡片上的第一条是粗体字的声明，内容是：

警告：未用完的制氧机含有点火装置，一旦启动，外壳温度就会升至超过 500℉。操作时要特别小心，防止意外拆除撞针。如果制氧机被激活，请立即将其放置在不易燃烧物体的表面。

在该“警告”之后，分 7 个步骤来拆除制氧机。第二步指出，“如果制氧机没有消耗完，在撞针上安装运输帽”。运输帽也被称为安全盖，是放置在打击帽上的一个塑料盖，以防止在运输和处置过程中意外激活化学制氧机。

工作卡 0069 参考道格拉斯维修手册（MM）第 35-22-03 章，标题为“乘客氧气插入装置的维修方法”。本章所包含的信息与工作卡 0069 基本相同，但略有差异。这些文件都没有提及维修手册的另一个相关章节，即第 35-22-01 章，标题为“化学制氧机的维护方法”。

与 0069 工作卡的 7 个步骤不同，第 35-22-01 章有一个拆除制氧机的 8 步操作。前 7 个步骤与 0069 工作卡上的步骤相对应，最后一个步骤指出，“储存或处置制氧机（参考 2.C 或 2.D 段）”。

第 2.C 段指出：

（1）制氧机必须储存在安全环境中。

（2）每台设备入库前都应进行检查，以确保释放销约束击发机构安装正确。

（3）所有可使用的和不可使用的（未使用的）制氧机（罐）都不能储存在高温及易损坏环境中。

第 2.D 段指出，“在制氧机（罐）启用和化学核芯完全耗尽之前，不得处置”。它包含了一个专门用于处置制氧机的 5 步过程。

NTSB 在调查中谈到：“虽然 0069 工作卡明确警告制氧机使用时会产生高温，但它没有提到未用完的制氧机在储存或处置之前需要经过特殊处理，过期的制氧机应该处置或报废，或者制氧机在使用后含有危险物质 / 废物；此外，没有明确要求工作卡包含这些信息。虽然这些问题在道格拉斯 MD-80 维护手册第 35-22-01 章中有所提及……机械师很可能在没有参考维护手册这一部分的情况下对制氧机进行了拆除。

NTSB 说：“安全委员会的结论是，如果 0069 工作卡明确要求根据道格拉斯 MD-80 维修手册中的制氧机处置和报废程序作业，或者提及维修手册的适用章节，那么机械师就很有可能按照正确的制氧机处置程序作业。”

NTSB 还对 SabreTech 公司缺乏维护任务记录表示担忧。他们注意到，72 人完成 0069 号工作卡所描述的任务花费了大约 910h。然而，除了机械师最终在工作卡上签名表示完成工作外，并没有记录显示由谁完成了哪些工作。

虽然 NTSB 的报告没有提到这个问题，但 NTSB 的一些官员私下里怀疑语言障碍可能是一个因素。虽然 SabreTech 公司的所有手册和工作卡都使用航空标准英语，但据估计，SabreTech 公司的工作人员中，母语是英语的人数只占 70%。

5.2.7 制氧机拆卸：维护过程

1996 年 3 月中旬，SabreTech 公司的工作人员开始从 MD–82 飞机上拆卸和更换制氧机。与斯科特（Scott）航空公司 1988 年以来生产的所有制氧机一样，这些新的制氧机都有一个标签，上面写着：

警告：本装置会发热！拆卸本装置时，请在底漆上安装安全盖，不要拉绳。如果激活，请将其放置在不易燃物表面。

据在 N802VV 飞机 0069 工作卡上签名的 SabreTech 公司机械师称，当从 MD–82 飞机上拆下一台旧的制氧机时，就会在罐体上贴一个绿色的 SabreTech 公司的“可修复”标签。另一位机械师说，他的绿色标签刚好用完了，于是在 4 ~ 6 台制氧机上贴了一个白色的“拆卸 / 安装”标签。根据 FAA 批准的 SabreTech 公司检查程序手册，由于这些制氧机是不可修复的，所以应该使用红色的“报废部件”标签，而不是绿色或白色标签。在该标签的“拆卸原因”部分，工作人员写了各种理由，比如“过时”“失效”或“过期”，以表示制氧机因超过使用寿命而被拆除。贴上标签后，制氧机被放置在一个纸箱中，然后放在飞机附近的货架上。

在 N802VV 飞机 0069 号工作卡上签名的机械师告诉调查人员，他意识到了安全盖的必要性。他说，一些机械师曾提到使用新制氧机的安全盖，但他们拒绝了这个做法，因为这些安全盖在“氧气面罩掉落检查”程序完成之前必须留在新的制氧机上。如果在氧气面罩掉落检查之前取下安全盖，那么当氧气面罩掉落时，一些制氧机很有可能被激活。在事故后的采访中，一名机械师说，SabreTech 公司的一名主管告诉他，公司没有任何多余的安全盖可用。然而，当 NTSB 官员询问时，该主管否认有人曾向他提及安全盖的必要性。

据 SabreTech 公司的后勤主管说，迈阿密的工厂以前从未进行过这项工作，所以 SabreTech 公司的零部件库存中没有安全盖。SabreTech 公司认为这些物品是“特殊的消耗品”，正如 SabreTech 公司和 ValuJet 公司之间的飞机维修服务协议定义的那样，这意味着 ValuJet 公司负有提供这些物品的最终责任。

5.2.8 制氧机的包装和运输

到 1996 年 5 月的第一个星期，大部分旧制氧机已经被收集并转运至运输 / 接收区。

早些时候的客户审计发现了运输 / 接收区的“内务处理”问题，所以当面对潜在客户来访时，SabreTech 公司的后勤总管指示员工清理空间并移除地板上所有的物品。在事故发生后的采访中，他表示，当他下令移动这些箱子时，他并不知道这些箱子里面装的是什么，也没有对这些箱子的处置做出具体指示。

当天，后勤总管与 ValuJet 公司的一位技术代表就这些零部件的处置进行了交谈。根据维修服务合同，在被航空公司接收之前，SabreTech 公司有责任储存多余的 ValuJet 零件。然而，航空公司决定至少要在 5 月 13 日才能接收这些零部件。

5 月 8 日，SabreTech 公司的一名仓库管理员问后勤总管：“如果我把这些箱子密封起来，准备运往亚特兰大，怎么样？”当时后勤总管回答说：“好的，这听起来不错。”于是仓库管理员重新分配了箱子里的制氧机，将它们沿着箱子的长度端对端放置。他在每个箱子的顶部放上 2 ~ 3in 的塑料气泡膜，将它们密封起来，并在每个箱子上贴上 ValuJet COMAT 标签，注明“飞机零部件”。

第二天，该仓库管理员让收货员为这 5 个箱子和 3 个 DC-9 轮胎准备运输票据，并指示他在运输票据上写“空氧气罐”(oxygen canisters empty)。在准备票据时，收货员将“Oxygen”一词缩写为“Oxy”，然后对“空”一词加上引号。

发货员说，他认定这些箱子是“空的”，因为没有一个人跟他说过这些箱子里面是什么，或处于什么状态，而且他是一天早上在地上发现这些箱子的。他说，他不知道这些东西是什么，当他看到上面的绿色标签时，他认为这意味着这些东西是空的。

5 月 10 日，仓库管理员要求 SabreTech 公司的一名司机将 COMAT 运输票据上所列的物品运送到 ValuJet 公司，但该司机很忙，所以这批货物直到 5 月 11 日才被取走。司机将货物运到 ValuJet 公司的停机坪，在 ValuJet 公司停机坪工作人员的要求下，将货物装到行李车上。ValuJet 公司的员工在运输票据上签字，司机回到了 SabreTech 公司的工厂。

5.2.9　制氧机防火试验

应 NTSB 的要求，1996 年 11 月，在 FAA 位于新泽西州大西洋城的防火实验室进行了一系列涉及化学制氧机的防火试验。其目的是为了获取有关由化学制氧机和其他制氧机泄漏的高浓度氧气引发火灾情况的数据。5 次测试都是在一个仪表化的防火实验室进行。为了模拟 592 号航班的情况，其中 3 次测试使用了 5 个箱子，每个箱子里都装有 24 台制氧机。在每个箱子的顶部放置了 2in 的塑料气泡膜，并将箱子密封。为了引发火灾，拉动箱子顶部的一个制氧机上的固定销。

热电偶和水冷式量热计位于舱室地板上方 40in 的位置，这是 DC-9 货舱地板和天花板之间的距离。

其中两次测试只产生少量的烟雾。而其余三次测试取得了显著的结果。每次测试中，在不到 10min 的时间里，测试室内的温度达到了 2000 多℉。

在最后的测试中，两个装有制氧机的箱子被放置在一个主起落架轮胎顶部，压力为 50psi[①]。(NSTB 咨询了固特异（Goodyear）轮胎公司，了解到其中一个主轮胎的损坏情况与轮胎在 30 ~ 50psi 的压力下破裂的情况一致。)剩下的三个箱子被放在轮胎周围。在拔出固定销后约 10min，温度上升到 2000℉；11min 后，温度达到约 2800℉；点火后约 11.5min，温度超过了仪表能测量的极限温度（3200℉）；点火后 16min，轮胎爆裂。

5.3　结论和可能的原因

经过 15 个月的紧张工作，NTSB 给出了他们的调查结论。他们没有发现先前存在的可能导致事故的飞机机械故障，天气也不是一个诱因。

① 1psi（磅力 / 英寸 ^{2}）≈ 6.895kPa；1lbf（磅力）≈ 4.448N。

飞机残骸提供的证据表明，整个前货舱及其正上方的区域都有火灾损坏迹象，而其他区域没有显示出明显的火灾损坏迹象。没有证据表明发生过可能引发火灾的电气短路或电弧。

委员会的调查重点集中于放置在前货舱中的 COMAT 货物上。他们注意到制氧机的点火销上没有安装安全盖，而且制氧机的包装方式会使其在操作过程中与周围发生碰撞。他们还认为，火灾损坏的严重程度表明，暴露在高温下的程度极高。

NTSB 指出，“事故发生后，根据安全委员会在新泽西州大西洋城开展的对化学制氧机防火试验的结果以及事故飞机前货舱火灾的物理证据，安全委员会得出的结论是，飞机前货舱中一台化学制氧机的激活引发了 ValuJet 592 航班的火灾。” NTSB 认为，没有安装运输帽是一个关键的失误，因为如果安装正确，制氧机就不会被激活，事故就不会发生。

安全委员会的分析和建议主要集中在机上火灾的发生和蔓延，以及 FAA 和工业界为减轻货舱火灾危害所能采取的措施。

5.3.1 火灾的发生和蔓延

第一次出现问题时在下午 2:10:03，当时 CVR 记录了一种不明声音。同时，FDR 记录了高度和空速参数异常。记录显示高度下降 817ft、空速下降 33kn。然而，令人匪夷所思的是，这些数值在不到 4s 的时间内就恢复到了正常值。安全委员会推断，这些 FDR 的变化与飞机内部约 69 lbf/ft^2 的静压增加是一致的。

在安全委员会进行的火灾测试中，一个充气 50 lbf/in^2 的主起落架轮胎在制氧机启动 16min 后破裂。由于 ValuJet 592 航班货舱内的轮胎位于左侧静压孔的正上方，而这些孔口是为 FDR 高度和空速测量提供数据，调查人员得出结论，CVR 上的不明声音和下午 2:10:03 出现的 FDR 参数异常很可能是由于轮胎被热损坏后破裂造成的。（关于静压孔的更多信息，见第 4 章“两大悲剧故事”）

安全委员会试图确定制氧机启动的确切时间。一种说法是，当箱子被装入货舱时受到碰撞而被激活。然而，装货是在下午 1:40 完成，而轮胎直到下午 2:10，即 30min 后才破裂。另外，由于这些箱子在货舱中没有固定。有人认为它们可能在飞机起飞时发生了移动。但这是在轮胎破裂前 6 ~ 7min 发生的事情。

5.3.2 火灾发生后的飞行剖面

下午 2:10:15，在 CVR 记录下轮胎破裂声音 12s 后，机长提到飞机电路出现问题。NTSB 判断，这些电路故障可能是由于前货舱外和邻近的电缆上的绝缘体烧毁造成的。根据这一事实，调查人员认为火情已经蔓延到货舱之外，但还没有蔓延到客舱，这可能是在下午 2:10:25 才发生的，当时客舱里传来喊声：“起火了，起火了，起火了！”

就在这时，FDR 记录到右侧发动机参数显示为慢车推力，但左侧发动机仍保持原来的推力值。大概在这个时候，CVR 记录下了起落架告警声，当一个或两个发动机油门杆在飞行中收回慢车，起落架没有放下时，就会发出告警。这很可能表明，机组人员试图减小推力，立即开始下降，但只能操纵一台发动机。“因为机组人员不会故意只减少一台发动机的推力，他们一定是无法减小左侧发动机的推力，因为火灾损坏了机舱下的发动机控制电缆。”NTSB 认为。

下午 2:12:00，FDR 上记录高度下降，但与空中交通管制雷达记录的高度不再一致。据判断，这进一步表明火灾造成的损失在继续加剧。

雷达数据显示，在下午 2:13 左右，DC-9 开始向迈阿密国际机场急速左转，并开始从 7400ft 高度快速下降。在接下来的 32s 内，下降速度平均为 12000ft/min（fpm），飞机从西南方向转为向东方向（见图 5-6）。

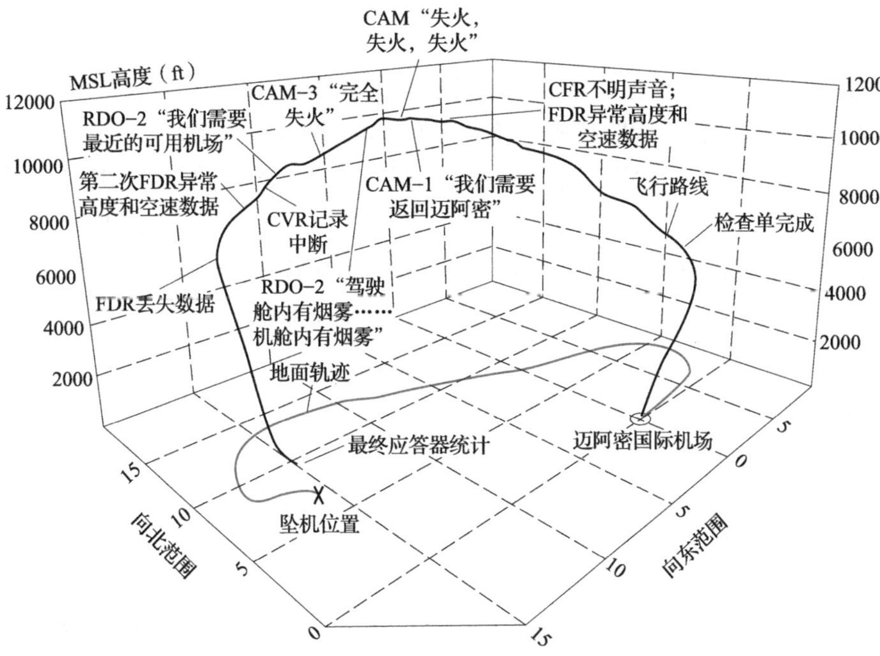

图 5-6 ValuJet 592 的三维地面轨迹

推力不对称的飞机（一台发动机的功率设置比另一台高）会倾向于向推力较低的发动机相对应的方向转动。对于 592 号航班来讲，推力的不对称会导致飞机向右转，除非机组人员加以控制抵消。NTSB 强调，592 号航班向左转，停在了迈阿密国际机场正对着飞机的方向。

此外，当 592 航班的最后一个 ATC 应答器雷达数据记录在 900ft 时，快速下降正在减少。“在急剧左转弯和平稳过程中，平衡不对称推力所需的控制输入……表明……机长或副驾驶意识清醒，并通过控制输入阻止急转弯和下降（直到接近 2:13:34），”NTSB 确定，“因此，在 2:10:25 之后，飞机至少在大约 3min9s 内仍处于机组人员的部分控制之中”。

由于坠机现场证据不足以及 CVR 和 FDR 的数据缺失，安全委员会无法查明为什么飞机在撞击地面前不久失去了控制。然而，残骸检查清楚地显示，飞机左侧地板横梁在飞行过程中融化并坍塌，很可能卡住了机长一侧的控制电缆。委员会认为，虽然副驾驶这时可能已经能够接管飞行任务，但他的控制电缆也可能受到影响。安全委员会的结论是，飞机失去控制最可能的原因是由于极端高温和结构受损导致飞行控制失败。然而，他们并不排除飞行人员可能在飞行的最后 7s 内失去了行动能力。

NTSB 指出，没有迹象表明机组人员戴上了氧气面罩。安全委员会强调了在飞机上任何地方出现烟雾的第一时间戴上这些面罩的重要性。他们还敦促开发机组人员更容易使用的氧气面罩和护目镜。

5.3.3 货舱火警 / 烟雾探测与灭火

DC-9 的前货舱为"D 类"货舱，因此没有配备烟雾探测或灭火系统。NTSB 注意到，在烟雾和明火进入客舱之前，机组人员没有办法探测到火情，也没有办法在火情显现后将其扑灭。

NTSB 指出，他们曾根据几年前一起机上火灾事故调查结果，向 FAA 提出了一项安全建议，要求所有 D 级货舱都要配备火警 / 烟雾探测和灭火系统。在进行了政府要求的成本 / 效益分析，并确定安装这种系统的成本将超过预期效益后，FAA 没有采纳这项建议。关于此次 ValuJet 公司航空事故，NTSB 指出："安全委员会的结论是，如果 FAA 按照安全委员会 1988 年的建议，要求 D 级货舱配备火警 / 烟雾探测和灭火系统，那么 ValuJet 592 航班坠毁事故很可能不会发生。因此，FAA 的不作为是造成这次事故的原因之一。"

5.3.4 ValuJet 公司的经营方式

ValuJet 公司于 1993 年 10 月开始运营，致力于成为高客流量、低成本的行业领导者，当时只有两架飞机，服务于 3 个城市，但在两年半后发生事故时，其已经拥有 52 架飞机，服务于 31 个城市。他们的机队由三种类型的 DC-9 飞机组成，包括 MD-80 飞机。由于这些飞机来自不同的渠道，因此有 11 种构型。

在调查期间，NTSB 采访了 ValuJet 公司的前运营高级副总裁，他在 1996 年 2 月退休之前一直负责飞行运营和维护。他说，在 1994 年 6 月加入 ValuJet 时发现了一些不良现象，包括他所描述的"状态不佳"的维护记录。他还发现"由于公司业务增长太快，工作中有很多敷衍了事粗心大意的现象"，而且维修部门的质量总监没有足够的能力胜任工作。

他表示，1994 年，该航空公司"以最快的速度"增加飞机数量，他对这种增长过快的现象曾向总裁表示担忧。因为那次谈话，公司决定将扩张速度限制在每年 18 ~ 21 架。

1994 年 6 月，ValuJet 公开发行股票。在公开交易的第一天结束时，股票价格上涨了 29%，到 1995 年 11 月，股票已经飙升到其发行价的 400% 以上。"我们创造了奇迹，"乔丹先生说，"成为了航空业的宠儿，华尔街的宠儿。"

在事故发生时，ValuJet 被航空业的一些非正式的人士称为"虚拟航空公司"。因为大多数的飞机维护和服务已经被"外包"，甚至飞机运营也是如此。飞行安全国际公司（Flight Safety International）负责为 ValuJet 面试、雇用和培训所有的飞行员。

NTSB 认识到航空公司可以将很多业务分包出去，但也指出，"为了适当地监督分包商，航空公司必须核实承包商已具备必要和适当的设备、人员和程序来执行航空公司的工作。"委员会特别是在与 SabreTech 和其他维修承包商打交道时，对 ValuJet 公司的现场质量保证措施提出了强烈的批评。委员会做出的结论是："ValuJet 公司未能充分监督 SabreTech 公司是此次事故的原因之一。"

5.3.5　FAA 监管不力

在此之前，FAA 对 ValuJet 公司进行了地区和全国性检查，发现该公司在飞机运营和维护方面存在一些缺陷。NTSB 指出，在 1996 年 2 月，FAA 亚特兰大飞行标准地区办公室（FSDO）将 ValuJet 公司列为更严格的监管对象是正确的措施，要求 ValuJet 公司在这些问题得到纠正之前不得进行扩张。

1996 年 2 月 29 日，亚特兰大 FSDO 在与刘易斯·乔丹（Lewis Jordan）的通信中写道："ValuJet 航空公司最近发生了 4 次事故。"信中继续说："这些事故，加上在 1996 年 2 月 28 日 FAA 完成的初步审查的结果，让我们担心 ValuJet 无法履行其职责，为公众提供尽可能高的安全服务……ValuJet 公司似乎没有一个合适的机构能应对快速增长带来的问题，而且你们的组织文化可能与安全运营冲突。"

FAA 信中提到的"4 次事故"包括：1995 年一架 DC-9 飞机在燃料仅剩 14min 的情况下着陆；次年发生机组人员在出现起落架无法收回的情况下，继续前往目的地而不是返场，最终导致降落时发生事故；还有两起飞机在降落时冲出跑道。

尽管 FAA 做了一些工作，但 NTSB 认为效果不太明显，也太晚了。"安全委员会对这一行动的时间表感到担忧，" NTSB 表示。"当 ValuJet 公司停止扩张时，它已经不具备足够的充分协调和监督维护能力。FAA 早就应该意识到这一点，尤其是 ValuJet 公司以惊人的速度增加飞机和航线，并继续外包其繁重的飞机维护业务。"

NTSB 指出，尽管 FAA 的检查是全面的，但他们没有"考虑到 ValuJet 将飞机运营和飞机维护外包的比例已经超过公司监督和管理能力"。安全委员会指出，主要维护检查员（PMI）从未真正履行对 SabreTech 公司的检查责任，尽管该公司承担 ValuJet 公司大部分的飞机大修业务。安全委员会得出的结论是："FAA 对 ValuJet 公司的飞机维修业务外包管理监督不力，包括未能解决 ValuJet 公司监督能力有限的问题，是引发此次事故的原因之一。"

FAA 很可能预料到了 NTSB 的批评。就在事故发生几周后，尚在 NTSB 听证会之前，当时的 FAA 局长大卫·亨森就向国会作证，"我们应该更好地了解业务快速增长对这家航空公司的影响，"亨森先生说。他表示，ValuJet 的扩张"带来了一些问题，这些问题本应得到更清晰的认识，并更快、更积极地加以解决"。

5.3.6　可能的原因

当 NTSB 就 ValuJet 592 事故举行最后的听证会时，为了平息公众情绪，NTSB 决定使用一家大型酒店的宴会厅来容纳包括 400 多名受害者家属、媒体成员和普通公众。当天结束时，NTSB 就事故原因达成一致意见。

NTSB 确定，事故的可能原因是飞机"D 类"货舱发生火灾，火灾是由一个或多个制氧机作为货物不当运输引发的，原因是：

（1）SabreTech 公司在将化学制氧机交给 ValuJet 公司运输之前，未能正确准备、包装和识别这些制氧机。

（2）ValuJet 公司未能正确地监督合同维护计划，以确保承包公司能遵守飞机维护、维护培训和危险材料的要求和做法。

（3）FAA 未能要求 D 类货舱安装烟雾探测和灭火系统。

“造成这次事故的原因是 FAA 未能充分履行对 ValuJet 公司管理外包大修业务及 SabreTech 公司维护资质的监督和检查责任；FAA 未能针对先前发生的化学制氧机火灾作出充分的反应，以解决潜在的危险；ValuJet 公司未能确保本公司及承包其维护业务的企业员工知悉飞机禁止携带危险品的规定和接受危险材料识别培训。”

在听证会结束时，NTSB 前主席吉姆·霍尔提出了个人意见，“ValuJet 事故是环环相扣、多重因素叠加的结果”。

5.4 建议

在此次调查结束时，NTSB 向 FAA 提出了以下建议：

（1）尽快完善适航法规，强制要求所有 D 级货舱都必须安装烟雾探测和灭火系统。（A–97–56）

（2）规定航空公司的货运飞机在被派遣前必须配备可用的驾驶舱 – 客舱内部通话系统，当该系统无法工作时，最低设备清单（MEL）不应允许派遣。（A–97–57）

（3）向航空公司的飞行员发布指导意见，说明在飞行中第一次出现烟雾或火灾紧急情况时，需要戴上氧气面罩和护目镜，并要求护目镜的包装方式易于机组人员打开。（A–97–58，A–97–60）

（4）制定快速佩戴防烟护目镜的执行标准，并通过改进护目镜设备和 / 或培训确保飞行员熟悉这一标准。（A–97–59）

（5）评估驾驶舱应急视觉技术并采取适当措施。（A–97–61）

（6）评估和支持相应的研究，提高乘客在运输类飞机飞行中和坠毁后火灾所造成的有毒气体环境的呼吸保护技术。（A–97–62）

（7）评估目前 DC–9 飞机和其他运输类飞机的机舱烟雾和烟尘排放程序的有效性。（A–97–63）

（8）要求飞机制造商修订公司对使用化学制氧机飞机的维护手册，明确不允许运输已经超过使用寿命的制氧机，除非其内部的氧化剂已经耗尽，并要求在这些制氧机上贴上警告标签，明确指出未使用的制氧机带来的危险，并将其视为危险品。（A–97–64，A–97–66）

（9）CFR14 第 121 部要求在飞机维修期间使用的日常工作卡：（a）提供危险品处置操作指南或直接引用包含这些操作指南的维修手册规定；（b）在要求处理含有有害物质部件的任何工作卡上有检查人员的签名位置。（A–97–65）

（10）要求所有航空公司制定和实施确保飞机的危险部件（除化学制氧机之外的其他部件）都被完全识别的程序，并制定其从飞机上拆除后的安全处置程序。（A–97–67）

（11）评估和加强 FAA 的监管技术，以便更有效地识别和处理不正确的维护活动，

特别是弄虚作假。（A–97–68）

（12）审查当前的行业惯例，如果有必要，要求所有维修厂商确保交付的运输和接收区以及储存区的被归类为危险或非危险品物品得到正确的识别，并跟踪危险品的处理和处置程序是否执行到位。（A–97–69）

（13）在制定和批准航空公司维修程序和方案时，明确要将人为因素考虑在内，包括培训、程序制定、冗余、监督和工作环境，以提高人员对程序的执行力。（A–97–70）

（14）审查航空维修中的人员疲劳问题，然后为维修人员建立适当的工作时间限制。（A–97–71）

（15）向航空公司发布运输危险部件程序的指南，然后要求主要业务检查员在必要时审查并修改航空公司手册，以确保航空公司的手册与该指南一致。（A–97–72）

（16）要求航空公司确保向所有维修厂商提供关于识别危险品以及正确的标识、包装和运输程序的初始和经常性培训。（A–97–73）

（17）确保所有航空公司的维修活动都受到 FAA 同等水平的监督，不管维修是在公司还是在合同维修厂商进行。（A–97–74）

（18）对执行 CFR14 第 121 部空运维修分配到 CFR14 第 145 部维修站的主要维护人员的工作内容和工作性质进行审查，以确保这些主要维护人员有足够的时间和资源来实施监督。（A–97–75）

（19）制订计划教导乘客、托运人和邮政客户，让他们了解在飞机上运输未申报危险品的危险性，以及提出在危险品航空运输前正确识别和包装危险品的必要性。（A–97–76，A–97–79，A–97–82）

（20）指导主管运营检查员审查航空公司的乘客登记程序（包括婴儿）清单，确保这些程序生成包括每个乘客姓名的可检索记录。（A–97–77）

NTSB 还建议美国邮政总局制订一项计划，帮助邮政总局员工识别用于运输的未申报危险品，并在确认未申报危险品时寻求更多的民事执法机构。（A–97–80，A–97–81）

5.5　行业行动

这次事故的最先响应之一是在 1997 年 6 月，FAA 发布了拟议规则制定通告（NPRM），要求美国航空业 3 年内在 D 类货舱中安装火灾 / 烟雾探测和灭火系统。FAA 发布了最终规定，在 1998 年 2 月 12 日前升级了所有的 D 类货舱。在 2001 年之前，D 类货舱必须达到与 C 类货舱相同的烟雾探测和灭火标准，未来飞机货舱设计必须符合新的标准。

在对 PA 和机组人员对讲机系统故障数据进行彻底审查后，FAA 确定，飞行机组人员并不总是能得到恰当的书面程序。因此，1998 年 7 月 24 日，FAA 发布了针对所有运输机的《主最低设备清单》（MMEL）的第 9 号政策函，制定了影响这些系统维修问题的派遣操作标准。

为了支持委员会关于尽早使用呼吸防护设备的建议，FAA 发布了一份飞行标准信息公告（FSIB），指示主要运营检查员（POI）确保“每个持证人的培训计划已经进行了足够的使用呼吸防护设备的培训”。此外，该计划必须要求“……检查每件呼吸防护设备……［并］指导机组人员在第一次发现不明气味时戴上防烟护目镜和氧气面罩，［并］在15s内的设计目标……”（更多信息见第6章飞行员的噩梦）。

FAA已经评估了所有已知的驾驶舱应急视觉技术，并批准了一种类型设备的安装。但他们认为，没有“必要的或强制安装这种［或任何其他］系统”。

在审查各制造商采用的各种飞机在飞行过程中的排烟技术时，FAA认为采用何种具体程序应该是运营商自己的事，而不是强制性要求。因此，FAA的监管工作将主要放在防火和灭火领域。

1996年12月30日，美国研究和特别计划管理局（RSPA）发布了一项最终规定，禁止将所有制氧机作为货物带上载客飞机，不管该制氧机是否耗尽。飞机制造商已经对维修手册进行了修订以执行新的规定。

作为安全委员会对维修工作卡的直接回应，FAA发布了FSIB 98-10，以帮助所有维修人员：

（1）识别含有危险材料的飞机部件。

（2）利用正确的储存、处理、包装和处置程序。

（3）识别与这些材料相关的具体危险。

《适航检查员手册》和AC 120-16D《持续适航维修计划》也将纳入这一信息公告。

FAA已经启动了一项研究，以“界定并明确航空公司和维修站维护程序和手续时的人为因素问题”。一旦完成，监管行动将据此实施，政策也将改变。

1996年11月，在华盛顿特区召开了全行业HAZMAT/COMAT会议，会议重点讨论了委员会建议中强调的许多领域。一个月后，RSPA发布了一份咨询通告，“用飞机运输COMAT”。1997年2月，该机构发布了一份安全警告，“提供、接收和运输危险品咨询指南”。1998年初，FAA和RSPA共同发布了另一份关于制氧机特殊要求的安全警告，同年晚些时候，FAA还发布了一份小册子，确定了关于危险COMAT的具体信息。

1997年12月，发布了一项FSHB，以确保对所有航空公司维修项目的正确监督。要持续检查维修厂商和维修人员的管理和技术能力，“不管维修是在公司进行还是在维修厂进行”。

最后，在1998年2月13日，FAA发布了另一份FSHB，98-04，要求所有的主管监察员确保航空公司遵守现有的关于建立货物和乘客清单的规定。应特别注意的是，“乘客”一词适用于飞机上的任何乘客，无论年龄大小。

5.6 后记

592号航班坠毁事故给ValuJet公司、SabreTech公司以及负责组织对实施监管整个美国航空工业这些公司的FAA带来了空前的信任危机。

1996年6月17日，在592号航班坠毁后仅6周，ValuJet公司同意暂停所有的飞行业务，并向 FAA 交出其运营证书。在签署同意命令时，ValuJet 公司同意向 FAA 支付 200 万美元作为补救，而不是惩罚，以支付“FAA 为调查、审查、建立、重新检查和最终执行”同意令所支付的费用。

当天，FAA 的一位高级官员，负责监管和认证的副局长安东尼·布罗德里克宣布退休。

1996 年夏季，ValuJet 公司对公司业务进行重组，直到能让 FAA 相信其流程、做法和程序是合理的。1996 年 9 月 30 日，ValuJet 公司恢复运营。1997 年 7 月 10 日，ValuJet 宣布与穿越航空公司（AirTran Airways）合并的计划，并采用该公司的名称和身份。

1997 年 1 月 15 日，SabreTech 公司自愿停止了其在迈阿密维修站的业务，并向 FAA 交出了其奥兰多工厂的许可证。

在美国历史上，因国内民用航空事故而被提起刑事指控尚属首次。1999 年 7 月 13 日，佛罗里达州政府和一个联邦大陪审团起诉 SabreTech 公司两名机械师和一名维修主管。指控包括共谋掩盖导致事故的问题，以及没有对员工进行处理危险品的适当培训。

该州政府还起诉了 110 项三级谋杀罪、110 项过失杀人罪和一项非法运输危险废弃物品罪。

第 6 章　飞行员的噩梦：联邦快递航空 1406 航班的火灾

运营商：联邦快递航空
机型：道格拉斯 DC–10–10
地点：纽约州纽堡市
时间：1996 年 9 月 5 日

每天商业飞机运输成千上万吨货物到世界各地，仅在过去的 15 年里，几家“小包裹”航空公司就已经建立了复杂的运输网络，以支持其快速增长的客户。在遵守与主要客运公司相同的操作规则和要求的前提下，为这些航空公司提供高效、安全以及经济的货运服务。

纯货运的航空公司偶尔也会接受危险品的运输，比如腐蚀性或放射性材料、压缩气体或易燃液体。通常情况下，它们都要经过正确的标识、包装和密封，以确保安全运输，但有时却并非如此。飞行时发生火灾是危险品带来的最大风险（见第 5 章沼泽地里的悲剧），同时也是所有飞行员最担心的。

6.1　飞行经过和背景

联邦快递 1406 号航班计划于 1996 年 9 月 5 日凌晨 2:42（美国中部时间）离开孟菲斯。36 个货物集装箱和一个开放的货盘上共装载了 82000lb 的货物，波士顿是这架 DC–10（见图 6–1）“通宵”往返的第一站。该机最初于 1975 年被美国大陆航空公司收购，1985 年进入联邦快递航空。

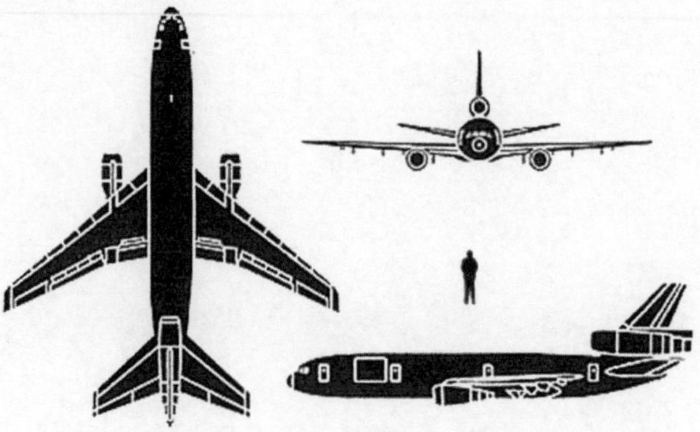

翼展：165ft4in　　标准最大起飞重量：580000 lb
标准航程：5930n mile　　巡航速度：马赫数0.82~0.90

图 6–1　道格拉斯 DC–10 飞机

飞行计划和机组简报正常进行，包括与航空公司的一位“危险品”专家例行沟通。这位专家核实了飞机上所有已知的危险品的位置，在 1L/C 和 3R 集装箱中（见图 6–2），靠近机舱货物区的最前面。

并告诉机组人员，“哈龙”（一种惰性氯氟烃气体，用作灭火剂）灭火器软管已与唯一指定的危险品集装箱 1L/C 连接。1406 航班的机长随后收到了《危险品装载通知单》并签字，通知单记录了正确的运输名称、危险等级、装机位置，以及其他有关每件危险品相关运输信息，保留了“A 部分”的信封里面装着所有航运表格副本。

其中《危险品装载通知单》（B 部分或 C 部分）直接贴在每个包裹上，其中包含了关于货物确切内容的非常详尽的信息和一个 24h 紧急联系电话号码。B 部分和 C 部分的复印件放在驾驶舱内，以便在需要时供机组人员使用。最后，在孟菲斯的联邦快递公司中保存了所有各种危险品文件的副本。

在完成飞行前的准备工作后，机组人员登上了飞机。机长现年 47 岁，1979 年受聘于联邦快递公司，之前作为一名飞行员已经飞行了 2000 多 h。

副驾驶现年 41 岁，只有 237h 飞行 DC–10 飞机的经历。飞行工程师现年 45 岁，6 个月前才进入公司。在联邦快递公司只飞行了 188h。凌晨 2:48，1406 航班在黎明前的黑暗中升空，比预期晚了 6min。

飞机安全飞行了将近 2h。美国东部时间上午 5:36，飞机正处于 33000ft（FL 330）的高度，CVR 捕捉到第一个问题迹象。一场关于计划在波士顿完成的Ⅲ类着陆程序的谈话被一个警告灯的亮起打断。

“怎么回事儿？”机长问。副驾驶和飞行工程师同时回答：“货舱出现烟雾！”

由于飞机飞行正常，因而机长对这一告警感到惊讶，他再次表示：“你看到了吗？货物冒烟了……货物冒烟了！”但由于曾经历过飞机火灾，机长立即识别出了那股刺鼻的气味，并意识到“这是真的”。

飞行工程师迅速启动应急检查表，念叨着“货物冒烟，打开氧气面罩……启用机内通话”。他接着说：“哦，是 9 号烟雾

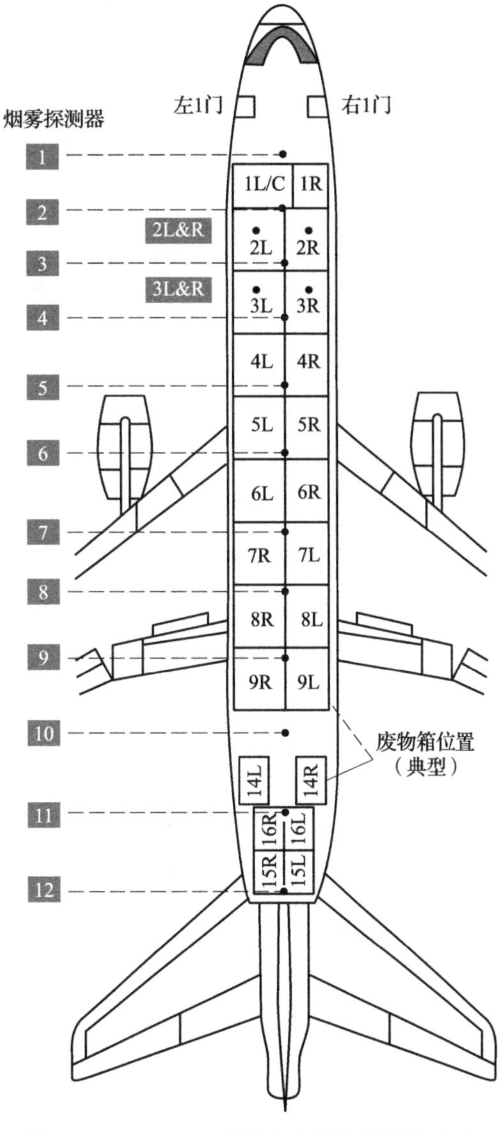

图 6–2　DC–10–10 货箱和烟雾探测器的位置

探测器。”（烟雾探测器和货舱位置见图 6–2）

三名机组人员都戴上了氧气面罩并启用机内通话系统。机长和副驾驶都没有戴护目镜，飞行工程师只戴了一小会儿就摘下了护目镜，因为驾驶舱内没有烟雾。打开驾驶舱门没有发现烟雾。

两名公司员工，一名是波音 727 航班的机组人员，另一名是国际客户代表，在飞机上作为乘客乘坐在紧靠驾驶舱后面的“门厅”区域（见图 6–3）。机组人员呼叫他们来到驾驶舱。机长急于开始执行紧急程序，然后说：“好的，现在有两个［烟雾探测器照明灯］，开始吧……” 30s 后，他的语气有点不乐观。“啊，它正在向前蔓延，不管它是什么……现在 7 号［烟雾探测器］灯光亮起。”

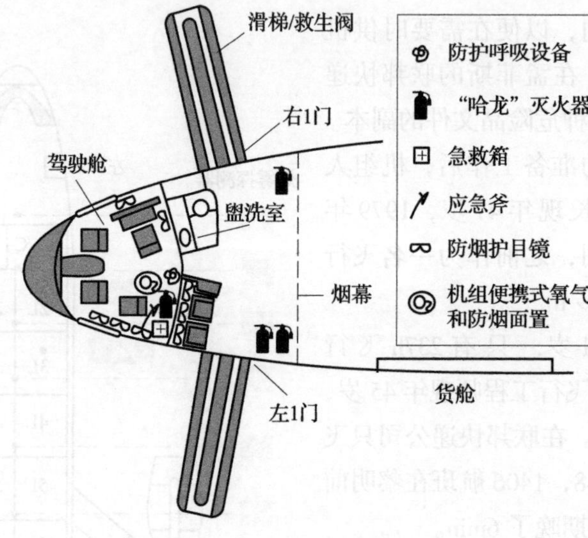

图 6–3　联邦快递 DC–10 飞机驾驶舱和门厅区域的平面图

在接下来的 1min 里，飞行工程师继续查看检查表。“……驾驶舱门和烟幕关闭……已经关闭，如果需要下降，则进入第 6 步……如果不需要下降，则进入第 14 步。”同时，他说“拉动驾驶舱空气调节控制器手柄”，指的是在驾驶舱内一个调节进入机舱货物区空气流量的控制器。拉动手柄会限制气流，从而抑制火势的蔓延，但“T 形手柄”并没有被拉动。

机长要求对烟雾探测器系统进行测试，但结果是灯光闪烁，而不是稳定的灯光，这在机组中引起了混乱。飞行工程师继续阅读检查表中“机舱货物烟雾灯亮起”部分。5:40，在第一次出现问题迹象后仅 4min，机长说：“已经明确冒烟了……我们需要马上下降，开始工作吧！”

在急于让飞机下降并就近降落过程中，机长无意中键入了他的 ATC 无线电话筒，而不是使用驾驶舱机内通话。

这导致他在空管频率上播报了本应是他跟其他机组成员之间的对话。

“好的，最近的机场在哪儿，我想知道……我们先处理好飞机，让飞机减压，高度下降。”

空中交通管制员向联邦快递 1406 航班发出向左转弯，直接飞往纽约州纽堡斯图尔特国际机场的指令，并尽快将高度下降到 11000ft。“好的，准备好后，可以运行它［紧急检查表］，”飞行工程师提出。“好的，”机长回答，“运行检查表。”

“……面罩和护目镜可以百分之百验证……驾驶舱排气口打开……它们都打开了……将高度上升到 25000ft。”

20s 后，飞行工程师再次打断说：“现在 8 号、9 号和 10 号探测器正常！ 7 号探测器失效。”为了从飞机的“机场性能笔记本电脑”（APLC）中获得斯图尔特机场所需的着陆数据，他需要知道其三个字母的机场标识符。他问道：“好的，那是什么啊……待命。”

与此同时，机长向 ATC 证实它们打算在斯图尔特机场降落，同时以最大速度直接飞往那里。副驾驶问飞行工程师：“……你为我们准备进场牌了吗？”

“斯图尔特机场的三个字母标识符是什么？”工程师问。

随后，ATC 和机组人员就识别器进行了简短的讨论，工程师因其他请求而分心。“如果有机会，”ATC 问道，“告诉我机上燃油和重要的事”。

当机组人员从管制员那里接收到当前的高度和其他着陆信息时，工程师喊道：“我们现在只剩下 10 号烟雾探测器了。”

在距离机场 28mile 的地方，当机长向空中交通管制员询问进场程序时，工程师再次询问斯图尔特的标识符是什么。联邦快递 1406 被允许下降到 4000ft 高度，仅仅几秒钟后，他又说：“那个机场的三个字母标识符？”机长回答说“S–T–W”，但由于他仍在通过无线电传输信息，管制员纠正他说“塞拉威士忌狐步舞是斯图尔特（Sierra whiskey foxtrot is Stewart）”。

“好的，开始减压，”工程师说，“……上面显示着火了……检查发现已熄灭……［烟雾探测器］指示灯已关闭……外面仍有烟雾。”

机长证实，机场的消防和救援设备随时待命，等待他们着陆，并联系了当地的进场管制员。指示目视进场 27 号跑道。

“我需要那个机场的三个字母标识符，这样就可以呼叫它了。”机组中有人回答说，“S–W–F”，几秒钟后，副驾驶要求打开缝翼。他们将在不到 2min 内开始最后的进场。

应急检查单将近完成，但工程师仍未将必要的着陆数据交给飞行员。“机场标准高度是多少？”副驾驶问。管制员在呼叫的同时提供了进场路线信息，驾驶舱内同时响起了超速“咔咔”声和高度告警声，提醒机组人员飞机即将升到指定高度。下降到 3000ft 高度时，机长说：“天，这很糟糕，不是吗？”

就在工程师最后一次问道“是否有三个字母的标识符”时，副驾驶要求提供无线电导航信息，以使 1406 航班更精确地定位机场，给出了一个频率和 VOR 雷达，高度警报在下降过程中再次响起，工程师最后无奈地说：“我不能给你任何起飞或降落的数据。”

“你不能吗？”

“我在目录中找不到机场。”

离着陆只有 5min 了，机长试图控制局面。允许飞行降至更低高度，工程师启动了“范围内”检查表。设置适当的速度作为每个空速指示器上的参考 bug，管制员问道：“……消防部门需要知道飞机上是否有危险品。”得到随机工程师的肯定答复后，机长回答说：“是的，先生。”

14s 后，有人说了一句：“我现在已经打开了最后一个烟雾探测器！”这时，我们距机场只有 10mile，管制员继续发出着陆提示。机长仍在试图与工程师核实最后的进场速度，副驾驶要求释放襟翼以帮助飞机减速，而进场控制中心再次发出了下降许可。

随着起落架放下，检查开始，机组人员目测跑道离入口线只有 5mile。在离地面 500ft 的地方放下了着陆襟翼，并完成了最后的检查清单。凌晨 5:54，在第一个烟雾探测器指示灯亮起 18min 后，联邦快递 1406 航班在斯图尔特机场着陆。

飞机刚刚停稳，驾驶舱内就响起了发动机火灾警报。“破门，破门！”机长命令道。那是 CVR 上记录下的最后声音。

门厅区域弥漫着浓厚的烟雾。打开驾驶舱门，飞行工程师甚至看不到烟幕（见图 6-3），烟幕是一种将门厅区和货舱分开的帘子。所有三个发动机消防控制手柄都被拉下，关闭了发动机燃油和液压油供给，并切断了电源。发动机内部的灭火器都被启用了。

离开驾驶舱后，飞行工程师试图打开 L1 和 R1 两个前舱门，但无法打开。在试图打开驾驶舱滑动窗户未果的情况下，机长意识到飞机仍然处于加压状态。DC-10 上的所有窗户和门都是“插头”式的，需要向内移动，任何内部压力大于外部压力都会使他们无法打开。1980 年 8 月，另一架三发宽体飞机 L-1011 降落时机上起火，机舱内部压力使任何出口都无法打开，最终导致 301 人丧生。

在手动释放了所有的内部压力后，工程师打开 R1 舱门。应急滑梯自动展开，飞行工程师和两名代表撤离了飞机。驾驶舱的两扇窗户都被打开，飞机冒着刺鼻的烟，机长和副驾驶从窗户钻了出来，顺着逃生绳到了地面。

6.2 应急响应

当 1406 航班停在跑道旁的 A3 滑行道上时，6 辆航空救援车和 ARFF 在 1406 航班周围已经做好救援准备（见图 6-4）。飞行工程师将他看到的“危险品通知书”A 部分的封面交给了第一位消防员，这是他在撤离前从驾驶舱里拿出来的。他还告诉消防员飞机上已知危险品的位置，以及在驾驶舱门上的一个塑料文件夹里包含额外详细信息的“B 部分”表格。这一信息随后被转送给事故现场负责人。

最初消防员通过 L1 门的登机梯进入飞机手持水管控制火势。当消防员进入门厅区，发现货网和前面的货物集装箱堵住了通往火灾的通道。打开主货舱门时也遇到了困难。联邦快递机场经理、一名公司机械师、飞行工程师以及其他一些人在飞机降落后大约 50min 打开主货舱门，但在此 5min 后火苗就从机身顶部蹿出。

图 6-4　联邦快递 1406 飞机降落后不久在滑行道上燃烧

消防部门考虑使用带有穿透式喷嘴的消防设备（蒙皮穿透剂应用工具，简称 SPAAT），但由于它可能会对飞机造成损害，所以最初没有使用。当决定使用 SPAAT 时，火势已经危及到飞机的结构。这时，事故现场负责人意识到火情将危及救援人员，因此下令立即从飞机上撤离。安装在消防车上的炮塔将灭火泡沫对准穿过机身的火焰区域，在消耗超过 50000USgal① 的水和灭火泡沫后，火势依然没有得到控制，飞机继续在燃烧，直到飞机紧急着陆 3.5h 后的早上 9:25 左右。飞机和大部分货物都被烧毁，经济损失达 3 亿美元。飞机在机翼后缘和机尾压力舱壁处断开（见图 6-5）。

图 6-5　事故后的联邦快递 1406 飞机（ALPA 提供）

① 1 USgal（美加仑）≈ 3.785L。

6.3 调查和发现

NTSB的调查人员加入华盛顿特区调查小组，小组成员包括火灾、危险品、运营、适航和空中交通管制方面的专家，调查小组的主要目标是确定飞行中火灾的起因。

6.3.1 起火点

调查小组对机舱装货区域和所有的货物集装箱进行了广泛的调查，试图寻找起火点。由于大火持续时间太长，使得这项工作进展困难。现场燃烧了大约4h，破坏了可能的重要证据。

在6R号集装箱及其周围发现了最严重的燃烧损坏。除该集装箱外，其他每个集装箱都有一层未燃烧的货物附着在地板上。此外，该集装箱是唯一一个底面有热损伤且与之接触的复合材料货舱地板被大面积烧焦的集装箱。委员会发现，“烧毁程度最深的区域集中在6R号集装箱上方，6R号集装箱周围的货物集装箱以及这些集装箱内的所有物品都在6R号集装箱共有的两侧被烧得更严重”。

9L集装箱后面的区域也有热损伤，但1406航班没有在该位置装载货物。调查人员确定来自机身顶部或可能来自9L集装箱的可燃物可能造成了这种损伤。此外，9L集装箱内有“大量”未燃烧的材料，而在6R号集装箱中，“绝大多数易燃的未受保护的材料都被大火吞噬”。

令委员会感兴趣的一个证据是源于6R集装箱的V形烧痕。通常情况下，这种烧痕会指向起火点。根据美国国家消防协会（NFPA）出版的921《火灾和爆炸调查指南》，通风变化和燃料来源变化可能产生额外的V形烧痕。“随着火灾规模和持续时间的增加，确定起火点变得越来越困难”。

对于火苗最开始蹿出机身的位置有很多种说法。一些人认为火苗蹿出位置是在左翼前缘后方5 ~ 6ft处，对应的是6L集装箱前部附近的区域。另一些人认为蹿出位置是在8号和9号集装箱所在区域的上方。CVR上记录的评论也可能表明起源于该区域，因为最早启动的烟雾探测器是9号。但NTSB指出“突破”原则，即初始火源在首次突破飞机结构的火源区域附近的结论并非总是成立。出现这种反常现象的事故至少有三起。1995年在亚特兰大发生的ValuJet航空公司DC-9火灾，1983年加拿大航空公司DC-9飞机飞行中起火并随后在大辛辛那提机场（Greater Cincinnati Airport）降落，以及1989年在盐湖城发生的达美航空波音727地面火灾，都表明机身火焰突破的区域远离火源。

各消防专家向委员会提供的其他信息表明，DC-10飞机上的烟雾探测器系统只是为了探测火灾或烟雾的存在，并不能确定火灾起火点。委员会总结了追踪火源位置的困难，指出“……没有足够的可靠证据来得出起火点的结论”。

6.3.2 火源

大多数调查人员认为，在6R位置发现的V形烧痕和热损伤的严重程度非常重要，因此需要进一步研究。在集装箱内，他们发现了一托盘的工业金属阀门、一台得州仪器公司的笔记本电脑、两台电站电力服务器（power station power servers）、一台功率计算机、各种各样的计算机零件和一台 8909 型 DNA 合成器。所有这些都被仔细检查过。

计算机和服务器有外部熔化和燃烧的迹象，内部几乎没有被火烧的迹象。里面的电池要么没有损坏，要么事先已经被拆除。金属阀门被烧焦，托盘被烧毁。

DNA 合成器在 6R 号集装箱的中心位置被发现，侧卧在 V 形烧痕的最低点。该装置（见图 6–6）被设计用来从各种化学试剂中生产合成 DNA，被放置在一个大约 30in 高的金属柜中。DNA 合成过程中主要使用的试剂是乙腈和四氢呋喃（THF），这两种物质都被交通部（DOT）定为易燃液体。乙腈的燃点为 42℉，四氢呋喃可形成过氧化物，与强碱或金属接触后会爆炸，甚至在浓度较高时自发爆炸。

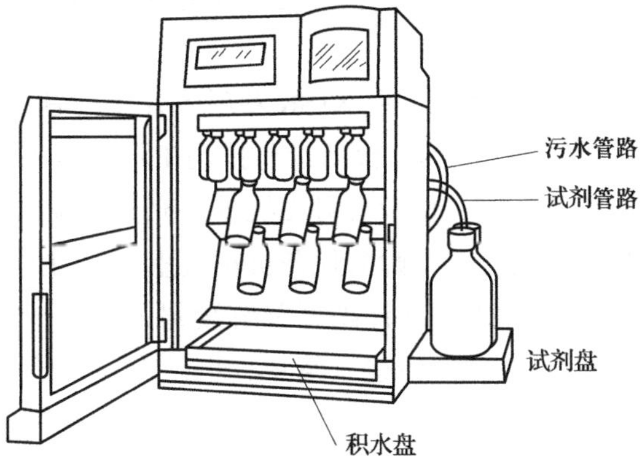

图 6–6　Expedite 8909 型 DNA 合成器仪器柜

柜子前面有一个带有破碎玻璃观察板的通道门，里面发现了 15 个大小不一的棕色试剂瓶，它们仍然用连接到合成器内部的盖子封闭。有几个瓶子里还残留有液体，几个瓶子的标签上印有可燃性标志，还有一个瓶子有特别强烈的化学气味。这批货物中没有包括正常操作合成器所需的 4 个大的外部试剂瓶。在仔细研究证据后，委员会指出：“火灾对合成器的破坏性质和程度……可以认定合成器里面有火源存在。”

1996 年 12 月，NASA 肯尼迪航天中心（Kennedy Space Center）对合成器中发现的所有液体进行了分析。每个瓶子里还装着易挥发、易燃的化学试剂。消防剂的痕迹也表明，这些瓶子曾在某个时间点被打开过。

根据规定，DNA 合成器在运输之前，必须经过彻底清洗，以彻底清除机器中残留的易燃化学品。为了进行比较，1997 年 2 月在美国陆军病理学研究所（AFIP）进行了一次演示。使用一台相同的合成器，并遵循 PerSeptive 公司批准的清洗程序。当清洗完成后，对机器中剩余的所有试剂进行了测量和分析。安全委员会发现，事故现场 DNA 合成器的瓶子中含有的乙腈和四氢呋喃是经过正确清洗程序的瓶子的 2.5 ~ 5 倍。委员会还指出，“由于化学品［乙腈和四氢呋喃］很可能在长时间和激烈的火灾中被消耗掉，因此 DNA 合成器在起火前可能含有更多的易燃化学品”。

有证据表明，负责在 Chiron 实验室准备事故合成器的 PerSeptive Biosystems 公司现场工程师在正确清洗该装置时遇到了困难。安全委员会指出：“合成器中存在过量化学品的最合理解释是，一个或多个瓶子在清洗过程中没有完全清空”。他们的结论是：“DNA 合成器在被装上 1406 航班之前，没有完全清除易挥发、易燃化学品（包括乙腈和四氢呋喃）。”然而，调查人员无法得出令所有人满意的方案来解释合成器是如何起火的。

对飞机上其他货物的进一步检查，特别是对第 8 排和第 9 排集装箱区域的进一步检查没有重大发现。在飞机残骸中发现了 4 批独立的大麻，总重近 100lb，但由于所有的大麻都是真空包装，没有自燃的迹象，因此在可能的火源中被排除。试图根据这些包裹追溯到个人或托运人身上的努力没有成功。最后，没有证据表明飞机上的任何系统出现了可能导致火灾的故障。

调查再次陷入困境。“总之，安全委员会无法确定最终火源”。

6.3.3 飞行机组行为

虽然机组人员成功完成了迫降，但 NTSB 发现了几个问题。首先，“机舱货物烟雾探测灯亮的检查单没有完成”。其中包括没有拉动 T 形手柄来隔断驾驶舱和货舱之间的空气流通，从而使火势加剧，也没有对飞机进行充分的减压，阻碍了烟雾的紧急排放。在空中遭遇险情时，飞行工程师的任务负担过重，并因无法获得机场的标识而分心。正如委员会所指出的，机长允许副驾驶继续驾驶飞机，从而试图在机组人员中分摊工作量，但从未要求提供任何检查清单，也没有给其他机组成员分配具体的职责。

委员会发现，机长“没有充分履行监督和协助责任以确保完成所有的任务”。此外，他们的结论是，机长“没有充分管理他的机组资源，因为他没有提供检查清单或监督和促进机组成员完成所需的检查清单项目”。

6.3.4 提供危险物品相关信息

与任何涉及危险品的消防工作一样，及时提供有关飞机上这些物品的性质、数量和位置的信息，对于保护消防和应急响应人员至关重要。在这个案例中，斯图尔特机场的现场负责人只收到了 A 部分表格和联邦快递员工在现场提供的手写名单。关键信息严重缺失，在火灾被扑灭前 10min 才得到飞机上某些化学品的部分标识。

事故发生后，联邦快递向机场的紧急行动中心（EOC）传真了许多运输文件，但大多数都含混不清，很难迅速找到有用信息。此外，安全委员会发现，“联邦快递无法及时生成一份列明运输名称、识别号、危险等级、数量和编号，以及危险品所处飞机位置的货物清单”。飞机上有 85 件危险品，执行使用传真副本的程序被证明是“繁琐、耗时，而且在这种情况下是无效的。此外，手写的质量和可读性较差，许多信息无法使用，”委员会称。

最初参与调查处理此事故的机构有纽约州警察局、奥兰治县应急管理办公室、奥兰治县危险品响应小组、环境保护部、斯图尔特国际机场、空中国民警卫队和联邦快递公司。每个组织以前都进行过危险品事故处理的演习，但都是单独进行。NTSB 发现，“……参与机构之间的沟通和协调并不有效”。此外，不充分的计划导致了“［各个］机构责任混乱，并导致了有关飞机上危险品的信息没有及时到达现场负责人手中”。

6.4　结论和可能的原因

经过调查，NTSB 发现，机组人员和飞机都有资格证书，ATC 的援助是适当和及时的，而且飞机上的烟雾探测器系统也工作正常，虽然 NTBS 确定可能原因是飞行中起火，具体原因不明，但仍存在以下可能的原因：

（1）存在未申报的危险品，以至普通承运人可能不知道他们运输包裹的确切物品，比如在事故航班的货物中发现的物品（听证会上列出的气溶胶罐、酸性液体和大麻）。

（2）危险品具体信息（运输名称、危险等级、数量和在飞机上的位置）未能及时充分告知相关部门。

（3）交通部的法规没有解决危险品信息快速检索方面发现的问题，同样缺少更好的危险品应急处理计划。

（4）事故飞机存在消防能力不足，不足以应对飞行中起火的安全问题。

6.5　建议

此次调查提出了以下建议：

（1）给交通部的建议

• 要求在两年内，将货物危险品特性询问的书面答复列入装运文件，并研究如何改进对未申报危险品的检测。（A–98–71）

（2）给 FAA 的建议

• 要求联邦快递 POI 对机组进行审查，以确定是否有必要完善公司程序和培训。要求 POI 确保所有联邦快递员工知道必须向事故调查和处理人员提供危险品信息。（A–98–72 和 76）

• 要求联邦快递修改其检查单，强调在紧急撤离过程中为机组成员提供呼吸防护设备。委员会还再次强调了以前要求航空公司的飞行员及早佩戴氧气面罩和护目镜的建议，并建立快速佩戴式防烟护目镜的性能标准（A–98–73，A–97–58 和 59）。这些建议源于 1996 年 5 月在佛罗里达沼泽地发生的 ValuJet 592 事故（见第 5 章沼泽地里的悲剧）。

• 要求所有安装了类似 DC–10 飞机舱门的飞机的航空公司提醒机组人员在打开舱门前必须先对飞机释压。（A–98–74）

• 要求所有机场制订一个一致的危险品应对计划，明确每个机构的责任，并安排联合演习，以检验这些计划。（A–98–77）

• 重新审查飞机上安装机舱消防系统的可行性，并审查消防策略和程序，以改进消防能力培训和消防设备。（A–98–78 和 79）

（3）给 FAA 和 RSPA 的建议

• 要求航空公司在两年内具备快速检索并向应急人员提供危险品具体信息的能力，包括正确的运输名称、危险等级、数量和在飞机上的位置。（A-98-75 和 80）

6.6 工业方措施

事故发生后不久，联邦快递采取行动，修订并明确“火灾和烟雾”以及“机舱货物烟雾灯亮起”检查单。新修订内容解释了程序的原因，强调了几个步骤，并增加了新的步骤，以确保飞机减压和从驾驶舱中取回适当的货物文件。制定了一个新的“快速撤离”检查单，只包含最重要的、立即行动的项目。

完善了飞行人员培训，在常规的培训大纲中增加了一个新的机上火灾的场景。强调了消除驾驶舱内烟雾的程序和正确的机组人员资源管理技术。为整个机队购买了新的驾驶员全脸防烟面罩，为机上人员提供了更好的保护，提高了可视性。

联邦快递还开发了一个危险品跟踪和信息检索综合系统，该系统将在 2000 年之前投入使用。最初可在任何联邦快递的计算机终端上查询危险品的危险等级、数量和所处位置的电子信息。最终所有这些信息和其他信息，包括完整的危险品清单可以在联邦快递全球运营指挥中心（GOCC）随时查询。然而，该公司认为，目前的法规需要调整，以允许用电子记录代替现在要求的纸质文件。

FAA 目前正在撰写一份 FSIB，指导主管运营监察员提醒机组人员在试图打开机舱门之前，必须对飞机进行减压。机场管理部门使用的咨询通告（AC）150/5200-31《机场应急计划》中的指南目前正在更新，特别是在处理危险品事故方面。

虽然 FAA 继续探索其他机舱灭火设备的可行性，如喷水系统，但没有计划启动任何适用的规则。FAA 已经开发了新的消防设备，特别是带有机身蒙皮穿透剂喷嘴的卡车式高架吊杆，现在已在美国的许多机场被使用。他们还资助了全国各地的 12 个大型消防培训学院，每个学院都有一个飞机内部火灾模拟装置。最后，RSPA 正在起草一份 NPRM，要求航空公司开发和实施他们自己的危险物品信息检索和分发的综合系统。

6.7 后记

安全委员会对这次事故的调查是全面的，发现了系统的缺陷，从而提出了适当的安全建议并加强了航空安全。

那些担心承担责任的公司拒绝了非正式证人访谈的正常程序，而是要求在严格的准则下作证。虽然此举对调查有利，但在对立的环境中收集到的信息并不总是像其他方式那样直接。

监管准则允许 NTSB 在调查中约谈包括合格的、感兴趣的“当事人”，因为他们可以向委员会提供固有的专业知识（见前言）。

在这次调查中，1406 航班的设备制造商和所有者聘请了该当事方专业领域之外的专家，他们的证词被纳入委员会的报告中。这种做法违反了 NTSB 已接受的政策，而且可能不符合调查的最佳利益。

1974 年的《独立安全委员会法案》为 NTSB 确立了完全的自主权，为他们找到事故“原因”提供了必要的结构和保护，他们在这方面做得很好。但是，应该由调查之外的人来担心“责任”问题。

第7章 联系进近：紧急呼叫 达美航空554航班

运营商：达美航空公司

机型：麦道 MD-88

地点：纽约拉瓜迪亚机场（LaGuardia Airport）

时间：1996年10月19日

大约在当天下午4:15，预计在纽约拉瓜迪亚机场（LaGuardia Airport）着陆的达美航空554号航班的副驾驶向他的乘客发布了一个客舱广播："女士们，先生们，大家的旅行出现一个新情况。现在，飞机距离拉瓜迪亚机场大约15mile，飞机预计很快就会开始进场……最新的地面天气报告是机场仍在下雨，风向东南，风速由之前的30 ~ 50mile/h下降到15 ~ 20mile/h。飞机穿过云层和雨幕时，会出现颠簸，并且可能一直持续到着陆。"

就这句话而言，飞机上可能没有人会预料到飞机降落时有多颠簸。或者说，他们的飞行会多么接近于一场灾难。

7.1 飞行经过和背景

在事故发生的当天上午11:45左右，48岁的机长接到通知，拟执行为期3天的飞行任务。其中第一段航程是驾驶达美航空554号航班（麦道MD-88飞机）从亚特兰大哈兹菲尔德国际机场（ATL）直飞纽约拉瓜迪亚机场（LGA）（见图7-1）。作为飞行前职责的一部分，他们查看了公司提供的天气资料，其中包含了目的地强风中的中度至重度湍流。

该航班于下午2:31离开登机口，大约10min后起飞，机长执飞。他在18年前加入达美航空公司，累计飞行约10000h，其中作为MD-88机长有3700h飞行经历。他在飞行前11天完成了联邦航空局的一级体检，他的体检合格证上有这样的限制："必须佩戴近视眼镜。"副驾驶在年龄上和航空公司的资历上都比机长小10年。他有约6800h的飞行经验，包括在MD-88飞机上担任副驾驶的2200h。

飞行的离场、爬升和航路途中一切正常。然而，当达美航空554航班接近纽约终端区，机组人员通过气象雷达发现前方有大范围降水和轻度至中度湍流。已被告知会有颠簸的情况下，空乘人员已经为着陆做好了准备，并且比平时更早地坐在了自己的座椅上。当一位空乘人员通过广播通知乘客准备降落时，机长对副驾驶说："女士们和所有人，请不要惊慌。"

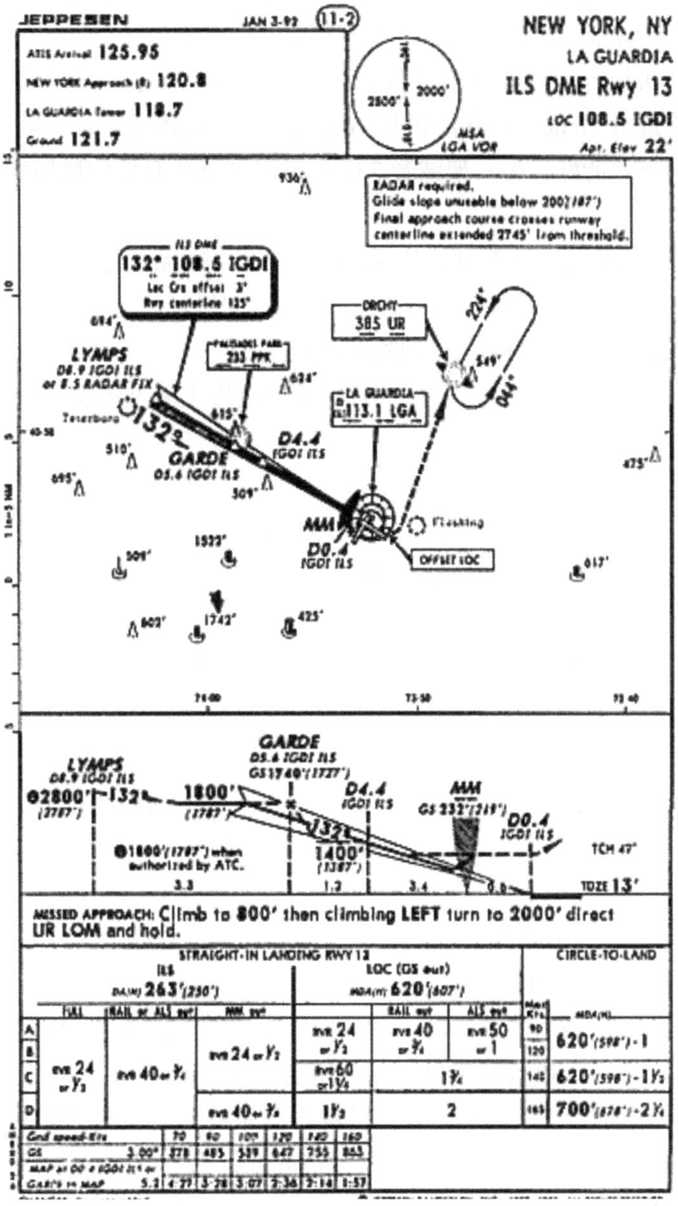

图 7–1 拉瓜迪亚机场 ILS DME 13 号跑道的进近图（NTSB 提供）（原版如此）

下午 4:12 联系纽约进近前，机组获得了机场 ATIS 的“D”通波，该信息显示，机场有大雨和薄雾，能见度 1.4mile，地面以上 1300ft 处有阴云。当机长听到调整高度表为 29.50inHg 时，他对副驾驶说：“这是一个相当坚固的低压！”

在机组做 ILS 进近拉瓜迪亚机场 31 号跑道的进近简令时，机长注意到航向道波束距跑道中心线偏移了 3°。他还阅读了进近图上的说明，标明下滑道在平均海平面 200ft 以下不可用（如图 7–1 所描述）。

下午 4:33，纽约进近准许达美 554 航班进入 ILS 13 号跑道。大约在同一时间，机长对副驾驶说：“这看起来真的很有趣，而且它将正好在这个柱子后面。[跑道就在那

里]。”由于他们在进近时保持的风向修正角，机长强调，跑道将与机头成一定角度，而且跑道会被风挡玻璃立柱后面的某个地方挡住。他接着说：“我最终进近需要雨刷。”

此后不久，机组与拉瓜迪亚塔台联系，“达美 554，你是二号，”塔台回答说，“前方有飞机，最终进近 2mile。现在的风是 100/12。在你到达之前有一架飞机刚离场。一架波音 737 报刹车效能好；另一架波音 737 报最终进近段有低空风切变。”机组随后完成了着陆检查单。

当飞机离地高度约 1500ft 时，拉瓜迪亚塔台通过无线电表示，13 号跑道视距（RVR）3000ft，滑跑跑道视程视距 2200ft。机长说：“机场一定是在下大雨。”

“好的，最低高度以上 1000ft，”副驾驶叫道。

机长反馈还没有看到跑道，并问：“ATIS 上的高度上限是多少？”

“啊，1300，”副驾驶回答。

“你可以忘记这一点，”机长回答。

下午 4:37:13，拉瓜迪亚塔台准许一架环球航空公司（TWA）飞机在 13 号跑道上起飞，然后又允许达美 554 飞机降落。副驾驶告诉机长，“开始有一些触地”。

但在几秒钟内，TWA 的机组人员通告拉瓜迪亚塔台，他们需要放弃起飞，并将脱离跑道。几乎在同时，达美航空的机长开始担心，TWA 放弃起飞意味着他们将不得不放弃进近，因为 TWA 公司的飞机可能还在 13 号跑道上。他断开了 MD-88 的自动驾驶，并说：“我已接操纵。”

环球航空公司飞机在跑道上滑行时，达美 554 号飞机继续进场。下午 4:37:57，达美航空的副驾驶说：“最低高度以上 200ft”，接着说：

“速度很好，下降率也不错”。

“未建立（目视），”机长说。

“100 以上，”副驾驶叫道。

“我看到了 REIL，微弱的进场灯。”机长表示，他已建立目视 REIL 和进场灯联系。

“你飞得有点高了，”副驾驶指出，“高下滑道一点，进近灯，我们在航道左边。”

当飞机下降到决断高度（DA）时，机载告警系统语音报告“Minimums”。MD-88 的风挡玻璃雨刷器被调到全速，机长重申：“进近灯可见。”

为了应对飞行高度比下滑道高，机长断开了自动油门，手动减少了两台发动机推力。“速度好，下沉 700ft，”副驾驶喊道。机长接着说，“我转那边去，”表示他正在转向以更精确地对准跑道。

几乎就在同时，下午 4:38:31.1，副驾驶提醒道：“有点慢，有点慢。”机长开始增加两台普惠发动机的推力，同时将飞机的机头向上倾斜。2s 后，副驾驶惊呼：“机头高！”近地警告系统（GPWS）语音警告：“下降率大”，副驾驶再次立即喊道：“机头高！”下午 4:38:36.5，GPWS 再次警告，“下降率高”。0.8s 后，驾驶舱语音记录仪（CVR）记录了撞击的声音。

13 号跑道建在高出法拉盛湾（Flushing Bay）约 20ft 的高架上。跑道的延长部分由沥青和混凝土构成，铺设在钢制桥墩上，其进场端由橙色和白色的胶合板覆盖，垂直向水面延伸。MD-88 飞机以约 130kn 的行驶速度首先撞上了两个进场照明支柱和连接它们的水上栈道。然后，两个主起落架撞上了混凝土跑道甲板的垂直边缘，两个主起落架支柱被撞断，掉入海中。随后，这架受损的飞机带着下机身和前起落架滑行，在 13 号跑道上滑行了大约 2700ft 后停了下来。前轮停在跑道上，但在地面滑行时机身完全转向，朝向跑道入口端，右翼悬在跑道旁边的湿草地上。

飞机停止飞行后，机组人员开始评估飞机受损情况，并确定是否有必要进行紧急疏散。在飞机停止飞行约 74s 后，机长下令疏散，当时一名一直坐在客舱的达美航空飞行员报告闻到了飞机燃油烟雾。机上 58 名乘客和 5 名机组人员使用逃生滑梯从左前门逃生。3 名乘客报告受轻伤。

7.2 调查和发现

对此，NTSB 派出了东北地区办事处人员，并辅以华盛顿特区总部的专业人员。调查人员发现，在距离跑道入口端几百英尺的两个区域的进场灯受损。覆盖跑道的胶合板出现了两个主要的冲击损伤区域，对应于主起落架和机轮的确切尺寸（见图 7–2）。跑道上被摩擦留下的痕迹很小，因为跑道非常湿滑，飞机和进场灯的碎片散落在飞机经过的路径上。

图 7–2　LGA 13 号跑道进场端注意两个主起落架支柱撞在胶合板上留下的印记和中间未受损障碍物灯（ALPA 提供）

飞机右翼出现了大面积的凹陷、挤压和撕裂，前缘嵌入了木材和玻璃纤维。右翼油箱被刺穿，导致跑道旁地面上约有 600USgal 燃油泄漏。机身底部结构大面积损坏，其中包括被压碎的横梁、框架和纵梁。对起落架残骸的检查发现：起落架支柱在机翼底面以下约 12in 处被切断。如果飞机在接触跑道甲板的垂直部分时再低 1ft，毫无疑问，这次事故的结果会更严重。

7.2.1 天气

对拉瓜迪亚塔台空管记录的检查显示，在事故发生前 1h，即下午 3:25 ~ 3:45 之间，有许多飞行员报告说有风切变。此外，在此期间，有4架航班试图在13号跑道上降落时，由于风切变而终止进近。然而，从下午3:45到事故发生时，没有飞行员对风切变发表评论。

事故发生时，拉瓜迪亚机场的自动气象观测显示，近地风为东风，风速在11～16kn之间。当时正下着大雨，地面能见度在1/2～3/4mile之间。从当地国家气象局（NWS）的多普勒雷达获得了天气数据。利用这些信息创建了一个垂直风廓线，显示1000～5000ft的风向（东风）和速度（60～70kn）是恒定的。

对达美554航班的FDR检查显示，空速或高度没有与风切变相关的突变。CVR没有包含任何关于飞行遭遇风切变的信息，无论是通过机组人员的评论，还是通过机载风切变计算机的激活，都可以向机组人员提供语音告警。事故发生后，机载风切变计算机检查表明，该系统运行正常。

NTSB还检查了在达美554航班之前飞往13号跑道的4个航班中的3个航班的FDR。这些航班是达美航空727、大陆航空（Continental）727和美航（USAir）737，分别于下午4:30、4:33和4:34降落。安全委员会还获得了美航737的FDR，事故发生时，这架飞机在达美554的后面，并被塔台指示在1800ft高度返航。对这4架飞机的FDR数据和飞行员报告检查显示，没有证据表明他们在接近13号跑道时遭遇风切变。根据上述所有的天气信息，安全委员会得出结论，达美554航班在进近时没有遭遇风切变。

7.2.2 机场问题

拉瓜迪亚机场的海拔高度为22ft。出于操作上的考虑和盛行风的影响，空中交通管制通常不允许使用13号跑道着陆。由于跑道的前几百英尺是在水面码头上，以及潮汐变化和水中的金属含量，会引起下滑道信号不规则变化。因此，只有其他下滑道在海拔200ft以下不能使用的情况下，才能使用13号跑道。事故发生后的第二天，FAA对ILS进行了机载操作检查，确定所有部件运行正常。

13号跑道也有一个VASI灯光系统，在飞机进近时为飞行员提供目视下降引导信息。据达美554的飞行员说，当他们下降到200ft以下时，下滑道引导被认为是无法使用的，他们处于目视飞行状态。然而，尽管处于目视条件下，他们在降落到跑道的过程中没有观察到任何VASI灯光。此外，对在达美554航班前降落的4架飞机的飞行员进行事故后采访显示，他们不记得在最终进近和降落时观察到VASI灯。然而，安全委员会指出，“接受采访的飞行员（包括达美554航班的机组人员）都没有回忆起在进场降落时特别寻求VASI灯引导。”事实上，NTSB对拉瓜迪亚机场设施记录的审查和对ATC人员的采访，没有发现在达美554航班试图降落期间VASI灯受损或无法使用。

调查人员了解到，13号跑道旁的跑道边缘灯的安装距离不固定，灯与灯之间的距离为120～170ft不等。NTSB指出，FAA关于跑道边缘灯间距的标准规定，这些灯的间距不得超过200ft，而且它们的间距应“尽可能均匀”。NTSB注意到，大多数机场的跑道边缘灯的间距在FAA规定的最大距离200ft，NTSB还发现，即使在没有物理限制的情况下，如相交的跑道或滑行道，拉瓜迪亚机场的这些灯的间距也不同。

同时还发现，该机场完全符合CFR14第139部“陆地机场为航空公司服务的适航认证和运营要求”。由于 13 号跑道的进场端是建在一个码头上，它没有按照第 139 部分规定的正常跑道安全区。因为在 1988 年之前建造的所有跑道都“不受新规定限制”。毫无疑问，如果 13 号跑道有安全区域存在的话，飞机几乎可能不会损坏。

7.2.3　事故飞机

这架事故飞机（编号 N914DL），1988 年 6 月加入达美航空公司机队。在维修日志中没有发现任何值得注意的差异，飞行员在从亚特兰大起飞的过程中也没有指出任何维修方面的异常。

MD-88 的垂直速度指示器：

事故飞机配备了一个“非瞬时”垂直速度指示器（VSI）。在非瞬时 VSI 中，如果飞机的垂直速度（爬升或下降速度）快速变化，可能需要 4s 才能显示出实际的爬升或下降速度。飞机制造商表示，如果在飞机上安装一个惯性参考单元（IRU）来代替姿态 / 航向参考系统（AHARS），VSI 就可以升级为显示瞬时垂直速度信息。在事故发生时，达美航空正在用 IRU 取代 AHARS，但事故飞机的 AHARS 还没有来得及更换。NTSB 采访了几位达美航空 MD-88 的检查员和飞行教官，他们认为大多数达美航空飞行员都知道 MD-88 飞机的 VSI 是瞬时的。

NTSB 认定，VSI 的延迟“限制了副驾驶在进近的最后几秒钟向机长提供精确的垂直速度信息的能力，因此导致事故发生”。

7.2.4　飞行数据记录器的信息

FDR 是在 NTSB 的华盛顿特区实验室读出并分析的。图 7-3 显示了飞行最后 63s 的 FDR 数据摘录，CVR 数据与 FDR 信息重叠。

表 7-3　与 FDR 数据相关的部分 CVR 数据（NTSB 提供）

CVR Excerpt	Local time	msl allt	radio alt	LAS	G/S	LOC	EPR	EPR	Elevator pos.
				knotsdev.		dev.	eng.	1eng.	2traliling edge up
					dots	dots			
A/P off	4:37.33730 895			131	0.09fly	0.03fly	1.26	1.26	6.4degrees
					down	right			
200 above	4:37.57468 603			129	0.06fly	0.04fly	1.27	1.27	7.5degrees
					up	right			
100 above	4:38.10377 465			131	1.18fly	0.26fly	1.30	1.28	7.04degrees
					down	left			
approach	4:38.11376 453			131	1.30fly	0.32fly	1.33	1.32	5.2 degrees
lights in sight					down	left			
little bit high	4:38.13341 435			130	1.30fly	0.39fly	1.37	1.35	7.04degrees
					down	left			

表 7–3（续）

CVR Excerpt	Local time	msl allt	radio alt	LAS knots	G/S dev.	LOC dev.	EPR eng.	EPR 1eng.	Elevator pos. 2traliling edge up
minimum	4: 38.20265 319			133	1.43fly	0.67fly	1.19	1.21	9.3 degrees
					down	left			
speed's good	4: 38.25213 259			129	2.40fly	0.87fly	1.16	1.19	4.8 degrees
					down	left			
sink's700	4: 38.26202 239/189			126	2.32fly	0.91fly	1.13	1.15	9.5 degrees
					down	left			
I'll get over	4: 38.30151 143			127	0.89fly	0.84fly	1.09	1.09	4.3 degrees
there					down	left			
a little bit	4: 38.31133 118			126	0.27fly	0.79fly	1.08	1.08	8.8 degrees
slow…					down	left			
nose up	4: 38.3368 59			124	2.08fly	0.71fly	1.23	1.11	20.3 degrees
					up	left			
nose up/sink	4: 38.3439 30			124	3.16fly	0.65fly	1.48	1.18	24.9 degrees
rate					up	left			
GPWS	4: 38.3523 10			126	4.03fly	0.55fly	1.65	1.43	26.0degrees
"sink rate"					up	left			

飞机按照下滑道和航向台飞行，直到它到达海拔约 400ft 高度，在那里它开始偏离下滑道上方。下午 4: 38: 20，副驾驶在该点喊话"minimums"时，飞机在下滑道上方 1.43 点，5s 后达到 2.40 点的高度。副驾驶说"速度很好"，正如机长之前所说的，131kn 是目标进近速度。此时，发动机的推力或发动机压力比（EPR）正从大约 1.2EPR 下降到大约 1.15EPR。这恰好是飞机下降到海拔 200ft 以下，下滑道不可用。

下午 4: 38: 26，副驾驶喊话"下降 700"，表明下降速度为 700ft/min。然而，意识到非瞬时 VSI 固有的滞后性，NTSB 使用 FDR 信息计算出实际下降速度为大约 1200ft/min。4s 后，当飞机在大约 110ft 高度时，机长说："我转过去"，NTSB 计算的垂直速度大约为 1500ft/min。

FDR 数据显示，大约在下午 4: 38: 32，EPR 和机头向上升降舵位置开始增加，1s 后，副驾驶说，"机头向上……机头向上"。NTSB 计算出在大约 75ft 高度时飞机以 1800ft/min 的速度下降。

2s 后，飞机的下降率开始降低。但是下降率的降低幅度太小，时间也太晚。GPWS 两次发出"sink rate"警告，下午 4: 38: 36.5，FDR 上的 G- 极限开关启动，显示出撞击时刻。

7.2.5　机长使用单光隐形眼镜

NTSB 了解到，大约在 1991 年，机长开始使用单光（MV）隐形眼镜，将他的近视矫正到 20/20。使用 MV 隐形眼镜，一只眼睛佩戴隐形眼镜来矫正近视，另一只眼睛佩戴隐形眼镜来矫正远视。机长的验光师告诉调查人员，一般来说，“关乎公共安全的从业人员”在需要矫正近视和远视时，应该使用双焦眼镜而不是 MV 隐形眼镜。他进一步指出，双眼视力矫正（相对于单眼视力矫正）对于飞行员更合适，因为在驾驶舱内需要稳定的近景和远景。他报告说，飞行员使用 MV 隐形眼镜可能会影响其下沉率感知、某些距离的深度感知和扫描视力，特别是在近视矫正的一侧。调查人员注意到，事故发生时达美 554 机长的左眼戴着近视矫正镜。

验光师指出，MV 隐形眼镜会影响深度感知，特别是在小于 20 ~ 25ft 的距离。他表示，这种损害可能会使小型飞机降落更加困难，但他认为，使用单光隐形眼镜不会对远距离的深度感知产生不利影响。

机长告诉调查员，他从事飞行以来大约 75% 的时间都使用 MV 隐形眼镜。并表示，他已经习惯了使用 MV 隐形眼镜，而且在佩戴时他没有感觉到任何视力或深度感知的缺陷。他说他没有注意到在驾驶飞机飞行时佩戴 MV 隐形眼镜有任何视觉问题。

根据 FAA 1996 年 9 月的《航空体检人员指南》，“一只眼睛使用隐形眼镜矫正远视，另一只眼睛使用隐形眼镜矫正近视［单视力隐形眼镜］是不能被接受的。”FAA 航空医学认证部门的代理经理向调查人员解释说，这种矫正使飞行员每次交替使用一只眼睛，同时有效地抑制了另一只眼睛，造成双眼视力损失。

机长告诉 NTSB，他不知道飞行时禁止佩戴 MV 隐形眼镜的规定。自 1984 年以来对机长进行 FAA 体检的航空体检医生（AME）告诉调查员，虽然他没有特别意识到禁止在飞行时使用 MV 隐形眼镜，但如果出现这种情况，他将建议飞行员体检合格证申请人在飞行时不要使用 MV 隐形眼镜。他表示，他不记得与机长讨论过 MV 隐形眼镜的事情，他不知道机长使用隐形眼镜，更不用说使用 MV 隐形眼镜。

调查人员解释说，航空体检医生不需要询问飞行员是否戴了隐形眼镜。他们进一步解释说，FAA 的飞行员体检合格证书申请包含许多关于申请人病史的问题，但没有包含申请人是否戴隐形眼镜。

调查期间，NTSB 采访了几位验光师，了解到没有公开信息告诉他们禁止飞行员在飞行时使用 MV 隐形眼镜。调查人员引用了一个 MV 隐形眼镜制造商提供的销售小册子。“单光镜是一种隐形眼镜验配技术，可以让你清楚地看到近处和远处……而没有双光眼镜的困扰。”这本小册子并没有提到与他们的使用有关的任何危险或限制。

另一起事故中使用 MV 隐形眼镜：

调查过程中，安全委员会了解到以前发生过一起普通航空事故，涉及一名私人飞行员试图在云和雪导致的低能见度情况下的降落。在那次事故中，飞行员后来告诉调查人员，他在降落时“没有拉起机头”。飞机在跑道上剧烈颠簸，随后前机轮先触地，造成前机轮轮胎故障。安全委员会了解到，事故发生时，该飞行员一直戴着 MV 隐形眼镜。

据一位在那次事故后与该飞行员一起飞行的飞行教官说，该飞行员直到离地面太近才打开着陆灯。巧合的是，该飞行员回去找航空体检主考官领取新的体检合格证书，航空体检主考官注意到该飞行员使用的是MV隐形眼镜。他告诉飞行员飞行时不允许佩戴MV隐形眼镜。飞行教官后来与该飞行员一起飞行，这次他没有戴MV隐形眼镜，并注意到当该飞行员重新戴上眼镜后，他的着陆情况“突然大幅改善”。

7.2.6 视觉提示和错觉

NTSB引用了FAA的《航空信息手册》（AIM）中关于视觉错觉如何导致空间迷失和着陆错误的规定。AIM指出，“在水面、黑暗地区和被雪覆盖的无特征地形上降落，会产生飞机处于比实际高度更高的错觉。飞行员如果没有认识到这种错觉，就会飞得更低。”

AIM还指出，“大气的错觉，如风挡玻璃上的雨水，会导致更多的错觉，没有认识到这种错觉的飞行员也会飞得更低。穿透云雾会造成俯冲的错觉。飞行员如果没有认识到这种错觉，会使进近变陡，通常会非常突然。”AIM进一步解释说，“飞越几乎没有灯光提供高度提示的地形时，飞行员可能会做出低于正常进场的判断。”

AIM建议，为了减小这种错觉的影响，飞行员应该“使用电子下滑道或VASI系统。”然而，在达美554事故中，通往13号跑道的电子下滑道在200ft以下无法使用。

7.3 结论和可能的原因

NTSB认为，飞行员持有飞行资质合格和航空体检合格证书，并且他们的培训符合FAA航空条例。但是，他们注意到机长使用了MV隐形眼镜，而FAA不允许飞行员在飞行时使用这种眼镜。

他们进一步确定，飞机认证和维护合规，没有任何空中交通管制因素导致事故发生。由于上文“天气”一节中提到的原因，NTSB得出结论，达美554在进近和试图降落时没有遇到风切变。为了寻找事故原因，调查目标转向驾驶舱。

7.3.1 达美554航班的最终进近

NTSB注意到，在早期的进近阶段，达美554的空速和下降速度都很稳定，建立了下滑道引导和着陆构型。但是，当环球航空公司飞机机组人员向塔台报告他们拒绝起飞时，达美554航班机长不得不放弃进场，因为环球航空公司的飞机可能还在跑道上。这时，他断开了自动驾驶仪，让飞机的下降速度略微降低，飞到了电子下滑道的上方。NTSB的结论是，这种下降速度可能是由于“机长对进场失败的预期（和准备）”。

当飞机在下滑道上偏离超过一个点时，“似乎机长已经意识到了偏差，并进行了纠正，试图将飞机重新飞行在下滑道上方。”NTSB说。FDR显示发动机推力降低，下降速度略有增加。NTSB指出，从下午4:38:14—4:38:26，空速和下降速度基本稳定，并达到目标，飞机的位置是可以成功着陆的。安全委员会认为，下午4:38:21，当飞机下降到200ft高度时，达美航空机组处于目视条件下降状态。由于知道下滑道信号无法使用，他们依靠驾驶舱其他仪表和外部目视参考来获得下滑轨迹信息。安全委员会的结论是，“由于飞机处于稳定的飞行状态，而且机长已经采取了纠正滑行道偏差的行动，机长在与进近灯建立目视联系后继续进近并无不妥。”

FDR 数据显示，在撞地前约 10s，发动机推力逐渐减小。安全委员会的结论是，这是因为机长“感觉到需要略微增加飞机的下降速度；然而，下降速度的增加超出了机长的预期”。随后机长意识到需要及时关注下降速度，此时他正在增加飞机俯仰角和发动机推力。在撞地前约 2s，飞机以 1800ft/min 的速度下降，但下降速度已经开始减小。当副驾驶喊道“抬头……抬头”时，机长已经增加了推力并增大了俯仰角；然而，此时要避免撞地已经太晚了。

视觉因素：

安全委员会试图确定为什么达美 554 航班的下降速度在接近进近结束时继续增加。他们分析了机场环境中的视觉线索，包括机场照明系统和事故发生时的天气影响，以及机长视力受限的影响。

NTSB 指出，飞行员从云层中下降时，正处于中度至重度雨雾中，并在法拉盛湾的水面上飞行，没有可见标志帮助其目视判断当时飞机的高度。NTSB 观察到，机组人员面临着 AIM 中提到的所有导致视觉错觉的因素，包括没有地面特征（如在水面上降落时）、风挡玻璃上的雨水、大气中的阴霾 / 雾，以及没有灯光提供高度线索的地形。

NTSB 进一步指出，13 号跑道的跑道边缘灯排布不规则且间距较小也可能是一个因素。“习惯于在跑道灯间隔恒定为 200ft 的机场飞行的飞行员，在面对间隔更小、不规则的跑道灯光时，可能会对他们与跑道的距离和角度有不同的感觉。”“安全委员会的结论是，跑道灯排布不规则、跑道边缘灯光间隔较小和不利的跑道气象条件可能导致飞行员做出不必要的加速甚至可能是过早下降的操作，特别是在没有其他目视参考或提示的情况下。”

NTSB 承认，在达美 554 试图降落的同时，其他飞机也在 13 号跑道上降落，这些飞机也面临同样的视觉限制以及排布不规则和间隔小的跑道边缘灯；然而，其他飞机能够毫无困难地飞行。因此，NTSB 评估了机长的 MV 隐形眼镜在这些条件下会如何影响他的视力。在考虑了所有的因素后，NTSB 得出结论：“机长使用 MV 隐形眼镜导致他空间深度感知能力下降，因此他更加依赖单眼（而不是正常的三维视觉）来感知距离。”委员会指出，由于视觉条件的退化，“机长无法凭借单眼确保他在进近和着陆时能准确地感知飞机的高度和与跑道的距离。这导致机长未能（在进近的最后 10s）正确调整飞机的下滑道，或判断进场不可行从而放弃进场。”

“安全委员会的结论是，由于机长使用 MV 隐形眼镜，他无法克服在水面有限的光线条件（没有可见的地面特征）、跑道边缘灯排布不规则、间隔比正常的小、雨和雾造成的视觉错觉等不利条件下进场，这些不利条件给机长造成的错觉是飞机高度比实际飞行高度更高，因此，导致他在撞击前最后 10s 不必要的更陡的进近。”

7.3.2　可能的原因

NTSB 确定，这次事故的可能原因是“由于机长使用 MV 隐形眼镜，未能在目视进场时克服飞机相对于跑道的位置错觉。出现这种错觉的原因是，在光线有限条件下，在水面上进场，没有可见的地面特征、雨和雾的影响，以及跑道灯排布不规则和间距较小。”

“造成该事故的原因是飞行员缺乏瞬时的垂直速度信息，以及验光师、航空体检主考官和飞行员没有经过不得使用未经批准的MV隐形眼镜的指导。”

7.4 建议

因为这次事故，NTSB向FAA提出了12条建议。其中包括：

（1）确定第139部分有不规则跑道灯间距的机场，评估这种不规则间距的潜在危险，并确定是否需要对跑道灯间距进行标准化。（A-97-84）

（2）要求所有符合第121部和第135部规则的运营商确保本公司手册明确划分飞行机组（飞行员飞行/飞行员不飞行）在各个飞行阶段的职责和责任，并确保“稳定进近”的标准得到明确说明。（A-97-85）

（3）修改FAA的8500-8号表格“航空体检合格证申请”，以收集有关飞行员/申请者使用隐形眼镜的信息。（A-97-86）

（4）要求FAA民用航空医学研究所（CAMI）出版并公布手册，解释MV隐形眼镜的潜在危险，并向飞行员强调禁止在飞行中使用MV隐形眼镜。（A-97-87）

（5）要求所有符合第121部和第135部规则的运营商向本公司飞行员和医务人员通报此次事故，并提醒飞行时使用MV隐形眼镜的危害。（A-97-88）

（6）要求所有执行FAA飞行标准地区办公室的航空安全检查员和事故预防专家向普通航空飞行员通报此次事故，并提醒飞行时使用MV隐形眼镜的危害。（A-97-89）

（7）要求符合第121部和第135部规则的航空公司让本公司飞行员了解VSI上显示的垂直速度信息的类型（瞬时/非瞬时），并让他们了解到这种类型的信息可能会对他们对飞行状况的认知产生影响。（A-97-90）

（8）要求所有符合第121部和第135部规则的运营商在可行的情况下将非瞬时VSI转换为瞬时VSI。（A-97-91）

（9）要求所有符合第121部和第135部规则的运营商审查本公司乘务员培训计划，并强调当应急撤离命令下达后乘务员积极果断启动撤离程序的必要性。（A-97-95）

NTSB还建议验光师协会向会员发出简报，让飞行员知悉在执行飞行任务时戴MV隐形眼镜的潜在危险和禁止飞行时使用MV隐形眼镜，并敦促验光师告知需要进行视力矫正的飞行员这些潜在的危险（MV隐形眼镜对距离判断/感知的影响）。（A-97-96）

7.5 行业行动

1998年10月，FAA完成了一项确定跑道灯间距变化的影响的测试计划。完整的研究计划在1999年底完成并公布研究结果。政府还向所有POI发布了FSHB 98-22，“稳定进近”。该公告将确保所有运营商的培训和操作手册包含操作检查员手册中提到的稳定进近的正确标准。该手册还详细说明了每个飞行员在飞行进近阶段的飞行和非飞行责任。

为了教育 AME 和飞行公众，CAMI 更新了其《关于飞行员 / 飞行员视力的医学事实》出版物，并在《联邦航空外科医生医学公报》中增加了一篇关于非标准视力方法的评论。此外，计划修订《航空信息手册》（AIM）和《联邦航空局飞行员医疗手册》，加入关于飞行时使用 MV 隐形眼镜危害的警告。FAA 向所有飞行标准地区经理和航空安全检查员通报飞行时使用 MV 隐形眼镜的危害，并修改 8500–8 号表格“飞行员体检合格证申请”，以咨询申请人是否使用隐形眼镜。

1998 年初，FAA 发布了两个 FSIB。第一个是“飞行员需要了解的垂直速度指示器知识”，指出所有驻航空公司的主管运营检查员确保公司让飞行员了解瞬时垂直速度指示器和非瞬时垂直速度指示器之间的区别。目前正在审查一份可能的 NPRM，将所有垂直速度指示器转换为瞬时型。第二个 FSIB 是“空乘人员必须积极响应紧急疏散”，强调在机组下达紧急疏散命令后迅速启动紧急疏散程序的重要性。

7.6　后记

乘坐达美 554 航班的人是幸运的，他们险些卷入一场重大的航空灾难中。修复这架飞机需要大约 1400 万美元。虽然飞机可以修复，但人的生命无法挽回。幸运的是，在这次事故中没有人员伤亡，甚至没有人受重伤。以任何标准衡量，这些教训都是廉价的。但是该行业能在多大程度上防止此类事故发生仍有待观察。

第 8 章　一次全面的测试飞行：空中快递的最终飞行评估

运营商：ABX 航空公司（空中快递）
机型：道格拉斯 DC-8-63
地点：弗吉尼亚州，纳罗斯（Narrows，Virginia）
时间：1996 年 12 月 22 日

航空公司的运营安全保证是基于有效的飞行培训、经验丰富的机组人员和标准化的常规程序。此外，飞行员可以通过全面的飞行手册获得所有阶段飞行操作的详细指南。这些因素综合起来，形成一个极其安全的运营环境。如果这些因素中有任何一个不合格，安全系数就会下降，然而，如果所有这些因素同时丧失，肯定会造成灾难。

8.1　飞行经过和背景

N827AX，一架 DC-8-63 型飞机（见图 8-1），1967 年生产，已经积累了超过 63000 飞行小时。这架飞机曾服务过几家主要航空公司，后来被小型货运公司空中快递航空公司（Airborne Express，ABX）检修并投入使用。北卡罗来纳州格林斯博罗（Greensboro，NorthCarolina，GSO）的三联国际维修公司（Triad International Maintenance Corporation，TIMCO）对该架飞机完成了“D”级检查，对机身和发动机进行了大修，并安装了新的

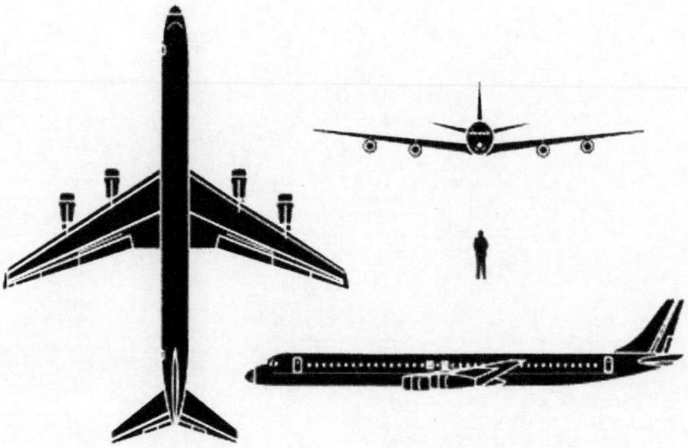

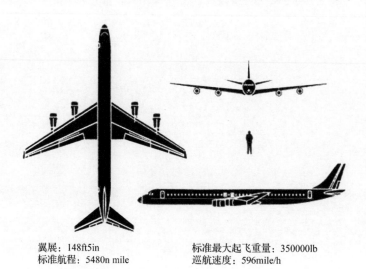

翼展：148ft5in　　标准最大起飞重量：350000lb
标准航程：5480n mile　　巡航速度：596mile/h

图 8-1　道格拉斯 DC-8-63 飞机

导航和通信设备、雷达、电子飞行仪表、货物装卸设备和三级噪声抑制系统。

该飞机原定于 1996 年 10 月下旬投入使用，但改造和其他计划外的维修任务使其交付被推迟了两个月。但 ABX 公司已经就这架飞机与其他公司签订了包机合同，所以任何进一步的延迟交付都是不可接受的。一旦成功完成最终飞行评估（FEF），这架飞机将立即加入拥有 35 架 DC-8 的 ABX 公司机队。

计划的最终飞行评估将是一次非常全面的测试飞行。所有的飞机系统都被启动，并检查公差、起落架和襟翼收放、指示校准，以及验证飞行操纵特性。还将进行完整的失速试验，以确认飞机的检修和控制线缆的重新连接都没有改变飞机的气动性能。因为飞行标准部门的主管飞行员具有飞行检查经验和所需的技能，所以最终飞行评估机组由他们组成。

为了迎接最终飞行评估，机组人员于 1996 年 12 月初抵达格林斯博罗。机长是 ABX 公司 DC-8 飞标的前任经理，他已经被提拔到新的波音 767 飞标担任经理。飞行工程师是一名飞行标准的飞行工程师，所有三名机组成员都是 FAA 指定的 DC-8 飞机审查员。机上还有两名 ABX 公司的维修技术人员和一名 TIMCO 公司雇员，协助完成飞行系统的评估。

在完成了所有必要的资料工作和飞行前检查后，最终飞行评估被安排在 1996 年 12 月 21 日。然而，刚上飞机，一个小小的液压故障就迫使飞机提前终止飞行并返回格林斯博罗进行维修。原定于第二天下午 1:30（美国东部时间）恢复飞行，但到了下午 5:40 飞机才再次起飞。与最初计划的日间飞行不同，现在整个飞行不得不在夜间进行。

起飞后，一个意外的起落架告警声响起，所以当飞机爬升到海平面 4000ft 高度后，起落架放下并收回，再没有听到告警声。该架飞机随后被亚特兰大航路交通控制中心（ARTCC）允许他们在 13000 ~ 15000ft 之间的任何高度飞行。飞机升至 14000ft 高度后，起落架再次收放，但这次是伴随着襟翼展开。告警声再次响起。“有点奇怪，”右座不把杆飞行员（PNF）说道。

机组对发动机除冰系统进行了测试，发现有一个部件无法工作。ARTCC 发出了防撞指示，并开始一系列的液压系统测试。下午 5:48，操作飞机的飞行员（PF）说：“飞机有点结冰，飞机……可能需要除冰。”飞机在云层上方飞行，4min 后他说：“飞机刚刚飞出云层，让我们在这里呆一会儿。”

机组检查了襟翼展开次数和实施了升降舵配平操作，但一个主警示灯瞬间转移了机组的注意力。错误的多种高温指示得到解决后，测试继续进行。

飞行工程师说：好的，在 $1.3V_{S0}$ 时襟翼 50，到襟翼 23 时，加速到 $1.5V_S$（对应襟翼 23°），此时，两个发动机液压泵打开，让我有时间配置。

主警示灯再次亮起，显示温度过高。快速检查后确认系统状态可接受，然后一连串的声音继续响起，“好的，襟翼 23”。

“现在 160，”PF 报告。

“好的，想再试试吗？”PNF 回答说。

“是的，再试一次……回到 50。”

"回到50，缓慢地……"

襟翼在正常和备用液压动力下反复工作，并记录了所有的测试结果。襟翼位置指示器显示稍有不准确。

"好，下一项，"飞行工程师说道，"备用舵泵操作。副翼动力旋钮打开，两个发动机液压泵都绕过了。备用舵泵开启……副翼动力旋钮，准备好了吗？"

就这样持续了数分钟。下午6:05，起飞后25min，飞行工程师通知飞行员，下一项测试是失速。教员说："184kn和……我们应该在122kn失速。我将在后台设置。"

"在128kn振杆。你说出你的数字，我会记录下来。"工程师回应道。

为了降低空速，4台JT-3D发动机必须收油门。但从慢车状态加速到目标推力需要几秒钟，在功率设置和空速较低的情况下，通过发动机的异常气流会导致压缩机喘振，会造成巨大的爆裂声，并可能导致发动机压缩机损坏。保持发动机转速高于慢车可以确保失速恢复时立即获得动力，也能防止发动机压气机损坏。

担任教员的副驾（PNF）提醒主驾（PF），"唯一的诀窍就是不要全部松油门。"

PF表示记住了。

当空速下降到173kn以下时，PNF说："我想我最好不要在低于172kn时配平。"7s后，"是的，我现在要保持发动机转速高于慢车。"4台发动机功率都增加了。

在149kn的时候，PF说"有点抖动！"表明了空气动力失速的最早迹象。"是啊，挺早的，"另一名机组成员回应。整个飞机开始摇晃。"这就是失速！""没有振杆器！"工程师感叹道。PF要求设置最大功率，同时他启动恢复程序。7s后，一台发动机出现了压缩机喘振，在CVR上记录为巨大的撞击声。

在意识到这个失速20s后，PNF敦促PF"下降高度，下降！"虽然已经施加到最大功率，但PF仍在驾驶杆上保持拉杆，所以飞机仍在减速。片刻之后，飞机完全失速，开始快速、平稳下降。由于机头仍然是抬起的，机翼的迎角非常高，空速仍低于失速速度。飞机向左滚转，超过75°，然后又向右滚转。飞机一次又一次地滚转，直到几乎垂直，然后又迅速向另一个方向摆动。PNF尽力告诉PF完成恢复。"少量方向舵！""把机头恢复！"ATC询问该架飞机是否处于紧急下降状态，他们回答说："是的，先生。"后面这架飞机再没有发出任何无线电信号。

飞机正以超过6000ft/min的速度从空中坠落，空速表剧烈波动。驾驶舱里情况越来越糟糕。PF仍在用力拉杆，试图恢复DC-8飞行。发动机功率上升，然后又下降。"方向舵！方向舵！"教员喊道，"左方向舵！"

"左舵失效，"回应。

"好的，不要……好的现在，恢复它。"

飞机现在向右滚转了113°，远远超过了垂直线。机头向下倾斜了52°，并且还在下降。飞行员在1.5min时间里一直在努力重新控制飞机，迫使飞机向左滚转，机头稍稍抬起。但是，时间和高度都不多了。GPWS开始告警："注意地形，注意地形，拉起来！"3s后，该架飞机撞上了弗吉尼亚州的一个山腰。

飞机残骸直径只有700ft长。这架飞机左翼较低，飞行轨迹角为-35°，飞机坠入森林时的速度约为 240kn。前缘的一些碎片是从机翼上扯下来的，严重碎裂的机身留在撞击坑和小扇形碎片场内。机上所有人员都当场死亡（见图 8-2）。

图 8-2　弗吉尼亚州山坡上的空中快递 N827AX 飞机残骸

8.2　调查和发现

NTSB 向现场派遣了从事气象学、维修、航空公司运营和飞机结构、系统和动力装置的专业人员。调查小组还在华盛顿特区举行会议，审查和转录了 CVR 和 FDR。参与调查的包括 FAA、道格拉斯飞机公司、普惠公司（发动机制造商）、ABX 航空公司和三联国际维修公司。调查和随后的分析集中在机组人员的表现、培训和先前的经验、ABX 公司的组织结构以及 FAA 对该航空公司运营的监督。

8.2.1　机组人员因素

安全委员会发现，机组人员具备从事最终飞行评估所需的合格证和飞行执照。

8.2.1.1　机组经验

安全委员会对公司记录的审查显示，PNF 在最终飞行评估期间只有大约 1h 的机长（PIC）时间，那是在事故发生的前一天；而坐在左座的飞机驾驶员（PF），以前从未进行过 DC-8 飞机的最终飞行评估。这些飞行就其性质而言是非常规的，需要特殊的操作考虑。安全委员会发现，ABX 公司的培训计划是"不正规的和没有记录的，没有对飞行员进行最终飞行评估的具体培训或没有对飞行员掌握最终飞行评估熟练程度的要求"。NTSB 认为，正是由于这种不规范，使得两名从未在 DC-8 失速中操作飞机的飞行员在最终飞行评估中作为机组成员组合。

两名飞行员的大量时间用于管理工作。在事故发生的前一年，PF 的累计飞行时间只有 89h，全部在 DC-8 上，而 PNF 的飞行时间只有 115h，也是全部在 DC-8 上。

ABX 公司有一个经批准的 CRM 培训计划，但到 1996 年 12 月，只有大约一半的航线飞行员完成了为期两天的课程。PF 是该计划的教员，但是工程师和 PNF 都没有接受强制性培训。航空公司还没有开发出教学或模拟器使用的 CRM 培训程序。

8.2.1.2 ABX DC-8 飞行模拟器

ABX 公司进行的 FAA 认可的训练模拟器强调失速恢复过程中的最小高度损失。在这种训练中，识别出失速后要施加最大功率，但为了获得恢复失速所需的速度，可以降低俯仰姿态。避免二次失速、保持飞机航向和最小高度损失是成功完成机动的标准。

飞行员通常只在航空公司的飞行训练模拟器上练习失速恢复技术，而不是在飞机上。作为一种正常飞行操作的训练设备，模拟器是一种很有价值的工具。但它不重视航线飞行员不会遇到的动作的空气动力学特性，或者那些没有被教过的动作（如从完全失速后的恢复）。在评估 ABX 的 DC-8 模拟器时，NTSB 发现其失速特性比实际飞机的失速特性要温和得多。在模拟器中没有失速突变，或突然的明显机头向下，且一旦远远低于失速速度，模拟器就进入稳定下降状态，没有发生气动抖振或空速持续下降。因此，委员会认为这些差异可能使机组人员在面对实际失速恢复尝试时感到困惑，从而导致不适当的飞行操作输入。

8.2.1.3 失速恢复尝试

安全委员会发现，在大多数情况下，机组人员通过缓慢降低空速、保持高度和发动机转速来适当地应对失速。对失速的识别、终止失速的决定和启动失速恢复都是及时的，并符合 ABX 公司程序。

正常的失速恢复技术需要释放驾驶杆上的拉杆力，甚至稍微向前移动杆，以提供适当的俯仰控制和足够的加速度。但 FDR 的分析表明，在这个案例中，飞机俯仰姿态在失速识别后的前 8s 内保持在 10° ~ 14°之间，允许飞机完全进入失速状态。此外，在事件发生的前 22s 内，驾驶杆没有前推，只是后拉，驾驶杆从 5°拉到 20°。

当飞机开始急剧下降时，其俯仰姿态从未下降。这导致迎角增加，从而加剧了失速。如果不及时回杆减小迎角，根本无法恢复失速。FDR 证实，在飞机撞击地面时，PF 的驾驶杆一直向后拉。

根据 NTSB 的说法，PNF 本应注意到驾驶杆一直在向后拉、持续的飞机抖振、机头极端向下倾斜，以及飞机的低空速 / 高下降率。虽然他一度建议 PF “将高度降下来”，用高度换取空速，以摆脱失速，但他没有进一步努力操作飞机。安全委员会认为，由于两位飞行员都是管理层的机长，在对飞机的实际控制方面可能存在一些模糊不清的地方。

8.2.1.4 影响失速恢复的其他因素

NTSB 调查了在失速恢复期间可能影响机组人员表现的其他一些因素，包括飞机失速预警系统故障、比预期更早出现的失速抖振、边缘天气状况以及发动机压缩机喘振。

虽然飞行前测试表明系统功能齐全，但失速告警振杆器在事故发生时从未启动。在事故现场发现的所有失速告警部件被完全破坏，这使得 NTSB 无法确定为什么失速告警振杆器在飞行中没有工作。安全委员会确定，系统故障并没有阻止机组人员识别失速，但可能导致他们对飞机在迎角持续增加的情况下加速失速感到困惑。

根据道格拉斯飞机公司提供的数据，事故飞机的失速速度为 122kn，开始抖振时速度为 137kn。CVR 记录了机组人员在 149kn 或比预期高约 12kn 时说的“有点抖振”。有三个因素可能影响这一速度：飞机重量、机身结冰，以及飞行控制和襟翼装置。

根据安全委员会对事故飞机的起飞性能和已知装载计划的分析，所有的重量和平衡计算都是正确的。然而，在爬升过程中遇到的结冰和大修过程中可能的错误操作，可能导致了抖振出现的时间比预期的早。委员会还确定，飞机失速的实际速度为 126kn，仅比预期高 4kn。

失速是在黑暗中开始的，紧挨着云层顶部。安全委员会认为，机组人员看不到自然地平线，一旦开始从 14000ft 下降，仪表气象条件（IMC）就会一直存在到地面。虽然 ABX 公司的飞行技术项目主管倾向于在白天和晴天进行最终飞行评估，但机组人员对公司规定置若罔闻。NTSB 认为，可见的自然地平线有助于机组人员确定他们的实际飞行路线，从而避免进入完全失速状态，或者至少能迅速从失速中恢复。

最后，安全委员会认为，巨大的发动机压缩机喘振可能在关键时候分散了正在紧张操纵飞机的机组人员的注意力。压缩机喘振首先发生在飞机进入气动失速时，此时适当地侧向操纵输入可以确保完全恢复。

8.2.2　ABX 公司最终飞行评估程序

1991 年 5 月，ABX 公司另一架 DC-8-63 最终飞行评估飞机在机组人员执行失速飞行试验时失去了控制，但起落架和襟翼都打开。失速告警振杆器和失速抖振同时发生，两台发动机出现了严重的压缩机喘振。飞机开始快速滚转和偏航，并进入螺旋状态，在机组人员重新控制飞机之前，飞机高度下降了 6000ft。

FAA 的主要运营检查员（POI）同意航空公司和 ABX 公司人员的修改，包括在模拟器中进行强制性 FEF 培训，要求扩大 3000ft 的空域高度用于失速测试，以及对失速恢复程序进行重大修改。新的政策是首先使用俯仰（降低机头），然后使用动力（将油门推进到最大）来摆脱失速状态。但在此期间休假的 ABX 公司的飞行技术项目主管不同意 FAA 的意见，在返回公司后，他不主张也没有使用修订后的程序。事故航班的指挥者（不操作飞机的副驾）是由目前已经离职的飞行技术项目主管培训的失速恢复技术，使用的是旧的“仅动力”方法。然后，他又教给了事故航班的 PF，同样是只使用动力，而不是通过俯仰来恢复。

NTSB 认为，事故航班机组人员在操作过程中预计不会出现高度损失，因为他们只要求了 2000ft 的高度，并在比最低指定高度仅高出 500ft 的地方开始失速。安全委员会没有发现任何证据表明 ABX 公司从之前 DC-8 飞机失控事故中吸取教训，且并没有将失速恢复正式纳入他们的 FEF 计划。

8.2.3　FAA 监管不力

1991 年，FAA 国家航空安全检查计划（NASIP）对 ABX 公司审计时发现，该航空公司符合联邦航空条例（FAR），但一些飞行操作不符合公司政策或指南。此外，检查发现飞行员 / 教员的培训记录不完全，培训项目缺乏适当的课程计划。

虽然没有要求 FAA 对最终飞行评估项目实施监督，但在 NASIP 中发现的问题同样适用 FEF 机组培训和资格认证。安全委员会认为，FAA 随后的改正措施只解决了一些操作上的缺陷，未能检查出航空公司运营普遍存在的和1991年飞机失控事故暴露出来的更严重的安全问题。

8.3 结论和可能的原因

安全委员会的其他重要发现是，如果有一个迎角指示器可供机组人员使用，该事故就可能不会发生，而且一般来说，在所有非常规航空运输业务中，需要增加“程序定义和培训措施”。委员会还发现，“目前制定的大型运输机进行功能性评估飞行的程序要求对航空运输业者、维护维修站、FAA监管和维护检查员以及其相关方提供的指导不够充分”。

正如最终的事故报告中所说，“NTSB确定，这次事故的可能原因是负责操纵飞机的飞行员在试图恢复失速时进行了不正确的操纵输入，而负责带飞的主管飞行员未能识别、处理和纠正这些不正确的操纵输入，以及ABX公司未能建立一个正式的功能性飞行评估计划，其中包括足够的计划指南、要求和经过相关培训的飞行员。事故的直接原因是失速告警振杆器系统无法工作，再加上ABX公司DC-8飞机飞行训练模拟器在再现飞机失速特性方面的保真度不够”。

8.4 建议

1995年，哥伦比亚卡利附近发生致命事故后（见第2章压力迅速下降），NTSB公布了A-96-94号建议，要求机组人员配备迎角测量仪器，以使飞机发挥最大爬升性能。安全委员会认为，如果机组人员有这个重要的仪器，事故就可以避免，并重申了他们的建议。FAA重申了之前发布的建议。然而，由于第二部分“行业行动”章节中讨论的原因，FAA决定不对此进行强制要求。

作为ABX公司事故调查的直接结果，NTSB发布了一些新建议，要求FAA：

（1）审查DC-8维护手册中所有失速告警系统的测试和校准程序，以确保及时对系统的所有部件进行校准和功能检查。（A-97-46）

（2）评估每架运输飞机的失速特性，并确保适用的飞行训练模拟器能准确地再现这些失速特性。一旦完成，在航空公司的“特殊事件”培训计划中增加飞行员从低俯仰姿态失速中恢复的技术培训。（A-97-47）

（3）确保ABX公司将特别修订的失速恢复技术（如1991年达成的协议）纳入其DC-8飞机最终飞行评估计划。（A-97-48）

（4）编制一份AC，分发给各航空公司，为各阶段最终飞行评估提供指导，并修改联邦航空条例以反映这些程序要求。（A-97-49和52）

（5）确定航空运输业者可能进行的任何特殊操作，包括最终飞行评估或其他非常规飞行，并确保航空运输业者的操作规范包含这些飞行的适当准则和限制。修改适用的FAR，在每个航空运输业者的培训手册中规定对从事这些飞行的特殊飞行人员

培训和资格要求。一旦实现了这一点，就要具体监督航空公司的最终飞行评估计划。（A-97-50 和 51）

对于该事故分析后的建议如下：

（1）对机组的培训，尤其是风险科目（比如失速改出或者故障状态飞行）培训是非常重要的，对于飞机设计、试飞和飞机使用部门都要重视和加强机组的全面培训，重视培训的教材、人员，以及培训的效果；

（2）在培训中要充分发挥训练模拟器的作用，尤其要发挥训练模拟器在应急和故障状态飞行的指导作用，加强训练模拟器中气动数据精准度的研究，设计部门要加强飞机气动特性数据试飞相关性修正研究，提供高逼真度的飞行特性模拟环境供飞行员培训使用；

（3）对于风险科目试飞和检飞中，要关注天气和气象条件，选择白天和良好天气条件下飞行，尽可能降低飞行风险。

8.5　行业行动

FAA 和道格拉斯飞机公司完成了对 DC-8 飞机失速告警系统维护的全面审查，发现现有的维护程序是全面和合适的，没有必要修改计划。

FAA 的国家模拟器计划工作人员评估了在这些飞机正常运行环境之外的失速或其它机动中，规划航空运输模拟器以精确再现飞行中的操纵特性的可能性。他们发现，准确的飞行特性数据不是现成的，获得这些数据的成本很高，也很危险，而且其准确性也值得怀疑。有一些分析方法可以使用，但为了确保准确性和可靠性，必须要有辅助的飞行测试数据。FAA 没有计划对这个项目采取进一步的行动。然而，一个行业特别工作组被召集起来评估目前飞行员在失速机动方面的训练和检查程序。该小组认为，目前的培训要求“过分强调了失速恢复过程中最小高度损失的重要性”。对 FAR 第 121 部的 N 和 O 章的修订将反映出新的要求，这些要求将不再坚持在所有失速恢复条件下的最小高度损失。FAA 也修订了其实用测试标准，以反映其新的想法，指出失速恢复期间的高度损失必须保持在最低限度。但是“……在中高度和更高的高度，空速或高度损失不影响安全，尽快采取措施从失速状态恢复。”

1997 年 11 月，ABX 公司将以前商定的所有失速恢复技术完全纳入他们的最终飞行评估程序。新的模拟器最终评估培训计划强调了在正常航线运营中不经常遇到的机动，包括失速。

在审查了 FAR 第 61 部和第 91 部后，FAA 确定有必要对 FAR 进行修改，提出最终飞行评估机组培训和认证要求。由于所有的最终飞行评估都必须符合 FAR 第 91 部，所以应该通过修改飞行标准手册（FSM）提供指导，最终将其纳入 FAA 的运营和适航检查员手册中。FAA 认为，通过每家航空公司的主管检查员进行监督，是解决这个问题的最有效的方法。

并且，虽然不是对这次事故做出的直接反应，航空工业将注意力转移到飞机失控事故上。在对30多年来的事故进行分析后，安全委员会于1996年发布了A-96-120号建议，要求航空公司为机组人员提供任何异常姿态下识别和恢复飞机的技术培训，不管它是由飞行控制故障还是不受控的操纵面引起的。培训还应该包括飞机处于自动飞行控制系统操纵时的复杂状态。FAA正在考虑制定一份NPRM，要求航空公司进行培训，“强调识别、预防和恢复与航空运输飞行正常操作之外的飞机姿态”。在34家航空公司、专业协会和制造商的支持下，航空工业开发了一个全面的培训辅助工具，名为“飞机异常状态的恢复”，由空客公司在1998年12月发布。

正如FAA最近所说，底线是在发生失速时，“首要任务是必要的恢复，以重新获得‘飞行’能力”。

8.6 后记

这起事故，虽然对机组成员的家庭来说是一个悲剧，但并没有成为全国性的新闻。它涉及一次非营利的货运航线飞行和一架在偏远地区坠毁的已经停产的老式飞机。NTSB认为飞行员有错，因而对这一不幸事故进行低调处理。但是，我们从中吸取的深刻教训将广泛用于航空运输业。

安全委员会指出，非正常飞行操作对机组和飞机要求都很高。这些飞行凸显了对机组和维护人员培训和认证的重要性。对运营商进行适当的指导非常重要，从以往事故中吸取经验教训和全行业遵规守纪是必要的。无论是最终飞行评估还是货运飞行，实践这些来之不易的原则都会让天空更安全。

第 9 章　等待救援：大韩航空 801 的痛苦之夜

运营商：大韩航空公司（KAL）
机型：波音 747-300
地点：关岛阿加尼亚（Agana，Guam）
时间：1997 年 8 月 6 日

有时我们从航空事故中获得的教训是非常相似的，可控飞行撞地（CFIT）目前是全世界飞行事故的主要原因。在某些方面，KAL 801 将给航空安全行业提供另一个机会，深入研究这个令人困惑的话题的许多方面。但从一个可怕、骇人听闻的方面来看，这起事故与众不同。

9.1　飞行经过和背景

周二晚上，KAL801 号（波音 747-300 飞机）航班上有 3 名机组人员、一名乘务长、13 名空乘人员和 260 名乘客。

当天晚上早些时候，机组人员在 KAL 航空公司派遣中心开会审查飞行放行和天气，收集所有需要的文件，并进行各种简报。晚上 9:27，801 航班从韩国首尔的金浦

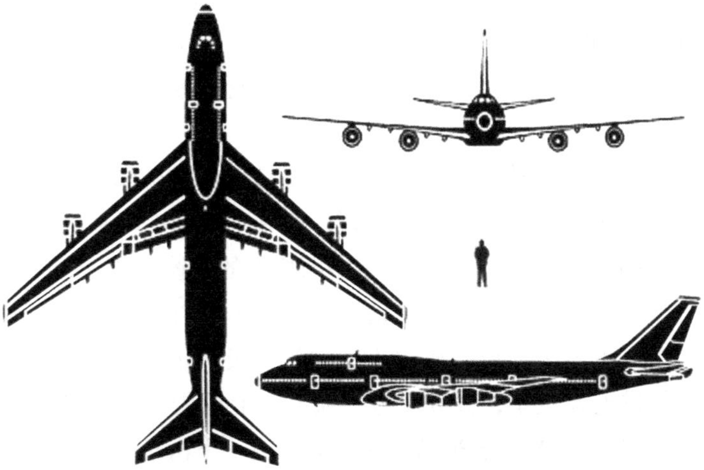

图 9-1　波音 747-300 飞机

机场（Kimpo Airport）出发，经过短暂的地面延误后，飞往关岛，行程3h50min。CVR只能记录飞行过程最后30min，在录音开始时，驾驶舱已经开始为即将在关岛阿加尼亚的关岛国际机场（PGUM）下降和着陆做准备。

“……虽然有点冗长，但我的着陆简令就此结束。”机长总结道。此前收到了目的地的天气情况，他确认所报告的6mile能见度允许目视进近。查看了ILS6L跑道（左）进近图，确认了当前的高度表设置、预期下降点和飞机进近速度。意识到ILS的下滑道（电子精确垂直引导信息）不工作，他确认MDA（最低下降高度）为平均海平面560ft，相应地，高于接地点的高度（HAT）为地面以上304ft（AGL）。虽然不是期望的进近高度，还是仔细审查了进近程序。

关岛中心和雷达进近管制（CERAP）之前已发出下降到的2600ft许可，所以飞机开始从FL410（41000ft）逐渐下降。3min后，机长向其他机组成员抱怨苛刻的飞行计划。

“如果这次往返行程超过9h，我们可能会有点收获……他们［KAL］会让我们最大限度地工作，最大限度……也许这样，”他继续说，“乘务组可以节省昂贵的酒店费用，并最大限度地延长飞行时间。总之，他们让我们这些［波音747］人的价值发挥到了极致。”飞机和机组人员原定于第二天凌晨返回首尔，在地面时间只有3.5h。通常情况下，机组人员休息只能在飞机上打个盹。

“真的……很困，”机长喃喃道，副驾驶也表示赞同。

两位飞行员都在监测机载气象雷达，该雷达显示岛上有大范围降雨。“机长，关岛情况不妙，”副驾驶说道。

“雨下得很大，”机长回复道，“稍后我们下降时请求向左偏离20mile……”

然后，副驾驶指出了航路上的天气，“你不觉得这里的雨量更大吗？”他问。

“请求向左偏离，”机长命令道，“10mile！”

“是，”副驾驶接受了机长的指令。

驾驶舱中所有3名机组人员都曾在韩国空军服役，机长比副驾驶大两岁，在航空公司工作了近10年，而副驾驶只在公司工作了三年半。飞行工程师比机长和副驾驶至少大18岁，在KAL工作的时间最长，超过18年。他是韩国空军的一名领航员，从未当过飞行员。

下降检查单已经完成，随后就雷雨天气和飞行路线的偏差进行了进一步的讨论。“今天雷达对我们帮助很大！”飞行工程师说。这并不是一次顺利的飞行，由于在飞行过程中遭遇令人不适的中度湍流，因此需要中断机上的餐饮服务。

“是的，它非常有用。”机长回答，“请求航向160。”CERAP批准了这个航向。

几分钟内，飞机飞出了云层，机组人员向管制员请求雷达引导至阿加尼亚6L跑道。他们开始执行进近检查单，并在1号导航电台上调谐和识别ILS频率。无线电高度表上的“提醒标识”被设置为304ft，这是航向道（下滑道失效）进场图中的要求。雷达探测到另一场雷暴，这次是在他们飞行路线的左边，轻微的湍流导致飞机颠簸。

“襟翼1，”机长命令。

“襟翼1，199，”副驾驶回答说，确认了襟翼的选择，并说明了该襟翼配置和飞机重量的最小机动速度。

“5”机长叫道，飞机继续下降。

“襟翼 5，179。”

高度报警器响起，提醒机组人员他们只比设定的高度高出 1000ft。“襟翼 10。”

“大韩航空 801 左转，航向 090，加入航向道，”管制员通过无线电说道。

“方向 090，截获航向道，”副驾驶确认。湍流正在消失，但偶尔的阵风会使飞机产生振动。

“哦！”当飞机在雨中颠簸时，一位机组成员惊讶地说，“清爽！”

“下滑道……航向道捕获，”副驾驶宣布。这时他们的位置在 FLAKE 交叉点的北面，但在 FLAKE 交叉点的上方（见图 9–2），在 2600ft 的高度上。

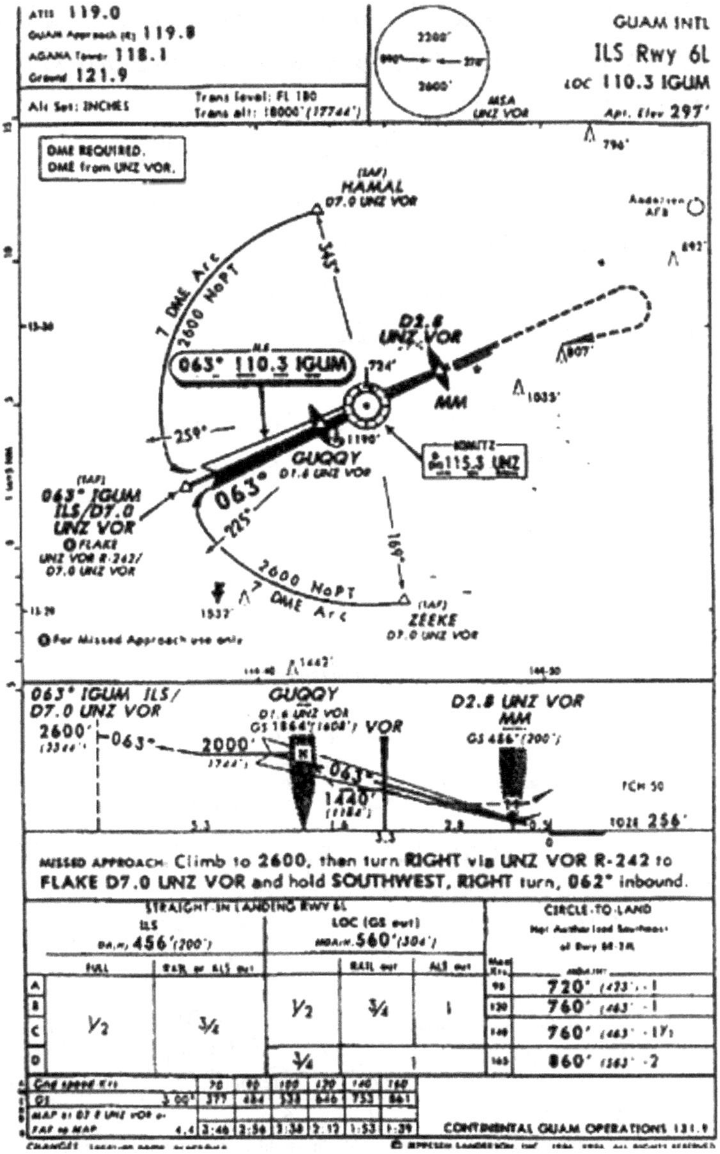

图 9–2　关岛国际机场 6L 跑道的进场图（原版如此）

“大韩航空 801，允许 ILS 6 号左跑道进近……下滑道不可用，”机场管制员提醒道。

“大韩航空 801 收到……可以 ILS 6 号左跑道进近，”机组回答。没有对下滑道不可用进行确认。

机组检测到 ILS 显示器的垂直引导指针有一些移动，引起了飞行工程师的疑问：“下滑道在工作吗？下滑道？是吗？”

“是的，是的，它在工作！”机长回答。

“哦，是这样……”飞行工程师确认。

一位机组人员问道：“检查一下下滑道是否在工作？为什么还在工作？”

副驾驶回答说：“不能用！”

“6D 检查，放起落架。”高度报警器再次响起，飞机继续在轻度湍流中摇摆。这时他们在 FLAKE 交叉口内 2mile 处，离跑道只有 8mile 多。尽管机组对 ILS 的状态仍然感到困惑，但还是开始从 2600ft 下降。

“下滑道不对。”下降继续进行。“接近 1400ft，”副驾驶叫道。

4s 后，机长说：“由于今天的下滑道状况不好，我们需要保持 1440，请设定。”没有提到进场图上所描述的海拔 2000ft 的中间平飞高度。

“大韩航空 801，联系阿加尼亚塔台，118.1，再见［韩语］”。

“小心［韩语］，”副驾驶对管制员回应道，“118.1。”飞行工程师评论说，该管制员可能是曾经驻扎在韩国的“大兵”。

在飞越 2100ft 时，驾驶舱的扬声器里传来了飞机配置的告警喇叭和高度报警器的声音（见图 9–3）。“阿加尼亚塔台，大韩航空 801 截获 6L 航向台，”副驾驶通过无线电说道。

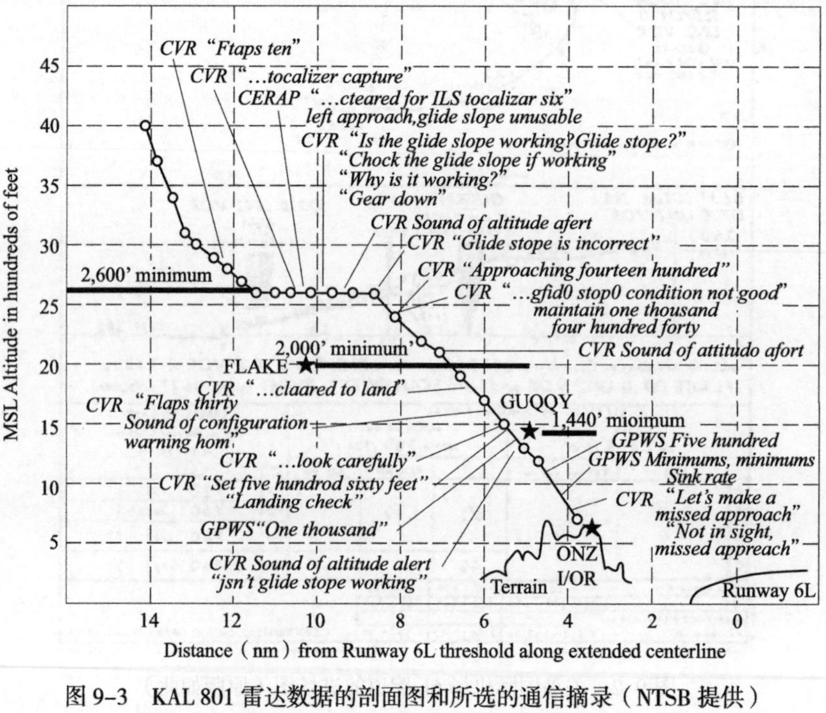

图 9–3　KAL 801 雷达数据的剖面图和所选的通信摘录（NTSB 提供）

“大韩航空 801，阿加尼亚塔台，6 号左跑道风……090 7 kn……准许降落，”塔台里当地管制员回应道，“确认波音 747”。由于该航班通常是由该航空公司的空中客车飞机飞行，因此有必要核实机型。

“KAL 801 已收到……准备 ILS 6 左跑道进近，”副驾驶回答。CVR 大约在同一时间捕捉到了襟翼手柄运动的声音。

“襟翼 30，”机长命令道。

“襟翼 30……襟翼 30 确认，”副驾驶宣布。配置告警喇叭再次响起，飞机高度继续下降到 1500ft。“着陆检查单？”

在 GUQQY 外指点标外 0.5mile、距离跑道 5mile 多的地方，大韩航空 801 下降到 1400ft 高度。由于预计会看到机场，机长提醒机组人员，“……仔细观察，高度设置 560ft [在高度报警器中，公布进近的 MDA]。”

“设定，”副驾驶确认。着陆检查单开始。

当飞机经过 1400ft 时，GPWS 的数字化声音发出了第一个警报。“1000，”它警告说，因为无线电高度表显示在起伏的地形上有 1000ft。检查单继续进行。

当高度报警器再次响起时，机长再次问道：“下滑道没有工作吗？”雨越下越大，飞行工程师发出了启动风挡玻璃雨刷的命令。波音 747 继续下降，在大约 1200ft 处越过 GUQQY 标志，远远低于程序要求的 2000ft。

机长开始担心，还没有看到跑道。“看不到吗？”他问其他机组成员，就在 GPWS 发出“500”的声音时。

“嗯？”这是他对告警本能的惊讶反应。他们离跑道还有将近 5mile。

“稳住！稳住！”副驾驶提醒道。

“哦，是的，”他回答。但飞机并没有平飞，而是继续以更大的速度下降。飞行工程师继续阅读检查单。10s 后，GPWS 发出告警“最低高度，最低高度！”飞机高度下降到 840ft，但令人难以置信的是，机组成员没有发表任何意见，也没有采取任何行动让飞机停止下降。

“液压系统？”工程师询问道，这是检查单上的下一个项目。“呃，着陆灯？”

在接近地面和快速下降的情况下，GPWS 发出告警：“下降率，下降率！”

“下降率过大，”副驾驶提醒道，“好的。”

“200，”飞行工程师喊道，他意识到飞机离地面越来越近，也许对飞机的飞行路线感到不舒服。几乎在同一时间，副驾驶说，“放弃进近吧。”

2s 后，飞行工程师提醒机长，看不见跑道，就在这时，副驾驶再次恳求：“看不见跑道！终止进近吧！”

“复飞！”工程师敦促道。

最后，在 GPWS 报出“最低高度”后不到 10s，在第一次要求终止进近 4s 后，机长断开了自动驾驶仪，慢慢地将油门向前推。

“襟翼？”副驾驶提示道，他预计会按照爬升动作的要求收襟翼。机长没有回应。

“100！”GPWS 发出告警。“50……40……30……20，”告警声快速地连续响起。

机长拉动驾驶杆，增大了所有发动机的功率，但这时已经太晚了。俯仰姿态增加了 8°，发动机开始“起动”，增加速度。但是，在距离机场还有 3.5mile 的时候，大韩航空 801 撞上了尼米兹山（Nimitz Hill）的一侧，离尼米兹 VOR 只有几码[①]远。

在海拔 675ft 的地方，一号发动机（左翼的外置发动机）首先撞击地面。地上一条粗壮的管道被左侧起落架切断，当这架巨无霸客机冲过山坡时，左翼的碎片被撕扯下来。左翼的内侧发动机撕开了燃油箱，但仍与机翼连在一起。2s 后，机身底部被撕开，货物和行李碎片沿着路径散落。

当飞机解体时，包括驾驶舱在内的最前面的机头部分与机身的其他部分分离，并从山丘的远处滚落。当左翼分离时，右翼和中心部分从原来的航向旋转 180°，停在了左翼的上面。燃油箱在撞击时爆炸，由此产生的大火燃烧了很长时间。机身的前部靠近机翼，其中一节被大火吞噬。机尾部分直立，虽然倾斜，但没有被大火完全烧毁（见图 9–4）。从最初的树木撞击到最后残留的飞机碎片（驾驶舱的一部分），飞机残骸的总分布路径足有 2100ft 长。

图 9–4　从尼米兹山向机场方向看 KAL 801 的残骸。
箭头表示 6L 跑道，驾驶舱部分在山下左侧

一位猎人和他的朋友正在尼米兹 VOR 附近的美国海军基地追踪一只小动物，这时一架飞得极低的飞机的灯光吓了他们一跳。他们不可置信地看着这架巨大的客机直接从他们头顶上飞过，高度只有 20ft。轰鸣声震耳欲聋，气压将他们击倒在地。他们目瞪口呆地看到 KAL801 撞向几百英尺外的山体，爆炸成一个火球，然后解体。两人惊慌失措，认为自己无能为力，没有提供救援也没有报警就逃离现场。

波音 747 飞机上的 254 名乘客中，225 人当场死亡，要么是被撞死，要么是死于由此引发的火灾。仅有 25 名乘客和 4 名空乘人员幸存，一些人从飞机残骸中被抛出，却仍然固定在他们的座位上；另一些人则从燃烧的碎片中挣扎着爬出。头顶上的行李箱

① 1yd（码）=0.9144m。

掉在飞机内的座位上，被打开的行李箱里面的行李堆积在飞机过道上，阻挡了可能的逃生路线。天上开始下起了大雨，幸存者浑身湿透，无法离开附近地区。救援人员到达坠机地点的时间内，几名乘客死亡，另有 3 名乘客在随后的一个月内死亡。

9.2 救援

最后一次收到 KAL 801 的无线电信号是在凌晨 1:41。在重新建立联系未果后，塔台管制员向 PGUM 机坪控制中心发出了可能有飞机坠落的报警。他们又在凌晨 2:02，即大约在坠机 20min 后开始发出紧急通知。5min 后，距离尼米兹山仅 3mile 的关岛消防局 7 号消防车奉命前往现场。该消防车配备了空气刹车，按照程序，所有的刹车管需要在当晚早些时候排干水，以防止冷凝水过度积聚。给空气制动系统充电和发动机预热导致出发时间又被耽误了 12min。

消防车到达山脚下时已经是凌晨 2:34。只有一条通道通向坠机地点，而且非常狭窄，两边都是排水沟，事发地地形险恶，灌木和杂草丛生；救援人员使用卷扬机清理出一条道路。

将伤员搬到待命的救护车上是一个极其困难的过程。而且每次只有一辆救护车可以穿过狭窄的通道，这严重限制了疏散工作。过了很久，军用直升机才到达现场将一些伤员空运到当地医院。最后一名幸存者在凌晨 4:30 被发现，最后两名受伤的乘客是在早上 7:00 从扭曲的机头部分被救出，这时距离事故发生已近 5.5h。事故发生后，没有人试图扑灭现场的大火，大火最终在第二天晚些时候自行熄灭。

清理和鉴定尸体同样是一项艰巨的任务。消防员和海军士兵提供了重型设备，通过切割、砍伐和吊装进入飞机残骸内部，第二组工人则清除轻度残骸。随后，摄影师记录了现场情况，医务人员对遗体进行了标记，并将其绘制在一张主地图上供参考。最后一组技术人员将受害者从现场移出，沿着几乎无法通行的道路将其转移到在山顶等待的车辆上。

9.3 调查和发现

由 NTSB 领导的调查小组在现场汇合。小组成员包括 FAA、波音公司、KAL、国家空中交通管制员协会（NATCA）、巴顿国际空管公司（BartonATC International）和关岛政府的代表。最初的证据表明，这可能是另一次 CFIT 事故（其他讨论见第 2、3、13 和 14 章）。调查立即集中在天气、机组人员的行动和决策能力、ATC 设施和操纵、仪表进近系统的设计、KAL 的培训和监督，以及救援人员的快速反应等方面。

9.3.1 天气

事故发生时，阿加尼亚地区存在着与微弱的低压槽有关的阵雨，随着它们在更高地形上的移动，强度逐渐增加。总体而言，飞行能见度良好，但 5000ft 以下的散云层会限制飞行员在最后进场时对地形的观察。位于机场西南方向 4n mile 的地方有一场特大暴雨，此处正好位于6L跑道的进近通道上。

调查人员推测，在距离跑道约8mile处，801航班可能进入了云层或轻度降水区。最有可能的是，在大约外侧标记处，雨量增加且非常大。重要的是，调查人员认为，机组人员虽然看到了机场，但随后的大雨使其无法看清跑道。即使在飞离该区域后，还是无法看到机场，因为在尼米兹山东北部的进近路线上还有另一场大雨。

9.3.2 机组行为

在他们计划到达目的地之前30min，机长进行了必要的进近简令。他指出，ILS 6L跑道的下滑道部分已经停止使用，但由于能见度良好（6mile），"我们将目视进近。"他进一步指出，如果需要放弃进近，由于天气条件是视觉飞行规则（VFR），他们将"继续观察"。

委员会认为，机长已经注意到了下滑道超过最低下降高度，但他并没有审查非精密进近的强制性中间高度或不寻常的DME特性。他预料到关岛的天气状况良好，所以他更相信可以目视进场。NTSB认为这种期望导致机组人员对复杂的仪表程序准备不足。此外，缺乏有效的简令使机组人员无法做出及时反应，NTSB称。安全委员会还注意到，KAL为帮助飞行员飞往关岛而制作的目视进近培训辅助工具只针对该地区的目视进近，而没有涉及其他任何独特的程序或地形特征，从而导致在该机场进近着陆会出现不确定性风险。

9.3.2.1 关于下滑道的困惑

KAL派遣中心发布给飞行员的通知（NOTAMS）、关岛机场ATIS信息和空中交通管制员的建议都提醒机组人员注意下滑道无法使用。然而，在下降和进近过程中，CVR记录了驾驶舱内的几次讨论，表明飞行人员对系统是否能提供准确的垂直引导信息感到困惑。

调查人员发现，虚假的无线电信号可能导致机长和副驾驶的导航仪表中的下滑道指针出现一些不稳定的移动，表明仪表着陆系统的接收正常。但明显的"关闭"标志可能会偏离视线，覆盖了指示器，从而证实了信号不可用的事实。NTSB认为，对下滑道信号过于关注的可能导致机长忽视了主线，即没有遵循合适的进近程序。

机长没有觉察到副驾驶"接近1400"不正确高度喊话，依然按照副驾驶期望将高度重新设定为1440ft。由于飞机下降到2300ft以下，这个动作使自动驾驶仪无法在要求的2000ft高度上改平。此后不久，该航班被允许降落，调查人员认为，机组人员当时可能在高度窗口设定了560ft的最低下降高度（MDA）。而自动驾驶仪也无法捕捉到1440ft的中间平飞高度，因此，飞机继续下降。

安全委员会的结论是，机长对下滑道指示错误的忽略，他没有对照原始数据检查下滑道信息，以及没有发现副驾驶错误的高度喊话，"导致飞机下降到阶梯下降定位点以下"。

9.3.2.2 进近程序

6L跑道的仪表着陆系统是非常规的进近方式，原因有如下几个（见图9-2）。位于距离跑道末端3.3mile处的尼米兹VOR/DME被用作航向台进场的"梯级下降定位点"。为了利用这个定位点，机组人员需要在一台导航电台上调校航向台，在另一台导航电台上调校尼米兹 VOR。因此，两个导航无线电台设置在同一个导航辅助设备上的典型的冗余特性就消失了。

当非精密进近飞行时，DME 距离应计算到站点的距离，而且备份计算到复飞点的距离，即 2.8 DME。这种类型的进近是典型的 VOR 进近，但在航向台进近中很罕见，而且在 KAL 仪表着陆培训场景中也没有这种进近方式。调查人员认为，VOR 在机场外的位置可能误导了机组人员，使其认为他们是在最后的梯级下降进近段（背 VOR 台），而不是中间段（向 VOR 台）。

9.3.2.3　未对 GPWS 作出反应

由于 KAL 801 处于着陆状态（起落架放下，襟翼展开），GPWS 的“拉起”和“注意地障，注意地障”模式告警在其最后进近时被抑制。然而，该系统至少发出了其他 4 种声音的系统告警，但飞行人员没有采取任何行动。“1000”“500”“最低高度”和“下降率”告警语音本应使机组人员立刻意识到飞机的飞行越来越不稳定。“下降率”告警是根据飞机与地形的接近程度而不是垂直速度发出，本应得到机组人员的特别关注。然而，副驾驶在通知机长“下降率正常”时，很可能只考虑了飞机的垂直速度。

委员会认为，根据 CVR 和 FDR 的数据，机长“即使面对 GPWS 的反复警告，也没有及时采取适当的行动来防止飞机撞击地面，并且在他宣布复飞时，也没有积极果断地放弃进场。”

9.3.2.4　决策过程

如上所述，NTSB 的结论是，机长很可能在飞行的最后时刻才确信他最终会面对目视降落条件。他专注于获得必要的线索以完成进场，而忽略或错过了其他迹象（降水增加、飞机位置、与航向道进近相关的高度、GPWS 告警等），而这些迹象本可以强制要求放弃进场。委员会推测，天气的模糊性造成的压力，加上其对下滑道可用性的困惑，也可能导致机长决策过程中出现失误。

调查的结论是，另外两名机组成员没有积极主动质疑作为飞行驾驶员的机长的决定。委员会认为，这部分可能是由于无效的 CRM 造成的。KAL 的培训和韩国文化中的“盲从”心态或不愿意质疑权威人物。

9.3.2.5　机组人员疲劳

根据 NTSB 的报告，驾驶舱中的对话表明机长很疲劳。他抱怨“真的……很困”可能表明了“体能明显下降”。反应时间慢（从 GPWS 中可以看出），专注于一个信息（下滑道的状态）而忽略其他信息，判断力差，这些都是飞行人员疲劳的表现。

调查人员认为，机长在天气恶化的情况下仍决定继续进场，也可能是受疲劳的影响。他们越早到达，在地面的休息时间就越长。因此，安全委员会的结论是，“机长的疲劳降低了他在进近时的表现，也使他感到继续进场的额外压力，这样他就可以在计划返回首尔的航班之前最大限度地利用可用的休息时间”。

9.3.2.6　过期的进场图

在波音 747 飞机驾驶舱残骸中发现了 5 张关岛仪表进近图。对于正在飞行的 6L 跑道 ILS，发现了两张日期不同的进近图，图中信息包括最小交叉高度、导航定点名称和终止进近复飞程序。调查人员认为，机长使用的进场图是正确的和最新的，而副驾驶使用的是过期的进场图。此外，没有 CVR 记录显示飞行员曾经比较过进场图上的“有效日期”等信息。安全委员会发现，新旧进场图两者之间的差异很大，足以造成混淆，并且可能降低了副驾驶在进近过程中对机长遵守适当高度方面有效性的监控。

9.3.3 飞行机组培训

KAL 运营两种类型的波音 747 飞机。波音 747–300 被称为“经典”机型，它采用传统的波音 747 三人机组驾驶舱机组和飞行仪表配置。波音 747–400 与波音 747–300 不同，它有一个高度自动化的“全玻璃”驾驶舱，只有两名机组人员。KAL 的波音 747–300 飞机初始、升级和过渡培训包括 10 次模拟器培训和一次模拟器考核。航空公司的政策是，所有包含仪表进近的模拟器场景（金浦机场跑道 4 个 ILS 进近和 1 个 VOR/DME 进近）都要完全按照专门课程进行；没有规定允许教员改变培训场景，但也不鼓励这样做，因为所有的 DME 训练都是针对机场内的 VOR 设施，所以没有机组接受过距离“先减少然后累加”程序的培训。

安全委员会指出，KAL 的培训严格通过重复完成。“KAL 的飞行员没有接触过不同的或复杂的进近程序，也没有接受过适应进近程序变化的培训。”他们的结论是，这种培训“鼓励飞行员依赖记忆程序，而不是参考和交叉检查特定程序……”

9.3.4 空中交通管制

委员会在调查中发现了两个较小的 ATC 错误。当允许进场时，中心和雷达进场管制员没有按照要求向机组人员提供他们相对于最终进近固定点的位置，在这种情况下是外部标记。有趣的是，这个 ATC 程序是 1974 年一起航空事故的结果。此外，塔台管制员没有通知 KAL 801，他们在获准降落时“看不见”。在这两个案例中，NTSB 指出，如果信息被转达，机组人员可能会质疑他们的位置。

9.3.5 最低安全高度告警（MSAW）

最低安全高度告警（MSAW）系统是一种基于地面的雷达告警系统，允许空中交通管制部门警告飞行员，他们正在或预计将在特定地理区域下降到规定的最低安全地形回避高度以下。MSAW 系统最早于 1990 年安装在关岛 CERAP。许多虚假（有时被称为“骚扰”）告警限制了该系统的实用性。开发人员为该系统开发了一个新的软件包，以抑制雷达站方圆 54n mile 内的所有告警，并在 1995 年 2 月投入使用。因此，在 KAL 801 航班在过早下降期间没有生成 MSAW。

调查人员使用功能齐全的 MSAW 系统（非抑制）和 KAL 801 的飞行路线进行了 MSAW 模拟，结果与预测的一致。这些测试表明，如果该系统没有被抑制，就会向管制员发出“高度低”的声音和灯光告警。这些信号会在飞机下降到海拔 1700ft 时触发，或者在飞机下降的过程中触发。在撞上尼米兹山一侧前 1min，由于当时该航班处于塔台设施的控制之下，中心和雷达进场管制员必须通知塔台管制员才能发出告警，但 NTSB 认为，当时有足够的时间让告警生效。

安全委员会批评了 FAA 对关岛 MSAW 系统的监督。虽然早在 1995 年 7 月就已经知道有抑制现象，但 FAA 的第一次检查没有采取任何纠正措施。在 1997 年初的第二次检查中，报告说该抑制只是一个“信息”项目，而且同样没有采取任何补救措施。该系统在事故发生后不久就恢复到完全运行状态，但安全委员会认为，“如果没有发生这次事故［KAL 801］，这种抑制现象很可能还会继续存在”。

9.3.6 KCAB 对 KAL 的监管

韩国民航局（KCAB）是韩国国内民用运输部（MOCT）的下属部门，负责对航空公司运营进行全方位监管。在评估 KCAB 的监管效果时，NTSB 发现“对 KAL 的飞行员培训几乎没有什么有意义的监管，［KCAB］对飞行员培训计划的监管是无效的”。

KAL 以往的事故：

NTSB 指出，在过去的 20 年里，KAL 经历了一些主要与飞行员表现有关的事故。这些事故已导致 700 多人丧生，其中包括：

（1）KAL 007，1983 年 8 月 31 日。在萨哈林岛（Sakhalin Island）附近被一架苏联战斗机击落。调查的结论是，机组人员可能犯了导航错误，导致进入了限制空域。

（2）KAL 084，1983 年 12 月 23 日。在阿拉斯加安克雷奇（Anchorage，Alaska）发生的一次地面碰撞，造成飞机重大损失和 3 名机上人员重伤，当时 KAL 的飞行员迷失了方向，没有遵循公认的滑行程序，在不确定自己在机场位置的情况下贸然起飞。

（3）KAL ML-7328，1989 年 7 月 27 日，78 人丧生。原因是在非精确进场时发生了坠机。原因被确定为“飞行人员协调不当，可能受到疲劳的影响”。

（4）1994 年 8 月 10 日，KAL 空客飞机。这架飞机在一次冲出跑道事故中被毁，未造成人员伤亡。原因是飞行员内部在继续进场还是复飞存在明显的争议。

（5）KAL HL-7496，1998 年 8 月 5 日。飞机在首尔金浦机场的大雨中降落时坠毁。没有人员伤亡。

（6）KAL HL-7236，1998 年 9 月 30 日。另一起冲出跑道事故，这起事故发生在韩国蔚山机场，造成 3 名乘客受伤。

（7）KAL HL-7570，1999 年 3 月 15 日。飞机越过韩国浦项机场的跑道，撞上了一个堤坝。26 名乘客受伤。

（8）KAL 6316，1999 年 4 月 15 日。飞机在起飞 6min 后，坠入中国上海的一个住宅区，3 名机组成员和地面上的 4 人全部死亡。这起事故仍在调查中。

1998 年 10 月 9 日，在最近发生的 7 起事件之后，KCAB 实施了所谓“最严厉”的处罚，包括强制减少国内和国际服务。KAL 还表示，计划对其飞行员培训计划进行全面重组，并对操作方法和程序进行审查。迄今为止，该航空公司采取了什么行动尚不清楚。

众所周知的是，KAL 前飞行运营部副主任在安全委员会的公开听证会上作证说，在 801 航班事故发生之前，“我们的大多数管理层……都是这样，一直是目光短浅。我们计划制订长期计划，不遗余力地［实现］这一最终目标。因此，我们将调整我们的管理层，并更多地投资于培训和项目开发”。他在作证后不久就被解雇了。

9.3.7 FAA 对 KAL 的监管

首席国际地理监察员（PGI）由 FAA 指派，对进入美国的外国航空公司的运营进行监管。在事故发生时，NTSB 发现负责 KAL 的 PGI 同时还要监管其他 6 家外国航空公司。而 FAA 确实对发生在美国境内的外国航空公司运营进行了检查，但他们并没有检查、批准或监管外国航空公司的培训计划或其任何手册，也没有对外国航空公司航班的航线和航路进行检查。最后，PGI 告诉 NTSB，FAA 和 KCAB 之间没有建立就 KAL 监管问题正式沟通的渠道。

ICAO 公约附件 6 第 9.3.1 段规定，必须建立一个适当并有效的地面和飞行培训计划。由于 KAL 以往的事故和新发现的培训计划的缺失，NTSB 怀疑该航空公司可能不符合国际标准。

9.3.8 应急响应

调查人员确定，中心和雷达进场管制员对监测 KAL 801 事故进展负有最终责任。虽然他声称一直在提供这项服务，但安全委员会认为，如果他在履行职责时更加警惕，他就会注意到该航班从雷达上消失，并可以向救援人员发出更及时的警报。

困难的地形和有限的通道阻碍了从坠机地点迅速撤离伤员。但 NTSB 确定，“时隔 21min 才通知紧急救援人员和第一批消防设备，使救援队伍在事故发生后 52min 才到达，这是不可接受的……［而且］随后的设备和人员部署效率低下，并受到可预防的延误的困扰”。

安全委员会在公开听证会上被告知，目前正在采取几项措施来改善未来的突发事件、火灾、救援响应和协调。第一步是成立一个委员会，为机场与美国海军和美国海岸警卫队之间共享救援服务签署一份谅解备忘录（MOU）。接下来，计划在 1998 年秋季进行一次机场灾难演习，最后，已经购买了新的无线电设备，以改善机构间的通信和协调。

然而，截至 1999 年 10 月，双方还没有签署任何谅解备忘录，也没有进行任何灾难演习。委员会董事会批准购买新的紧急无线电台，但担心“没有采取具体行动来改善关岛紧急响应机构之间的协调，并且在事故发生后的两年内没有进行机场演习，尽管对这次事故的应急反应明显暴露机构间缺乏合作和所有可用资源协调不畅。在 1999 年 11 月举行的“公开”听证会上，NTSB 前主席吉姆·霍尔称关岛的应急人员缺乏任何的补救努力，“令人极为不安”。

9.3.9 其他问题

正如安全委员会以前所建议的那样（见第 2 章和第 3 章），进近图的地形描述和恒角稳定下降进近都被视为是重要的安全改进措施，特别是在防止 CFIT 事故方面。目前 FAA 没有要求在任何进近图上显示地形，但由于飞行员在最后进近航段必须参考剖面图，因此委员会认为任何可能的障碍物或重要地形都应在该视图上显示。此外，在非精密进近过程中，连续下降（通常约为 3°）可以减少成功进近所需的俯仰和功率变化次数，从而提高安全性。委员会得出结论，“这些类型的进近将为飞行员提供更统一的机外视觉视角……减少精密进近和非精密进近之间的下降剖面差异，在整个下降过程中提供恒定的距离 / 高度参考点，并提高所有机组成员监测、交叉检查和对下滑角度进行修正的能力”。

9.4　结论和可能的原因

NTSB 认为这次事故的可能原因是机长没有执行正确的进近简令和非精密进近程序，以及机组人员没有监督和交叉检查机长执行进近的情况。机组人员资源管理（CRM）执行不到位是引发此次事故的原因。现代运输机设计理念中，将飞行员作为飞机闭环运行的重要一环，人 – 机 – 环的有效融合是发挥飞机性能极限和安全运行底线的重要设计理念。飞机的可靠运行对飞行员在获取信息及进行决断方面的能力要求越来越高，飞行员实质上已从飞机操纵者变成飞机管理者，机组有效、充分、合理、正确地利用一切可用资源，为其安全、顺利地完成其飞行任务，机组人员资源管理能力就变得十分重要。从狭义上讲，机组指飞行机组，包括机长、副驾驶、机械师、领航报务员、飞行观察员、客舱服务人员等；但从广义上讲它还包括空中交通管制员、飞行签派员、地面维修人员以及运行控制人员等一切与飞行相关的人员和乘客。机组人员资源管理的基本内容如图 9–5 所示。

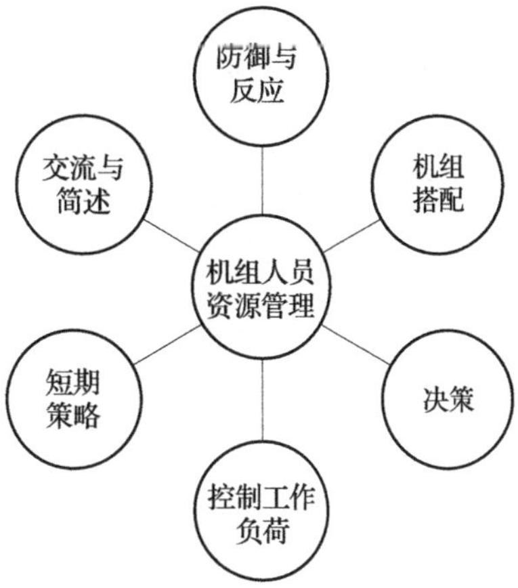

图 9–5　机组人员资源管理的基本内容

该事故飞行活动中，在交流与简述、机组搭配、短期策略和决策等方面出现了多个漏洞。如果机组的交流是有效的，驾驶舱效通过飞行简述，特别是“进近简令”中对着陆条件强调需关注的要素，对完善机组成员之间的默契，加强预先准备和交叉检查活动，成员都有所准备和有明确目标的前提下，进近着陆变得更有针对性，能有效避免事故的发生。

造成事故的原因还有 KAL 的飞行员培训不到位，以及机长的疲劳驾驶，也是 CRM 中工作负荷要素的体现。

导致该事故的原因还有 FAA 故意抑制 MSAW 系统，以及该机构未能有效管理该系统。

9.5　建议

向 FAA、KCAB 和关岛领土总督提出了安全建议。

给 FAA 的建议包括：

（1）要求美国航空公司的 POI 确保航空公司的飞行员对任何可用的仪表进近进行全面介绍，以支持在夜间或可能出现仪表气象条件时进行目视进近。

（2）考虑将关岛国际机场指定为“特殊”机场，要求特殊的飞行员认证。

（3）通过《航空信息手册》提醒飞行员，当调谐到无法使用的辅助导航设备时，可能会出现虚假信号，任何收到的导航指示必须被忽略。

（4）研究“受监控”的进近的好处，并在适当时授权使用。

（5）向所有空管人员通报此次事故的情况，并提醒他们遵守既定空管程序的重要性。

（6）在配有能够提供垂直导航信息系统的飞机进行非精密进近时，要求使用垂直飞行轨迹引导，并要求在10年内，所有批准的载具的非精密进近，都使用具有机载导航系统垂直引导的固定下滑角。

（7）向航空公司发布指导意见，在不产生额外风险的前提下，确保飞行员在白天目视条件下的航线运行期间定期执行非精密进近。

（8）评估地形描述和其他障碍物体现在进近剖面图上的好处，如果有必要，要求提供这种描述。

（9）向用户群体提供新的计划草案和新的进近程序，以帮助他们对这些程序进行评估。

（10）在评价一家外国航空公司的监督是否充分时，要考虑该航空公司以往的事故和事件的记录。

（11）要求在两年内，所有6座及以上且目前没有配备MSAW的涡轮动力飞机，都应升级增强MSAW或地形感知和告警系统。

给KCAB的建议是：

要求KAL改进其关岛的培训设备的视景，提倡采用仪表进近，在培训设备中表现出这种进近的复杂性以及进近路径沿线或机场附近的任何重要地形。

给关岛总督的建议是：

在90天内成立一个由关岛所有应急机构组成的应急响应队伍，制定及时有效的应急通知和响应程序，并定期进行机构间灾难救援演习。

给飞机功能改进的建议：

（1）改进飞机ILS下滑道抑制功能在PFD上的控制和显示方式。G/S不工作时，可以显控设备抑制垂直偏差引导功能，避免因为G/S电信号不稳定出现垂直偏置指示不可靠活动，误导飞行员参考不可靠的垂直偏差指示修正飞行航迹。

（2）利用机载导航设备如GPS、FMC等可靠设备，在LOC方式下采用基于RNP的垂直航经参考。在波音新一代飞机如波音787等机型，非精密进近提供综合进近导航IAN功能，合理利用LOC、VOR、NDB地面导航设备提供五边航道引导，依靠两余度FMC计算出飞机下滑航迹（glide path），提高下滑引导可用的技术参考，降低飞行员在最终进近段单一采用距离—高度检查保持垂直航迹的负担和风险。

9.6 后记

对于那些在事故中幸存下来的人来说，等待救援的过程是令人煎熬的。但更令人不安的是，由于救援所遇到困难，一些奄奄一息的幸存者因无法得到及时救治而失去了生命。“不可接受”是委员会的结论。然而，最令人不安的是，迄今为止，几乎没有采取任何措施来解决这个问题。

在最终的报告中，NTSB 提醒读者在努力防止 CFIT 事故方面已经取得的进展：增强的 MSAW、飞行安全基金会和空客公司所做的研究、在进近图上描述危险地形、改进的非精密进近程序设计、CRM，以及机组操作程序，这些只是其中的几个例子。安全委员会之前已经在所有这些领域提出了很多建议，其中一些建议仍在等待。

这项调查提出了与之前相似的建议，但在这种情况下，重点放在了人的因素。委员会认识到，难以置信的是机组完全没有意识到进近过程中至关重要的要素，直到为时已晚。有效的飞行员培训、灵活的操作、以文化为重点的客户关系管理技术，以及 CFIT 事故意识教育将是未来努力防止 CFIT 事故的标志。

第10章 高速度大角度转弯：空客A320–233冲出跑道

机型：空客公司A320–233
时间（UTC）：2016年2月21日13:11
地点：伯明翰国际机场
飞行类型：商业运输（客运）
机上人数：机组6人，乘客99人
伤亡情况：机组：无；乘客：无

在伯明翰机场着陆后不久，飞机未能通过90°的滑行道转弯，而是冲到了旁边的草地上。滑行道是潮湿的，加之飞机的转弯速度超过相关操作手册规定的最高速度。前起落架失去了牵引并打滑，导致机组人员失去了对飞机方向的完全控制。

10.1 飞行经过和背景

事发当天上午9:15，飞机从波兰卡托维茨起飞。飞往德国帕德博恩后，搭乘99名乘客飞往伯明翰。飞机在11:40准时离开帕德博恩，由机长担任驾驶员。

12:50，伯明翰机场气象观测显示，地面风速为14kn，风向260°。风向在220°～280°之间变化。能见度良好，1800ft高度处有云。机组人员用ILS向33号跑道进场飞行，机场出现阵风和湍流。由于这些条件，进场和着陆飞行需降低襟翼设置。当飞机获得着陆许可时，ATC报告地面风速14kn，风向260°，阵风达25kn。

对于ATC塔台管制员，飞机看上去降落在正常着陆区。当飞机减速并接近布拉沃滑行道的出口时，管制员发出滑行指令，滑行初始是右转到布拉沃滑行道，然后右转到阿尔法滑行道。这些都得到了副驾驶的正确回应。

在布拉沃滑行道（通常用作这类飞机的跑道出口）需要90°右转弯。然后，只允许直线滑行100m，然后再向前90°右转到与跑道平行的阿尔法滑行道，然后返回到主停机坪。当飞机离开跑道时，副驾驶开始着陆后行动，以便为滑行阶段配置飞机。

飞机开始右转阿尔法滑行道，但没有成功，在远离滑行道的地方停了下来，只有一小部分的右外轮接触硬质道面。塔台控制员看到了该情况，并启动了飞机地面事故处理程序。机组人员与管制员沟通，确认情况，并建议乘客撤离。

随后，机场运行出现中断，因为通常用作出口的布拉沃滑行道和阿尔法滑行道在一段时期内无法使用。

乘客随后通过安装在右后门的台阶下机。然后，飞机被拖回到滑行道，并由现场维修人员进行详细的检查。

10.2　调查和发现

10.2.1　飞行机组报告

机组人员在飞机起飞前都休息得很好，并熟悉伯明翰机场。他们报告说，飞机在事故发生前正常运行。无论是在事故发生前还是事故发生后，飞行员都没有回忆起任何故障或异常迹象。

机组人员认为，当执行转向到阿尔法滑行道时，飞机在转弯时打滑了。他们描述了飞机发生横向移动的感觉，以为这是由于阵风、飞机重量较轻和地面光滑综合作用的结果。机长形容滑行道表面是潮湿的，他不记得飞机在转弯前的速度，但不认为它是过度或不适当的（在每个飞行员的导航显示器上连续显示当前的地面速度）。

副驾驶报告说，在最后转弯之前，他曾向右观察了阿尔法滑行道，但随后他又向下看了看，继续他的着陆动作。当机长发出简短的惊叹声时，飞机正在滑行道飘移。

10.2.2　飞机检查

运营商的合约维修公司对飞机进行了详细的检查，证实了机组人员的报告，飞机在事故发生前是可以使用的。一些与主起落架有关的物品被清洗或更换，检查没有发现发动机有异物损坏。

10.2.3　事故现场

事故发生后不久拍摄的照片证实了机长的报告，滑行道表面是潮湿的。在阿尔法滑行道的外缘有一条干燥地带，可以看到飞机主轮轮胎留下的痕迹（见图 10–1）。

从前起落架轮特征性滑痕和草地上的沟痕可以清楚地看到，在转弯开始后不久，前起落架轮就开始打滑了，并处于一个大偏转角度。

图 10–1　飘移刚发生后的事故现场

10.2.4 飞机操作程序

飞机操作员的程序是根据飞机制造商给出的机组人员手册进行的。这些程序规定，在90°或以上的转弯时，滑行速度应小于10kn。

10.2.5 记录数据

10.2.5.1 飞行数据记录器

飞机的飞行数据记录器的回放显示，飞机在轻刹车、地面速度下降到17kn的情况下，离开跑道到布拉沃滑行道。然后，刹车被释放，地面速度略有提高，在布拉沃滑行道达到19kn。接近阿尔法滑行道，轻刹车（约500lbf/in^2），速度降低，但在开始转弯时只有18kn。机轮刹车在启动后2s内停止，速度为14kn。没有进一步的刹车，前轮以13kn的速度离开了铺设跑道。

转向阿尔法的侧向加速度达到了0.13g（飞机离开跑道时0.16g）。转弯速度迅速上升到约8（°）/s，并保持几乎不变，直到前轮离开铺设跑道。

当前轮离开铺设跑道时，推力杆一起向前推至16.9°（爬升手柄为22.5°，Flex/MCT手柄为33.75°）。飞机停止后，4s后推力杆被推到怠速。

转向阿尔法滑行道后3s，襟翼操纵杆被移动到配置3位置（用于着陆）。前轮转向角和舵杆位置没有记录参数。

10.2.5.2 驾驶舱语音记录仪

从驾驶舱语音记录仪的回放来看，机组人员在着陆过程中做出的评论与他们后来描述的那种要求很高的着陆方式是一致的。副驾驶回应了滑行指示，在事故发生之前，两名飞行员之间没有更多的沟通。

在机头离开铺设跑道面之前，可以听到大约3s的特殊背景噪声。噪声与前轮的“摩擦”是一致的（飞机的速度角度太大，导致打滑）。

事故发生后，飞行员之间只进行了一次与可能原因直接相关的简短讨论，机长问：“我们的速度是多少？”副驾驶回答说他不知道，因为他在完成着陆后的工作。

10.2.6 滑行道表面情况

塔台管制员报告说，那天早上机场有阵雨，但没有持续的降水。跑道早些时候已经潮湿了，但很快就被强风吹干了。在事故发生时，跑道被宣布为干燥。有关的滑行道在事故发生后被机长描述为脚下湿滑，当天早些时候进行了防冰处理。

ATC当天报告了36次移动，除2次移动外，所有移动都在33号布拉沃滑行道。最后一次也是A320，距事故发生仅4min。没有其他机组报告有任何困难或不利的滑行道条件。有关地区的滑行道铺有沥青，标有黄色的中心线标志，并装有滑行道灯。

10.2.7 滑行道摩擦力测量

与跑道不同的是，滑行道的日常摩擦测试没有具体的要求。根据AAIB的要求，采用连续摩擦测量设备（CFME）进行了表面摩擦测试。由于滑行道的几何形状，测试有一些限制，这意味着测试运行仅限于阿尔法滑行道与布拉沃滑行道连接的部分。测试区域长200m（以布拉沃滑行道路口为中心），阿尔法滑行道中心线两侧9m。

测试没有在受控的干燥条件下进行，因为表面存在残留的跑道除冰液。这将会降低测量的摩擦系数。

测试发现了一个相对较低的区域，在阿尔法区域，与布拉沃中心线连接处，大致相当于前轮最初在事故中经过的路线。然而，阿尔法滑行道中心线以外的值与测量区域的其他值相当。较差地区实测摩擦系数均在 0.40 以上。为了进行比较，民航组织附件 14 第 1 卷将这个值等同于飞机在冰雪覆盖的跑道上着陆时的制动效果“良好”。

10.3　事故分析

虽然表面摩擦测试确定了一小块面积摩擦系数降低，但并不是很低。当天上午，许多飞机成功地经过这些地区，其中包括在事件发生前 4min 就有相似类型的飞机。同样地，尽管地面风很猛烈，但在飞机正常的运行范围内，预计不会引起地面操纵问题。

滑行道痕迹表明，在转弯的较早阶段，前轮已经开始打滑，并且一直保持这种状态，直到离开铺设道面。这得到了 FDR 数据的支持，该数据表明，从转弯开始，转弯的速度大约是恒定的。从前轮的防滑花纹和草地上的痕迹可以明显看出，前轮采用了大偏转角，一直保持到飞机停下来。机轮制动有限，没有明显的主机轮打滑的证据。

飞机的速度（18kn）比飞机 90°转弯时的操作程序给出的速度（小于 10kn）要高很多。这些程序不一定考虑到在潮湿的表面可能遇到的摩擦系数的下降，因此，似乎一个更低的速度可能更谨慎。考虑到相对较高的转弯速度，很可能前轮转向角迅速增加到最大，这导致了早期的滑行。这再次得到 FDR 数据的支持，该数据表明，在整个转弯过程中，转弯的速度几乎是恒定的。

从机组人员的描述、CVR 的数据以及没有明显的机轮制动等因素来看，很明显，机组人员没有意识到飞机的速度太高，无法以 90°转弯。机长没有立即回忆起任何分心的事情，尽管他的注意力可能被短暂地转移到了一边：比如参考滑行图表，或者监视副驾驶的行为。当时，副驾驶的主要任务是监视飞机以确保滑行安全，他的注意力被转移到这项任务之外，因为他当时执行了着陆后的行动。这些行动本来不会特别紧迫，直到飞机在阿尔法滑行道安全着陆，才会被推迟。

艰难的进场和着陆提供了一个可能的解释，为什么经验丰富的机组尝试过高速度的转弯。在经历了一段紧张的大工作量后安全着陆，机组可能无意中过早放松了正常的警惕性。

10.4　结论和可能的原因

飞机在潮湿的滑行道上进入 90°转弯，速度过高，无法适应转弯的条件和几何形状。前轮失去了牵引并打滑，导致机组人员失去了对飞机方向的完全控制。

电传飞机保障飞机安全主要采用对飞行员危险操纵的主动限制和提示告警两种手段，这些手段不仅应在飞行过程中采用，在地面滑行时也应发挥作用，以减轻甚至避免飞行员错误操纵的后果，提升飞机的使用安全。包括空客 A320 在内的当代电传客机在前轮转弯的角度上可以实现随速度的曲线变化而变化，前轮偏度会随着轮速的增大而减小。但在前轮偏度和轮速关系的设计上通常是凭借经验或者飞行员的主观评价，而没有通过理论分析和计算，这导致这样的曲线关系在大部分正常状态下是适用的，而一旦飞机不在典型的工作状态，前轮随速度的关系就可能导致危险发生。在本次事故中，地面没有明显的湿滑情况，单纯因为转弯过程中速度过快致使前轮打滑，说明前轮偏度在该速度下设计过大，应加大该速度下对前轮偏度的操纵限制。

飞机的使用限制虽然在飞行手册中进行了显著说明，但繁多的限制即便是要求飞行员记忆，在真正紧急情况或者操纵繁忙的阶段，也很可能被飞行员忽视或者无暇顾及，此时必要的提示告警显得非常重要。A320 转弯可通过脚蹬和手轮两种方式，脚蹬主要是用于起飞降落滑跑过程中的纠偏，而在地面低速滑行时要求使用手轮。这样不同阶段的转弯在操纵装置上实现了解耦，可以通过逻辑的设计，在操纵手轮试图以超规定速度进行 90°转弯时提示告警，从而降低这类事故发生的概率。

第 11 章　风挡玻璃空中爆裂脱落：川航 3U8633 航班带来的惊魂不定

运营商： 四川航空公司

机型： 空客 A319-133（属于 A320 系列）

地点： 重庆至拉萨巡航阶段

时间： 2018 年 5 月 14 日

2018 年 5 月 14 日，四川航空股份有限公司（简称川航）机型空中客车 A319-133 飞机编号为 B-6419 执行 3U8633 重庆至拉萨航班，机上旅客 119 人，机组 9 人。飞机在 B213 航路 MIKOS 西侧约 2.2n mile 处，驾驶舱右风挡（顺航向方向的驾驶舱右侧风挡，即副驾驶位风挡）爆裂脱落，飞机失压，旅客氧气面罩脱落，机组宣布 MAYDAY，应答机设置为 7700，飞机备降成都。事件造成一人轻伤、一人轻微伤，飞机驾驶舱、发动机、外部蒙皮不同程度损伤。

11.1　飞行经过和背景

2018 年 5 月 14 日，四川航空股份有限公司空中客车 A319-133/B-6419 号机执行重庆至拉萨 3U8633 航班。机上飞行机组 3 人（责任机长、第二机长、副驾驶）、乘务组 5 人、安全员 1 人、旅客 119 人。

6:27:18（北京时间，下同），飞机从重庆江北机场起飞。

7:07:05，飞至 B213 航路 MIKOS 西侧约 2.2n mile 处，座舱高度 6272ft，CVR 中出现“嘭”的一声闷响，机组发现右风挡玻璃出现放射网状裂纹，机组事后描述为“非常碎非常花，全都裂了”。

7:07:19，机组向成都区域管制中心（简称“区管”）报告飞机故障，申请下高度，区管指挥下 8400m 保持，机组随后申请返航，报告风挡裂了，决定备降成都。随后自动驾驶（AP）断开。机长人工操纵飞机，开始下降高度。

7:19:25 和 7:19:32，机组两次在区管频率中宣布 MAYDAY。

7:41:05，川航 3U8633 使用襟翼 3 在成都双流机场 02R 跑道落地。

事件造成 B-6419 号机驾驶舱右风挡丢失，FCU 向右弯曲，130VU（含右侧遮光板）丢失，3、4 号主轮泄压。

11.2 调查和发现

根据《国际民用航空公约》附件 13《航空器事故和事故征候调查》的相关规定，中国民用航空局（CAAC）负责该事件的调查工作，并通报了航空器设计制造国法国。法国航空事故调查分析局（BEA）、欧洲航空安全局（EASA）、空中客车公司（AIRBUS）和法国圣戈班集团公司叙利工厂（SGS，风挡制造商）的授权代表和技术顾问参加了调查。

11.2.1 机组人员情况

责任机长，刘 ××，1972 年 11 月 4 日出生，具有空客 A320 型别等级和 B 型别教员等级。持有有效的 I 级体检合格证，无限制条件。2013 年 3 月 26 日获得高高原资质。总飞行时间 13666h，总飞行经历时间 11454h，空客 A320 机型经历时间 9254h（其中机长经历时间 7933h）。

第二机长，梁 ×，1984 年 10 月 9 日出生，具有空客 A320 型别等级和 B 类型别教员等级。持有有效的 I 级体检合格证，无限制条件。2016 年 8 月 5 日获得高高原资质。总飞行时间 8789h，总飞行经历时间 6959h，空客 A320 机型经历时间 6708h（其中机长经历时间 3603h）。

副驾驶，徐 ××，1991 年 2 月 18 日出生，具有空客 A320（仅限副驾驶）型别等级。持有有效的 I 级体检合格证，无限制条件。2016 年 10 月 20 日获得高高原资质。总飞行时间 2801h，总飞行经历时间 1430h，空客 A320 机型经历时间 1180h。

11.2.2 事故飞机情况

3U8633 航班为 B-6419 号机当日首发航班，维修人员依据航前工作单完成航前检查，结果正常（最近一次航后与航前，机组未反映任何故障或异常情况），且无缺陷记录和故障保留。截至 5 月 14 日，该机持续按照有效《维修方案》实施维修工作，最近一次定检为 4A5，于 2018 年 4 月 12 日由川航自主完成，结果正常。根据 B-6419 飞机工程管理与维修工作记录，确认该机事发前处于适航状态。

11.2.2.1 风挡使用情况

B-6419 号机驾驶舱前风挡由 SGS 制造生产，右风挡：PN 为 STA320-2-7-1，SN 为 11394，FH 为 19942，FC 为 12937；左风挡：PN 为 STA320-1-7-1，SN 为 61393，FH 为 19942，FC 为 12937。该风挡为原厂装机件，自安装之日起至事发时未进行过拆装工作。

11.2.2.2 维修工程管理情况

B-6419 号机交付后川航对适用的适航指令、服务通告、服务信函等均进行评估，并已完成。川航《维修方案》中涉及风挡及风挡区域的维修条目共 4 项，均已按要求实施。

川航在夏季换季检查工作中，要求对风挡雨刮、风挡密封胶条进行检查。工卡名称：A319/A320/A321 飞机夏季前换季工作单。执行间隔为每年夏季前。川航维修方案根据空客维修方案评估制订，其检查要求满足空客方案要求。

11.2.2.3 航空器维修履历

B-6419 号机最近一次定检为 4A5，于 2018 年 4 月 12 日由川航自主完成，检查情况正常。该机自交付以来，无涉及风挡及风挡区域的任何改装记录。

（1）航线维修：检查 B-6419 号机 2018 年 5 月 13 日航后和 5 月 14 日航前维修记录，未发现异常。其中，5 月 14 日 3U8633 航班为该机当日首发航班，航前检查结果正常。飞行直接准备过程中，机组执行航前绕机检查，未发现飞机外部损伤，当日无故障保留。

（2）定检维修：检查 B-6419 号机 A 检、C 检维修记录，执行与风挡相关的 A 检工作单卡 32 份，C 检工作单卡 2 份。其中，2017 年 2 月 16 日 3C 检中，发现左右风挡气象封严被风蚀，已按 AMM56-11-11 手册修理（非例行工作单卡号 MTL0786）。其余工作单卡，未发现异常。

（3）特殊检查：自运行以来，该机无重着陆记录；无发生在右风挡及风挡区域的鸟击事件；无发生在风挡区域的雷击事件。

（4）针对风挡的检查：B-6419 号机右风挡最近实施的维修工作分别为 2018 年 4 月 12 日 4A5 定检。执行 3U320-561000-01-1“从内部详细目视检查驾驶舱窗户”工作单，结果正常，记录完整；以及 2017 年 10 月 19 日 4A3 定检，执行 3U320-561000-02-1“从外部详细检查驾驶舱窗户”工作单，结果正常，记录完整。

川航的维修操作、检查标准符合川航维修方案要求，符合空客适航文件要求。

11.2.2.4　风挡系统介绍

（1）系统组成

空客 A320 系列飞机的风挡系统由左右两个子系统组成（如图 11-1 所示），每个子系统包括 1 块前风挡、1 块通风窗、1 个侧风窗，1 台风挡加温计算机（WHC）。其中，WHC1 对应左侧，WHC2 对应右侧。风挡温度调节和窗温度调节是独立的。电加温系统在发动机起动时自动启动，也可通过开关按钮来进行控制。在结冰或有雾的情况下，通过电加热确保风挡和窗的透视度。

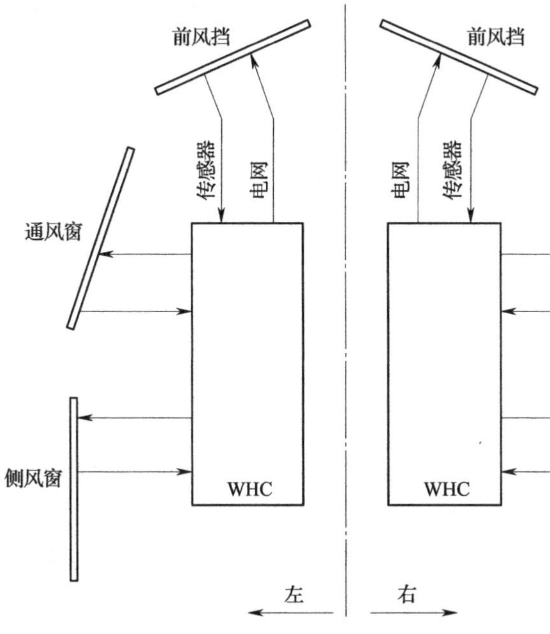

图 11-1　风挡防冰除雾系统原理图

（2）风挡

如图 11–2 所示，空客 A320 系列飞机风挡（PN：STA320–2–7–1）由钢化玻璃、树脂夹层、Z 形板、气象封严、封严硅胶、接线盒等组成。风挡的三层钢化玻璃中，外层为约 3mm 厚的物理钢化玻璃、中层和内层为约 8mm 厚的化学钢化玻璃，玻璃层之间有聚氨酯夹层、PVB［10］夹层，外层钢化玻璃的内侧安装有导电加温膜。中层和内层的钢化玻璃起主要结构承力作用，能够抵抗冰雹和鸟击损伤。风挡通过 3 片金属压板（上、下和共用的中鼻梁），使用螺栓固定安装在机身结构上。

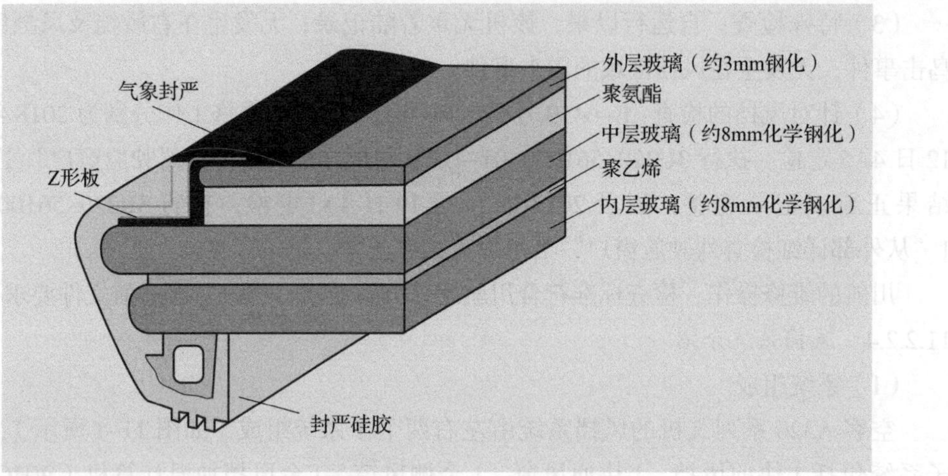

图 11–2　PN：STA320–2–7–1 风挡结构示意图

加温膜夹在外层玻璃与聚氨酯层之间，由一种全透明柔性膜加上特殊的电阻电路组成，加温膜结构如图 11–3 所示，其工作原理类似电热毯，电流通过电阻丝产生热量来加热，避免风挡起雾结冰。

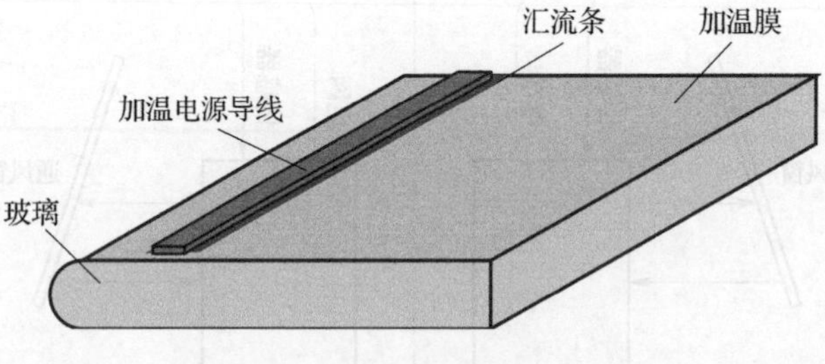

图 11–3　风挡加温膜结构示意图

右风挡的电加温接线盒位于风挡的左下角，接线盒内的导线束由 6 根导线组成，分别为两根加温电源导线和 4 根温度传感器信号线，导线由外部的绝缘皮和内部的金属编织线芯构成，接线盒内的导线引入至风挡内部，其中 A 线、B 线为加温膜的加温供电导线，与加温膜的导电汇流条连接，C 线、D 线、E 线、F 线是温度传感器信号导线。接线盒的位置、内部导线及结构如图 11–4 ~ 图 11–7 所示。

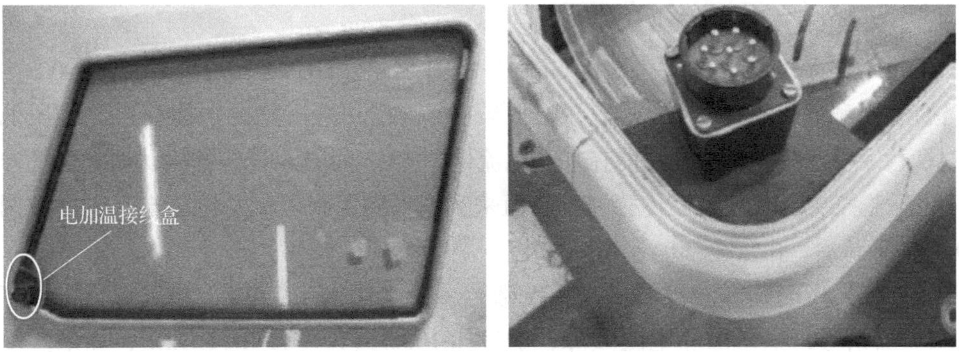

图 11-4　接线盒的位置示意图

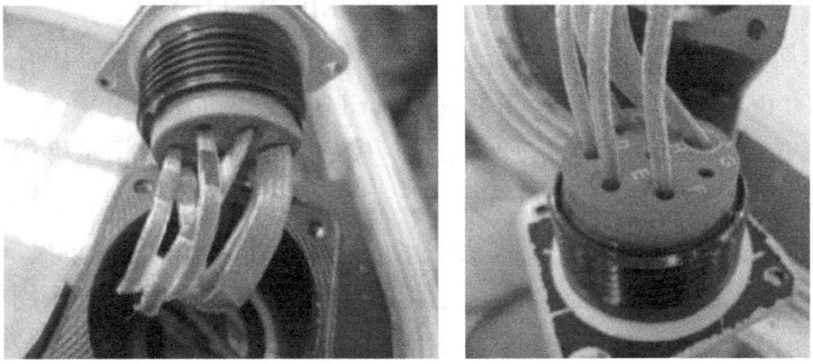

图 11-5　接线盒内部示意图

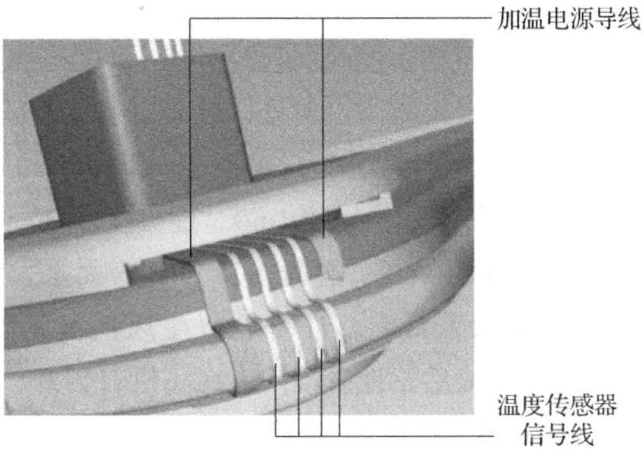

图 11-6　接线盒的导线分布示意图

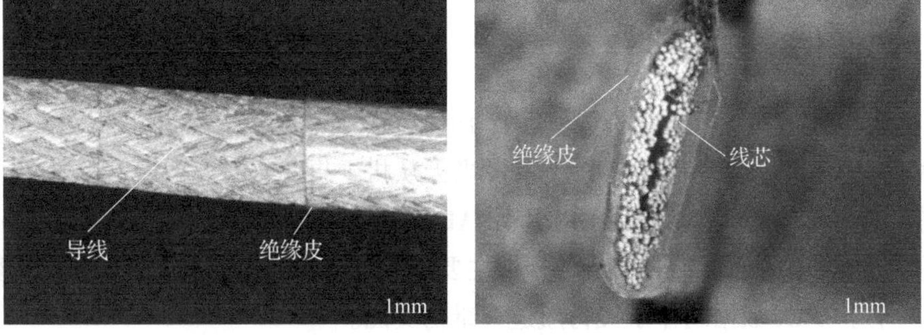

图 11-7　导线的构成示意图

（3）WHC 计算机

依据厂家提供的技术文件，B-6419 号机安装的 WHC（P/N：416-00318-003）对风挡加温膜和温度传感器的电流、电压等进行监控，电压监控功能在供电电压低于 60VAC 触发警告。电流监控功能在加温电流低于 6A、间隔 640ms 的确认后触发警告。

超温监控功能通过监控传感器电阻值来实现，当探测到温度超过 60℃时，在间隔 640ms 的确认后，由安全继电器切断供电。

当故障发生时，加温计算机向系统数据采集集中器（SDAC）和飞行警告计算机（FWC）出信号，如果加热电阻故障，触发 561000L（R）WINDSHIELD；如果温度传感器故障，触发 561000L（R）WINDSHIELD SENSOR。上述故障均与飞机电子中央监控（ECAM）警告（琥珀色）ANTI ICE L（R）WINDS HIELD 关联。

7:07 川航通过 ACARS 接收到信息，部件检测中，WHC2 存储器中存有一条相关信息“561000 R WINDSHIELD”，事件过程中 CFDIU 记录了 ECAM 警告，但未记录到“561000 R WINDSHIELD”故障信息。根据厂家解释，CFDIU 根据飞机构型不同，需要记录 70 ~ 95 台计算机的数据。当有一台或者多台计算机有故障信息时，CFDIU 接收飞机各系统的警告信息的一个循环周期比正常情况更长，为 12 ~ 60s。CFDIU 断电时，只能记录本次循环周期已经采集了数据的计算机信息。而本次循环周期还未采集数据的计算机信息将不会被记录下来。所以 CFDIU 断电后未记录到某些故障信息是可能的。

11.2.3　天气情况

检查事发时航路中层重要天气图，航路飞行高度层 10000m 无重要天气。查询全国实时卫星云图，均无重要天气。事发时飞机所处区域无雷电、冰雹天气。

5 月 14 日 7:30 成都双流机场天气实况为：METAR ZUUU 132330Z VRB01MPS 5000 BR NSC 20/18Q1004 NOSIG（风向不定，风速 1m/s，能见度 5000m，轻雾，没有对飞行有重要影响的云，温度 20℃，露点 18℃，修正海压 1004，无重大天气变化）。

从事发至落地为昼间，晴天，日出。7:07 至发生风挡玻璃爆裂前为顺着阳光飞行，备降过程以逆光飞行为主，最后落地阶段阳光在飞机右侧方。

11.2.4　机场与空中交通服务保障情况

重庆江北机场和成都双流机场运行情况符合中国民用航空规章（CCAR）要求，当日满足开放条件。起飞和着陆机场以及空中交通管制设施设备适航。空中交通管制服务和情报服务符合 CCAR 要求。

11.2.5　飞行数据记录器

该机装有数字式飞行数据记录器（DFDR）、CVR、数字式飞机综合数据系统记录器（DAR）各一部。DFDR 和 CVR 于事发当天从机上拆下，被送往中国民航科学技术研究院（CASTC）译码。CVR、DFDR、DAR 设备正常，DAR 参数多于 DFDR 参数，事发航段 DAR 数据记录完整。译码分析主要使用 DAR 数据，同时依据 DFDR 数据进行校对。基于 DAR 数据制作了飞行航迹三维仿真图。

经 CVR 辨听，将与事发阶段相关的 37min 舱音记录整理成文字。在 CVR 记录了 3

次“砰”声的波形和时间间隔，机组证实前两声为玻璃破裂声，第三声发生在风挡玻璃爆裂脱落之前。

11.2.6　应急处置情况

事件发生后，成都双流机场、川航、西南空管局等单位均按各自程序启动应急预案。各单位所开展的医疗救护和应急救援工作满足中国民用航空规章要求。

飞机落地后，经机长评估，无须实施紧急撤离程序，乘务长用广播向旅客通报情况。经维修人员判断，飞机无法正常被拖至指定停机位，机长决定原地组织下客，下客过程中无人员受伤。

11.2.7　事故飞机检查

11.2.7.1　总体检查

对 B-6419 号机检查发现，驾驶舱右风挡缺失，飞行控制组件（FCU）向右上方翘起，130VU（含右侧遮光板）缺失，副驾驶的耳机和空勤登机证丢失，机长的 EFB 丢失，头等舱隔帘、头等舱靠枕等丢失，见图 11-8 ~ 图 11-10。检查起落架区域，右侧 3、4 号主轮易熔塞熔化，轮胎泄压，胎皮完好。2019 年 7 月 26 日调查组在四川省雅安市宝兴县一座海拔 4273m 高的山上找到了丢失的 130VU 和头等舱靠枕。

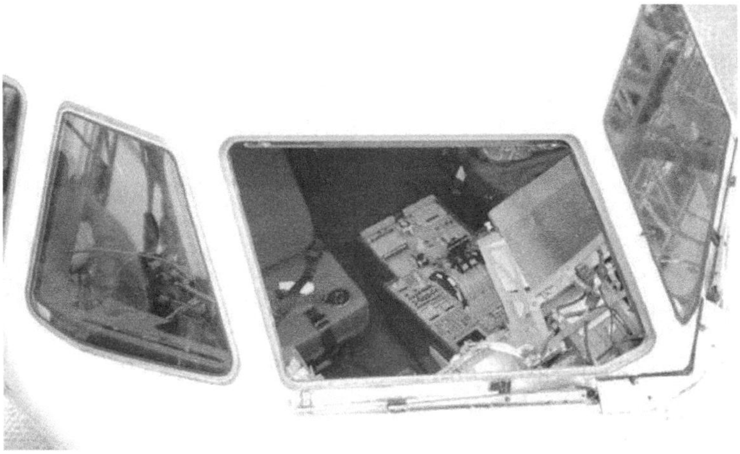

图 11-8　驾驶舱右风挡丢失

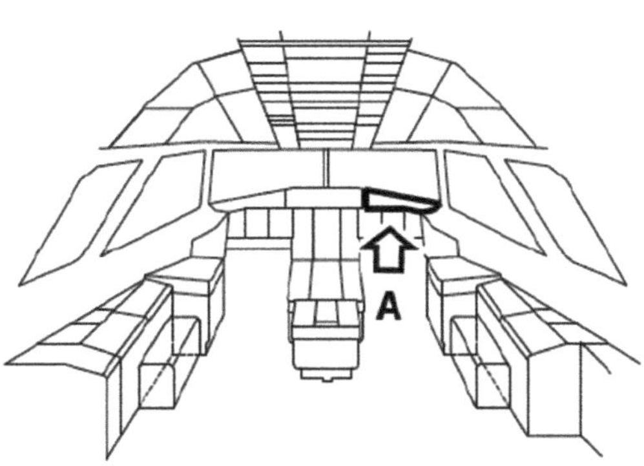

图 11-9　驾驶舱 FCU 翘起，130VU 缺失

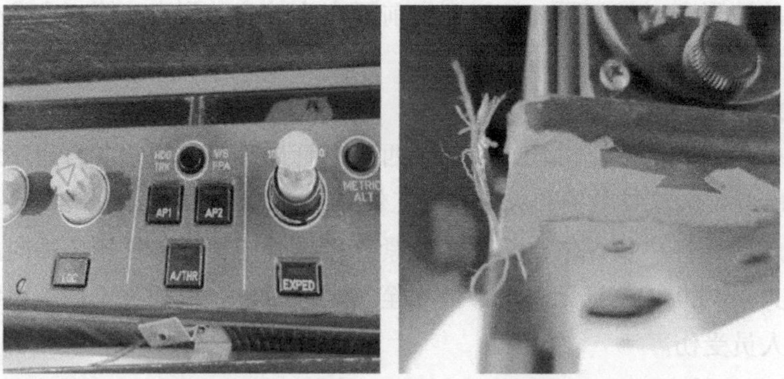

图 11–10　磁陀螺与 FCU 下部附着的头等舱隔帘的蓝色纤维

机身外表面存在多处划痕和点状凹坑，主要分布在机头、右侧发动机进气道、右发进气道整流锥、右侧大翼。未见明显雷击、电击、雹击、鸟击痕迹。如图 11–11 ~ 图 11–12 所示，发动机孔探发现右发低压压气机（LPC）1.5 级叶片 C 区存在一处深度为 0.1mm 划痕，未超过手册相应标准，如图 11–13 所示。现场提取了航空器报文，飞机通信寻址和报告系统（ACARS）记录一条故障报文“ANTI ICE R WINDSHIELD”。

图 11–11　从四川圣雅安市宝兴县搜寻回的 130VU

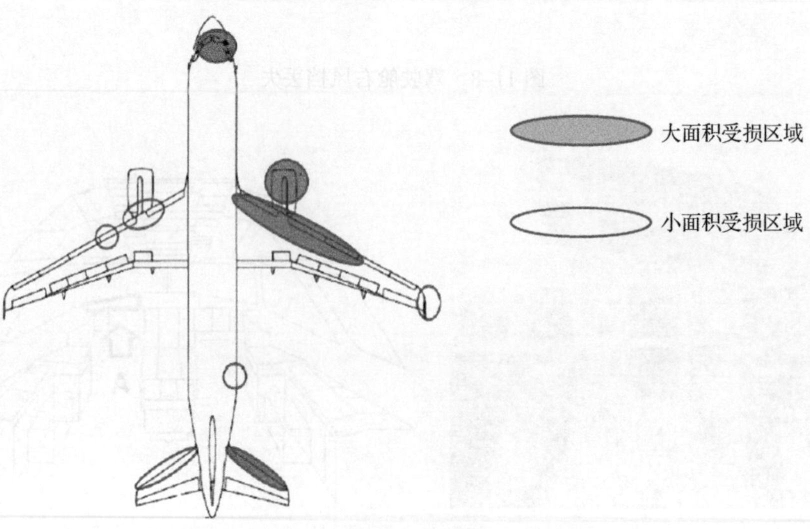

图 11–12　飞机外观损伤分布

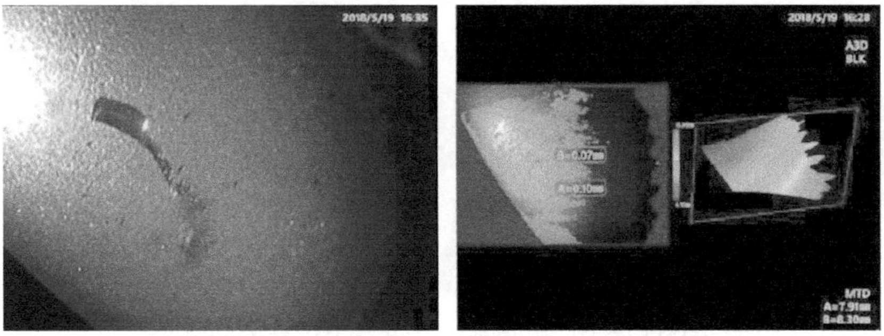

图 11-13　右发低压压气机 1.5 级叶片 C 区孔探图

11.2.7.2　风挡区域

对右风挡区域检查发现：风挡固定压板无明显变形，紧固件密封完好，风挡雨刷正常收位。残存的接线盒导线存在烧损痕迹。接线盒基座黏有玻璃碎屑，呈放射的细网状（见图 11-14 ~ 图 11-15）。

此外，现场从 B-6419 号机拆下左风挡，检查发现其气象封严损伤超过 AMM 限制、Z-Bar 暴露，左风挡右下角的封严硅胶有破损（见图 11-16）。

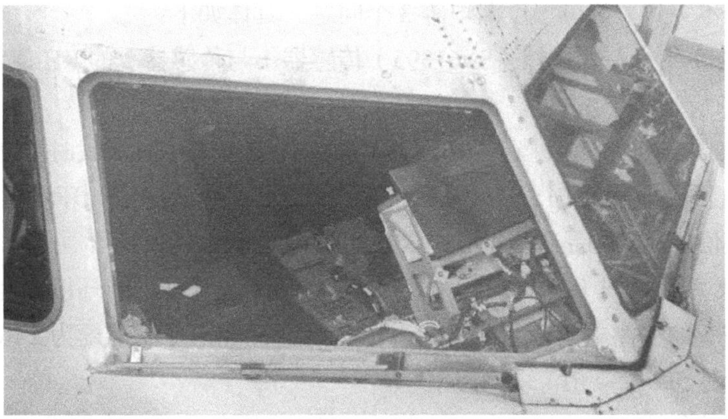

图 11-14　右风挡区域

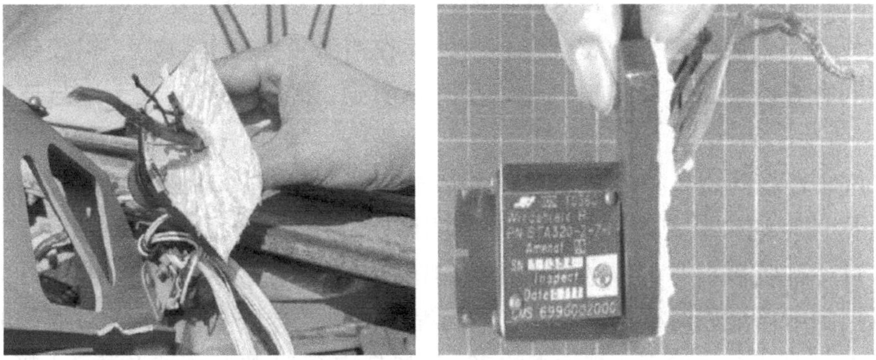

图 11-15　接线盒及基座黏附的玻璃碎屑

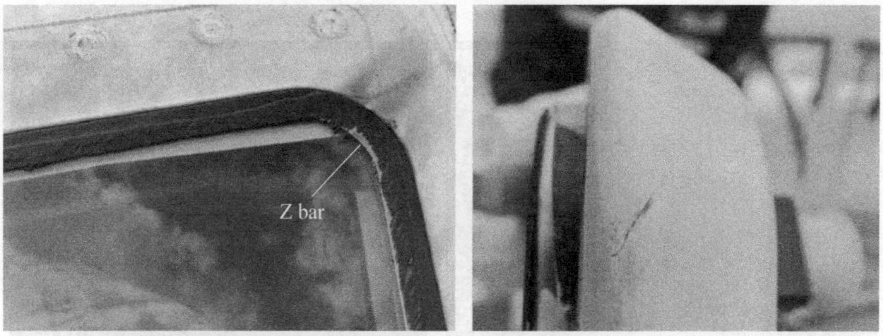

左：左风挡气象封严损伤超标　右：左风挡封严硅胶拐角处开裂

图 11-16　左风挡检查情况

11.2.7.3　氧气系统

5 月 14 日 B-6419 号机航前检查，记录显示机组氧气系统压力 1770lbf/in^2。事发时，飞行机组使用驾驶舱氧气系统，落地后压力 1300lbf/in^2。事发时，客舱旅客、乘务员位置及卫生间的氧气面罩均自动掉落，旅客机载氧气系统正常释放。

11.2.7.4　风挡生产制造记录检查

查阅 B-6419 号机左右风挡制造记录，存在风挡 KH 值与标准不一致，温度传感器电阻值与标准不一致、测试温度漏填等 3 个问题，具体如下：

（1）B-6419 飞机左侧风挡（SN61393）传感器 1 与传感器 2 的 KH 值等于 1.33（制造标准：KH 值应当小于 1.33）。

（2）B-6419 飞机左侧风挡（SN61393）温度传感器第 2 次测试时温度传感器 1、2 和 3 的实测电阻值分别为 615.5Ω、614Ω 和 615.8Ω（制造标准：环境温度为 21.6℃，最接近的电阻值标准范围是 595.2 ~ 612.9Ω）。

B-6419 飞机右风挡（SN11394）温度传感器第 3 次测试时的环境温度为 22℃，温度传感器 2 与 3 的实测电阻值均为“615Ω”（制造标准：环境温度为 22℃，温度传感器电阻值范围是 596.5 ~ 614.3Ω）。

（3）该测试漏填“环境温度”，无法判定实测电阻值是否符合要求。

11.2.7.5　同型风挡检查

对 SGS 风挡制造场检查和对翻修的风挡进行分解检查，发现风挡两层结构玻璃边缘使用了铝胶带进行包覆，且拐角处存在褶皱（见图 11-17），铝胶带与结构玻璃之间存在空腔，沿结构玻璃边缘呈环状贯通，致使封严硅胶无法与玻璃紧密贴合。

在 SGS 查看同型风挡维修记录中故障检测描述信息，对该型风挡封严硅胶破损的数据进行统计，查阅 71 份发往中国用户的风挡维修报告，其中有 37 份记录涉及“封严硅胶破损”的描述。而在中国国内检查 7 块 SGS 生产的空客 A320 系列飞机风挡的封严硅胶时，其中 5 块有不同程度的封严硅胶损伤。SGS 对返修的空客 A320 系列风挡进行了检查，被检查的 298 块风挡中有 31 块存在被水汽浸入接线盒的情况。

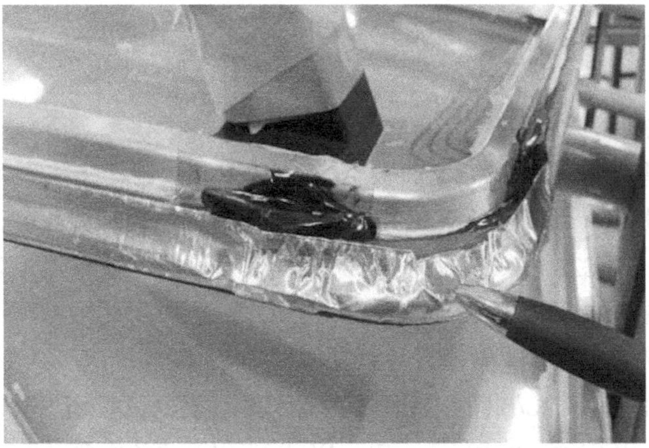

图 11–17　风挡边缘铝胶带褶皱（A330 飞机上的同型风挡）

11.2.8　公司手册及应急程序

（1）风挡裂纹处置程序

川航空客 A319 机型飞行机组操作手册（FCOM）（程序 – 非正常和应急程序 – 其他）和快速检查手册（QRH）（非正常和应急程序 – 其他）关于驾驶舱风挡 / 窗户裂纹的处置程序要求机组：

“用一支笔（或者用指甲小心地）来触摸裂纹，……如果驾驶舱一侧有裂纹：最大飞行高度层 230/MEA–MORA，客舱增压模式选择器设置人工位……”

以上程序为非记忆项目，机组应当拿出 QRH，按手册指示执行。

（2）紧急下降程序

川航 A319 机型 FCTM 手册（程序 – 非正常和应急程序 – 其他 – 紧急下降）中指出，当座舱高度和座舱升降率过高和不可控时，机组应开始紧急下降。紧急下降程序分两部分：

第一部分为记忆项目。程序为“戴上机组氧气面罩，接通信号牌，开始紧急下降，如果自动油门未生效则收油门杆慢车，将减速板全放出。”

第二部分为非记忆项目。程序为“在建立了下降以后，选择最大或适当的速度（如果结构有损坏，小心机动飞行），发动机模式选择器设置到点火位，向 ATC 报告紧急情况并说明意图，进行紧急下降广播，考虑 ATC 应答机设置 7700，最大飞行高度层 100/MEA–MORA……”

（3）座舱失压供氧安全措施

川航《A319–133 飞机成都、重庆、绵阳、西安—拉萨航线座舱失压供氧安全措施》要求“成都（重庆、绵阳或者西安）–PARGU 段发生座舱失压，以 V_{MO}/Ma_{MO} 紧急下降到 FL220，保持 FL220 直到 CZH，过 CZH 后下降至航路最低安全高度，飞向成都、绵阳、重庆或西安机场备降”。

查阅中国民航航路图可知，B213 航路 KAMAX–MIKOS 段 MEA 为 6334m，在 MIKOS 附近 MORA 为 6870m。

11.3 事故分析

11.3.1 飞机系统故障原因

风挡玻璃爆裂发生后，120VU 面板上有 17 个 C/B 跳出，飞机多个系统出现故障，包括直流汇流条断电，驾驶舱所有风挡、滑窗和侧窗都出现加温故障，自动刹车失效，飞行指引 2 断开，SEC2、SEC3 故障，1 号、2 号、5 号扰流板故障，双发反推不工作。C/B 跳出与故障现象的对应关系分析如下：

直流汇流条断电：4PU1C/B 断开导致接触器 5PU1 断开，DC BUS1 无法从 AC BUS1 获取电源。同样的，4PU2C/B 断开导致接触器 5PU2 断开，DC BUS1 无法从 AC BUS 获取电源。由于 DC BUS1 和 DC BUS2 断电，DC BAT BUS 直流汇流条断电。

驾驶舱风挡、侧窗、滑窗加温故障：由于 DC BUS1 和 DC BUS2 断电失效，风挡加温计算机（FIN：WHC1&2）无法获取电源供应，导致驾驶舱风挡、侧窗、滑窗加温故障。

自动刹车和防滞功能失效：由于向 BSCU 计算机供电的汇流条失效，导致自动刹车和防滞功能失效。刹车系统降为无防滞功能的备用刹车（ABCU）。

飞行指引 2 失效：直流汇流条 DC BVS2 为 FMGC2 和 FCV2 供电，C/B 10CA2 与 C/B 9CA2 分别为 FMGC2 和 FCV2 的断路器，当 C/B 10CA2 与 C/B 9CA2 不能接通时，FMGC2 和 FCV2 失效，故飞行指引 2 失效。

1 号、2 号、5 号扰流板失效：由于 SEC2 和 SEC3 上游的 C/B 21CE2 和 21CE3 都由 DC BUS2 供电，但 DC BUS2 断电，故 SEC2、SEC3 完全掉电失效（SEC1 由 DC ESS BUS 和 HOT BUS 供电，这两个汇流条供电正常，故 SEC1 能正常供电）。SEC2、SEC3 完全掉电失效，导致由 SEC3 控制的 1、2 号扰流板，由 SEC2 控制的 5 号扰流板，都相应失效，故 1 号、2 号、5 号扰流板都出现失效。

双发反推不工作：因为 101PP 和 202PP 掉电，导致双发反推液压关断阀门关断，无法给双发反推提供液压，导致双发反推不工作。

分析认为，以上故障与 17 个 C/B 跳出具有对应关系，系统工作情况符合航空器设计要求。

11.3.2 风挡玻璃爆裂脱落后舱压变化

B-6419 号机风挡玻璃爆裂脱落时飞行马赫数为 0.76，根据标准大气条件下 9800m 高度的静压为 272.5579hPa 及总压计算公式：$p_{总压}=p_{静压}\times 3.5\,(1+0.2Ma^2)$（$Ma$ 为飞行马赫数），计算得出风挡玻璃爆裂脱落后，总压约为 399hPa。

此压力值与标准大气条件下 7200m 高度的压力值接近，即飞机在 9800m 高度发生风挡玻璃爆裂脱落后，驾驶舱的压力环境相当于无增压条件下，静止暴露在 7200m 左右高度的标准大气中。尽管由于流入驾驶舱内的气流会对总压产生微小的扰动影响，但这种局部的微小扰动对总压的影响不大。根据 DAR 记录风挡玻璃爆裂脱落后 CPC 的高度传感器记录，座舱高度很快到达 7317m（24000ft）也印证了此结论。

另外 DAR 记录显示飞行过程中，座舱高度超过 7500m 的时间总计 1min19s，飞机座舱高度最高达到 26368ft（约 8039m），时间约为 4s，座舱高度都远低于 9800m 的巡航高度。

考虑到玻璃爆裂脱落后，飞机发动机引气系统及空调系统还在正常工作，因飞机内压力和温度的突然下降，增压及温度调节逻辑会指令系统提供比失效前更多的热空气，以达到增压逻辑要求的压力和空调出口温度，也会对驾驶舱的压力和温度升高起一定作用。

综上分析，尽管飞机风挡玻璃爆裂脱落发生在 9800m 的巡航高度，但由于飞机在马赫数 0.76 的飞行中，因动压和引气的原因，驾驶舱的压力和温度环境都要好于静止条件下 9800m 的环境，这也是飞行机组未发生明显缺氧和冻伤的原因之一。

11.3.3　飞行机组操作分析

风挡玻璃爆裂脱落导致出现爆炸性座舱失压，副驾驶瞬间被强大的外泄气流带离座位，此时右座侧杆出现向前、向右的大操纵量输入（最大可能为副驾驶身体不由自主地触碰侧杆所致），同时自动驾驶仪断开，飞机姿态瞬间急剧变化，机长立即人工操纵飞机。

机长曾试图用右手取出氧气面罩，但由于左手操纵侧杆，氧气面罩位于身体左后侧，且飞机抖动剧烈，主要精力用于控制飞机状态，使用右手未能成功取出氧气面罩。从风挡玻璃爆裂脱落至飞机落地，责任机长未佩戴氧气面罩。其暴露在座舱高度 10000ft 以上高空缺氧环境的时间为 19min54s（7：07：45—7：27：39）。

风挡玻璃爆裂脱落后 65s 以内空速一直保持在马赫数 0.76 附近，但下降率一直在 3000m/s 以内（相对紧急下降来说较小）。随后，机组逐渐增大下降率，最大达到 10279m/s，表速逐渐增加，最大达到 348.88kn，风挡玻璃爆裂 132s 后飞行高度达到 23700ft 左右（约 7200m），速度逐渐减小到 250kn 以下。紧急下降过程中下降率的以上变化应与机组面临的驾驶舱恶劣环境有关。一方面，座舱失压后机组希望以大速度尽快下降，另一方面考虑到下降速度越大，进入驾驶舱的冲压空气给机组操纵造成的困难和生理不适就越大。

飞机状态得到控制后，机长未按紧急下降程序使用减速板，这与风挡玻璃爆裂脱落、座舱失压、多个系统故障导致机长难以判断系统的可用性有关，因此整个下降过程中机长采取了手动操纵控制飞机状态。

飞机在 7200m 左右高度保持了 5min36s，穿越 7200m 时距 CZH 37.2n mile（在 MIKOS 以东约 0.8n mile，在正常情况下，MIKOS 为成都区域管制室与进近交接点，交接高度为 7200m）。飞机穿越 6000m 时距 CZH 18.9n mile，穿越 4800m 时距 CZH 2.7n mile，飞机全程未低于 MORA 和雷达最低引导高度。机组知晓双流机场 02L ILS 不可用的信息后，选择了双流机场 02R 跑道 ILS 进近，并在进近前盲发了落地后占用跑道的信息。因飞机着陆重量超过机型最大着陆重量限制，机组执行了超重着陆检查单。

在飞机停稳后，机组之间就人员受伤情况进行了沟通，并将相关情况告知了塔台和签派，联系了医疗救护、拖车等。

综上所述，机组在座舱失压后的紧急下降过程中，控制飞机状态、将紧急情况报告 ATC、保持飞机在安全高度以上等关键操作，符合公司手册要求。

11.3.4 飞机 3、4 号主轮泄压原因

风挡玻璃爆裂后，飞机多个系统出现故障，影响飞机着陆性能的主要故障包括扰流板 1、2、5 不工作，双发反推不工作，自动刹车和防滞刹车不工作。

机组选择构型 3 着陆，飞机在 63t 重量下的超重着陆，进近速度较正常情况下更大，扰流板只有每侧的 3、4 号可用，飞机的动能主要由主轮刹车来吸收，因此在部分减速装置失效情况下的超重着陆，刹车承担了更多的能量，刹车温度快速上升，造成飞机 3、4 号主轮易熔塞因刹车温度过高熔化，轮胎泄压。

11.3.5 风挡失效原因分析

11.3.5.1 风挡玻璃爆裂脱落分析

（1）试验环境与实际环境的差异及其影响分析

调查期间，为评估结构玻璃破裂对风挡承压能力的影响，CAAC、BEA、AIRBUS 和 SGS 基于川航"5·14"事件当时的压力、温度等主要环境条件，进行了风挡玻璃爆裂脱落再现试验，试验装置内部容积（0.07m^3），与真实飞机舱内容积存在显著差异。试验中，三层风挡玻璃碎裂后，风挡在压力作用下变形鼓起造成边缘泄漏，内部压力快速下降；试验装置内的气体量不足以推动风挡从安装框飞出。

试验中，风挡安装在刚性结构的试验装置上，并处于静态受载；而真实飞机机体为可变形的结构，在飞行中风挡还受到机体结构振动、外部气流扰动等因素的动态影响。试验中当两层结构玻璃破裂后，剩余的外层玻璃在压差载荷作用下发生较长时间的延迟破裂，而 B-6419 号机事件是在第二声声响后 35s 风挡玻璃爆裂飞脱。

在风挡的设计中，因为外层玻璃为非结构玻璃，并不用于承受结构载荷。因此，在 B-6419 号机事件发生环境下，双层结构玻璃破裂后，导致风挡玻璃爆裂脱落。

（2）B-6419 号机风挡玻璃爆裂脱落的可能方式

根据机组对风挡玻璃破裂过程的描述、CVR 记录、风挡玻璃破裂故障再现试验，综合分析认为：

B-6419 号机右风挡的两层结构玻璃间隔 5s 发生破裂，受到座舱内外温差、外部气动载荷、飞机运动引起的振动等因素的动态影响，仅剩的外层玻璃不能承受 9800m 高空处的机舱内外压差载荷，在 35s 后破裂。三层玻璃破裂后风挡以爆裂形式迅速从安装框脱落并飞出。

11.3.5.2 风挡玻璃破裂分析

导致双层结构玻璃破裂的可能原因包括：意外原因的外力损伤、结构玻璃质量问题、维修维护不当，以及使用过程中的突发局部高温。

根据事发时的天气信息显示，事发时所在飞行高度及区域无雷电、冰雹等重要天气，排除了天气原因导致风挡玻璃破裂的可能性。对 B-6419 号机风挡区域检查也未发现有鸟击痕迹。

B-6419 号机的右风挡为原装件。制造和安装方面无异常记录，无异常维护记录，

无异常维护历史，当天没有故障保留，飞行前检查期间没有损坏报告。因此，排除因维护不当而导致风挡玻璃破裂的可能性。

现场检查发现 B-6419 号机右风挡缺失，固定压板无明显变形，紧固件密封完好，紧固螺栓没有明显松动。

对 B-6419 号机右风挡接线盒基座上附着的残存玻璃进行检查，钾（K）元素呈梯度分布，符合化学钢化玻璃的基本特征。残存在接线盒基座上的玻璃裂纹以放射状呈现，起点为基座外的导线过线处（风挡拐角位置）。

接线盒内残存的导线绝缘皮碳化（碳化温度应在 400℃以上），绝缘皮外侧有熔融态铜（铜熔点为 1084℃），结合残存导线的长度、分布和走向，表明 A 导线端头曾出现了局部高温，且高温区域正处于内层结构玻璃的边缘处。并且过热区域被确定位于两个结构层的边缘。

结论：基于 A 线过热的事实，由于玻璃具有受到热冲击易破裂的特性，可以判定 A 导线端头出现局部高温导致双层结构玻璃爆裂。

11.3.5.3　局部高温的原因分析

根据 A、D、E、F 导线的烧损长度，高温区域范围最小为 37mm，两层结构玻璃的边缘均在烧损范围内。

传感器信号线的电流（C/D/E/F）不足以引发局部高温。B 线绝缘皮外侧附着有熔融态铜，导线镀锡层基本完整、断头无烧损痕迹的情况。A 线端头的绝缘皮呈明显碳化（碳化温度应在 400℃以上），导线端头有放电烧蚀痕迹，在距离 A 线端头约 30mm 处的金属线芯锡层呈现蒸发痕迹，铜红色线芯裸露。因此判断局部高温来自于 A 线。

结合 A 线的金属镀层剥落，B 线绝缘皮外侧有熔融态铜，以及中国民航用户的 SDR 数据和 AIRBUS 提供的事件调查数据，表明电弧是产生局部高温的原因。

调查组收集的同型风挡信息显示，2009 年川航空客 A320，左风挡接线盒处产生电弧。2009 年东航空客 A320，左风挡右下角区域冒烟。2010 年国航空客 A320，左风挡玻璃接线块高温鼓包。该型号风挡电加温接线盒区域存在局部高温的情况。

在本次事件之前，空客机队先后发生过 6 起风挡双层结构玻璃破裂事件，电弧放电产生的局部高温是导致风挡双层结构破裂的主要原因。

11.3.5.4　电弧产生环境的分析

（1）电弧放电试验表明，在干燥环境下，电弧放电过程发生在较短的时间段内，放电产生的高温导致铜线芯先熔化、后凝固，在导线端头形成明显的熔球特征。

当电弧放电发生在潮湿环境或水中时，由于水介质的参与，可产生持续电弧。放电过程中，当局部高温不能很快被潮湿环境或者水汽吸收时，会形成熔球。但是当电流强度低且水汽能迅速带走热量时，则不会出现熔球，甚至仅仅出现电解腐蚀现象。在潮湿环境或者水中放电，导线很少有熔球形貌，多呈现多孔状微观形貌。

对比认为，线端头上所呈现出的多孔状且无明显熔球的形貌特征与潮湿环境下电弧放电特征最为吻合。

（2）接线盒内部发现有明显水渍痕迹，C 钉接线端有大量腐蚀产物，表明接线盒内部有水汽侵入，腐蚀产物应为长时间浸泡后形成。在导线的线芯表面和C钉接线端检测出明显的腐蚀元素钠（Na）、氯（Cl）、溴（Br）、硫（S）和氟（F）等。这些元素在潮湿环境中形成电解质溶液，分布于风挡内部，因此导线长期浸泡在水中，为破损的导线提供了接地通路，为导线放电提供了条件。

（3）安装在B-6419号飞机上的WHC（PN：416-00318-003）对风挡加温系统的电流强度和电压进行监控。WHC无法监控到处于正常工作电流范围内的电弧（可能为潮湿环境下的电弧）。

（4）综上所述，B-6419号机风挡进水后，电绝缘性下降，在潮湿环境下A线产生了持续性电弧放电，即湿电弧放电。

11.3.5.5　潮湿环境分析

（1）水汽来源

自然环境提供的水汽包括：云中飞行、雨中飞行、高低温及舱内外温湿度形成的凝露、其他环境水汽。

（2）水汽存留的空腔：对风挡制造现场进行检查时发现，该型风挡（PN：STA320-2-7-1）制造过程中，铝胶带与结构玻璃间存在缝隙、转角难以良好贴合。铝胶带褶皱区域形成的内部环状空腔（见图11-18）为水汽积聚提供了空间。此外，接线盒内部的空腔也为水汽存留提供了空间。

（3）水汽渗入的途径

气象封严存在破损的可能性。气象封严在风蚀、老化等因素作用下，发生开裂、剥落、脱黏，外界水汽可侵入到Z形板及下方区域，包括导线连接导电条位置。

封严硅胶存在破损的可能性。事件调查过程中现场检查16块同型号风挡，其中10块风挡封严硅胶破损；SGS的71份中国客户的风挡维修记录中37块存在封严损伤信息。SGS提供的破裂的风挡玻璃（SN：5906）检查报告显示，封严硅胶存在水汽侵入痕迹。

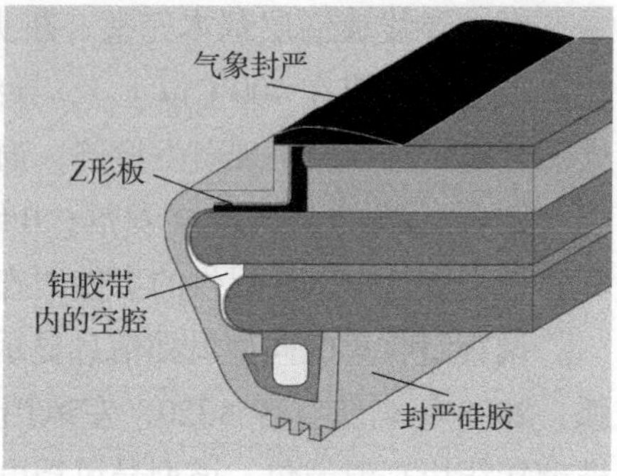

图11-18　铝胶带内的空腔示意图

风挡的电加温导线的绝缘皮两端并不密封，编织导线的线芯与线芯、线芯与绝缘皮间存在狭小间隙，编织导线与绝缘皮的形式有助于形成水汽通道。

气象封严和封严硅胶的破损，以及导线的结构特征，为水汽渗入风挡提供了条件。

（4）水汽存留的过程

在飞机起降、环境温度变化等因素作用下，空腔内外形成压差。在压差作用下，水汽渗入空腔并存留，水汽还可通过编织导线线芯进入接线盒内部并存留。

接线盒位置位于风挡的最低点，为液态水存留提供了条件。结合厂家维修记录和接线盒所处物理位置，以及事件中接线盒的内部存水特征，都表明接线盒区域存在水汽聚集的情况。检查另一同型风挡（PN：STA320-2-7-1A，SN：7014）接线盒发现，其水渍痕迹和C线腐蚀断开情况与B-6419号机类似。

B-6419 号飞机右侧主风挡电加温接线盒内部，发现有水渍痕迹。同时 C 钉接线端内部发现深绿色和白色片、针状结晶产物，这些腐蚀产物均为长期腐蚀结果。C 钉的腐蚀特征和腐蚀产物表明该接线盒附近区域有长期浸水的情况。同时也证明，风挡玻璃边缘的空腔内长期存水。

11.3.6　手册中“驾驶舱风挡 / 窗户裂纹”程序适用性分析

事发时，空客的 A319 机型《飞行手册》（AFM）、《飞行机组操作手册》（FCOM）、《快速检查手册》（QRH）和《飞行机组技术手册》（FCTM）中“驾驶舱风挡 / 窗户裂纹”处置部分都没有安全带使用方面的指导内容。其他飞机制造商的机型手册中类似应急处置程序中有关于使用肩带的要求，但肩带使用要求为非记忆项目。

空客 A319 机型手册“FCTM- 程序 - 非正常和应急程序 - 其他”部分，“驾驶舱风挡 / 窗裂纹”程序中指出“根据设计，每一结构层（内层或中层）都能够承受标准飞行最大压差两倍的压力”。对于驾驶舱风挡 / 窗户玻璃中层和内层至少有一层未失效的情况来说，上述处置程序对于机组安全操作飞机来说具有合理性。然而，机组判断风挡裂纹具体情况需要一定的时间，对于类似本次事件中风挡 / 窗户玻璃中层和内层均失效的情况来说，风挡脱落会造成驾驶舱工作环境迅速极端恶化，直接威胁机组生命安全，也严重影响其后续操作。上述处置程序难以有效地保证机组生命安全，难以确保机组安全操纵飞机继续飞行。

为尽量降低机组判断风挡裂纹具体故障期间，可能出现中层和内层玻璃同时失效导致驾驶舱环境迅速恶化，进而给机组生命安全和安全操纵飞机继续飞行带来的巨大风险，在驾驶舱风挡 / 窗户出现裂纹时，要求机组根据记忆第一时间系紧安全带（包括肩带），再进行其他后续处置，可能是更好的选择。

11.4　结论和可能的原因

CAAC 于 2018 年 5 月 14 日发布了关于川航 3U8633 次航班风挡空中爆裂脱落事故的调查报告。

报告中指出，该飞机左风挡气象封严损伤超过 AMM 限制、Z-Bar 暴露，右下角的封严硅胶有破损。右风挡接线盒留存有内层玻璃碎屑，碎屑呈放射的细网状分布，局部位置的碎裂起点为基座外的导线过线处（风挡拐角位置）。电插头残存的加热和传感器导线端头位置有烧损情况。右风挡接线盒 A 线所呈现的多孔状微观形貌符合潮湿环境下导线电弧放电特征，表明右风挡左下部拐角处发生过潮湿环境的电弧放电。右风挡接线盒内部发现有明显水渍痕迹，C 钉接线端有大量腐蚀产物，表明接线盒内部有水汽侵入，腐蚀产物应为长时间浸泡后形成。

该型风挡生产中，在两层结构玻璃使用铝胶带包边，包边内存在空腔，在外部的气象封严和气密封严发生破损后，为水汽侵入、聚集和流动提供了条件。在飞机起降、环境温度变化等因素作用下，空腔内外形成压差，在压差作用下，水汽渗入空腔并存留，水汽还可通过编织导线线芯进入接线盒内部并存留。而接线盒位置位于风挡的最低点，为液态水存留提供了条件。SGS 对返修的空客 A320 系列风挡进行了检查，被检查的 298 块风挡中有 31 块存在水汽浸入接线盒的情况。

通过封严硅胶加速老化试验和封严硅胶潮湿环境下的力学性能试验，发现该型封严硅胶材料的主要官能团结构、玻璃转化温度、膨胀率及硬度均没有明显变化，具有一定的耐候性。检查开裂的封严硅胶，发现封严硅胶与玻璃层的贴合面存在龟裂纹，裂纹由内层向外侧扩展。在 70℃条件下经去离子水浸泡后，封严硅胶体积和重量增加，拉伸性能下降。

电弧放电试验表明，该事故飞机风挡接线盒 A 线端头的形貌特征与潮湿环境下电弧放电特征吻合，微观形貌呈现多孔状特征。

基于 A 线过热的事实，由于玻璃具有受到热冲击易破裂的特性，可以判定 A 导线端头出现局部高温导致双层结构玻璃爆裂。

中国民航和空客公司对同型风挡的历史故障信息进行收集，发现多起风挡电加温接线盒处曾出现故障，如冒烟、出现风挡加温警告、接线块高温鼓包等。空客机队曾发生过 6 起风挡双层结构玻璃破裂事件。历史报告显示电弧放电产生的局部过热是导致风挡双层结构破裂的主要原因之一。

风挡脱落再现试验表明，在 606mbar[①] 压差载荷下，双层结构玻璃破裂后风挡始终处于亚稳定状态，即风挡始终缓慢变形和伴有裂纹扩展声响；风挡三层玻璃破裂后，风挡不能承受试验的压差载荷（606mbar），以爆裂方式迅速从风挡安装框脱落并飞出，和 B-6419 号机事故现象一致。

经过事故飞机调查和故障重现试验，本次事件的最大可能原因是：B-6419 号机右风挡封严（气象封严或封严硅胶）可能破损，风挡内部存在空腔，外部水汽渗入并存留于风挡底部边缘。电源导线被长期浸泡后绝缘性降低，在风挡左下部拐角处出现潮湿环境下的持续电弧放电。电弧产生的局部高温导致双层结构玻璃破裂。风挡不能承受驾驶舱内外压差从机身爆裂脱落。

11.5 建议

此次调查结束后，调查组分别向 AIRBUS、EASA、CAAC 和航空运营人提出了安全建议。

11.5.1 AIRBUS

（1）建议 AIRBUS 基于川航“5·14 事件”和历史类似事件建立失效模式，评估并改进风挡设计、选材和制造工艺，防止水汽浸入和存留在电加温系统，降低电弧产生的可能性，避免双层结构玻璃破裂。

（2）基于川航“5·14 事件”和历史相似事件分析所建立的失效模式，研究在风挡加温系统中增加对电弧的探测和防护功能。

① 1mbar（毫巴）=0.1kPa。

（3）督促风挡制造商加强风挡生产质量控制，确保风挡制造持续符合设计标准和制造工艺规范。

（4）完善在役风挡检查方法，及时发现水汽进入、绝缘性下降等安全风险问题。建议 AIRBUS 修订完善气象封严的检查程序和周期，以确保运营人能够及时识别两次定检期间出现的气象封严损伤。

（5）评估空客 A319 飞机驾驶舱增加安全防护措施的必要性，降低在驾驶舱快速失压时，驾驶舱门与 120VU 接触对驾驶舱电路跳开关的影响。

11.5.2　EASA

建议 EASA 考虑修订 AMC 25.775（d）[特别是 7.c.（6）章节]，要求相关的 FHA/SSA 分析及其文件，以评估风挡玻璃加热系统故障出现时对风挡玻璃的结构完整性和飞机潜在的后续影响的后果，包括必要时开展支持和验证这些评估的试验。本建议还包括考虑更新 AMC 25.775（d）第 7.c.（6）章节的实用性，将对透明件影响的概念扩展到风挡的丢失，而不仅仅是加热功能的丧失。

11.5.3　CAAC

建议 CAAC 根据机型特点，要求 25000ft 以上运行的增压飞机，在“驾驶舱风挡 / 窗户有裂纹”非正常处置程序中增加记忆项目：

系好肩带…………………………………系好

氧气面罩…………………………………使用

发现驾驶舱风挡 / 窗户有裂纹……………识别

11.5.4　航空公司

（1）在相关手册中明确，如飞行员因为操纵飞机等原因，不方便自己戴上氧气面罩，其他机组成员应该在自己先戴上氧气面罩的情况下，第一时间协助飞行员戴上氧气面罩。

（2）为了精确测量飞机座舱高度（压力）的变化，以便于系统故障的调查与预测。建议将座舱高度的采样率和记录率提高至 1s 一次。

11.6　行业行动

11.6.1　更新 AFM、FCOM 和 QRH 程序

针对本事件中驾驶舱玻璃破裂后的非正常程序，AIRBUS 向全球空客机队更新了 AFM、FCOM、QRH 和 FCTM，以完善其驾驶舱风挡玻璃 / 窗户破裂的程序。

> ——系好肩带。
>
> ——如果确认内层（结构层）有裂纹，则使用氧气面罩。
>
> （注：如果内层不受影响，表示至少有一层结构层保持可用，并能够承受最大压差。）
>
> ——内外压差达到 5psi 时，取下氧气面罩。

该版本于 2018 年 12 月发布，并通过特定的飞行运行传输系统（FOT 999.0100/18 Rev 00）传达给了运营人。

11.6.2 加强质量控制

自 2018 年 9 月以来，SGS 采取了以下措施来加强生产质量控制：

（1）2018 年 11 月开展了针对工人和生产经理的宣传教育，旨在强调全面遵守既定质量控制标准的义务。

（2）在 EASA form1（适航批准标签）发放过程的框架下，通过培训增加了 3 位认证人员并更新了 7 位人员的资质证书。截至 2019 年 11 月 6 日，SGS 总共有 17 人有资格发放 EASA form1。

（3）自 2019 年 1 月起，SGS 为每位新员工设立了“质量欢迎会”，以提升新员工对质量控制水平的认识。

（4）在生产车间内定期进行内部质量控制审核，检查是否符合质量控制要求。

11.6.3 其他改进措施

（1）川航已将“飞行员因为操纵飞机等原因，不方便自己戴上氧气面罩，其他机组成员应该在自己先戴上氧气面罩的情况下，第一时间协助飞行员戴上氧气面罩”内容加入《飞行运行程序手册》。

（2）川航前期已对全机队（含货机）构型进行了梳理，计划将飞机座舱高度、座舱压力、座舱高度升降率等所有座舱类参数的采样记录频率均提升至 1Hz（即采样记录率为 1s 一次）。目前公司已有 83 架飞机完成调整升级工作，后续还将按计划陆续对剩余的 78 架飞机完成调整升级。此外，公司未来即将引进的所有飞机都将按上述要求执行。

11.7 后记

调查报告中所有的事实基于 CVR、DAR、DFDR 等数据。本报告中的事件时间以机载 DAR 数据为基准，时间为北京时间（UTC+8）。

第 2 部分

支线飞机航空事故

第12章　一路航行：ASA529航班的最后俯冲

运营商：大西洋东南航空公司

机型：巴西航空工业公司EMB-120RT

地点：佐治亚州卡罗尔顿

时间：1995年8月21日

航空事故的经典定义是："与飞机运行有关的事件……产生人员伤亡，或飞机严重受损。"这只是描述"发生了什么"，还要了解"怎样发生"和"为什么发生"，重要的是要认识到，任何事故都是一连串事件的结果。中断这个链条中的任何一个环节，都有可能防止事故发生。

12.1　飞行经过和背景

大西洋东南航空公司（ASA）是一家支线航空公司，主要运营小型涡桨支线飞机。

ASA529航班是巴西航空工业公司的EMB-120"巴西利亚"双发29座客机（见图12-1）。该机由巴西制造，于1989年初交付给航空公司。佐治亚州梅肯市的机组人员在当天早些时候驾驶这架N256AS飞机进入佐治亚州亚特兰大市（ATL），完成例行准备后，迅速飞往密西西比州格尔夫波特市（GPT）。

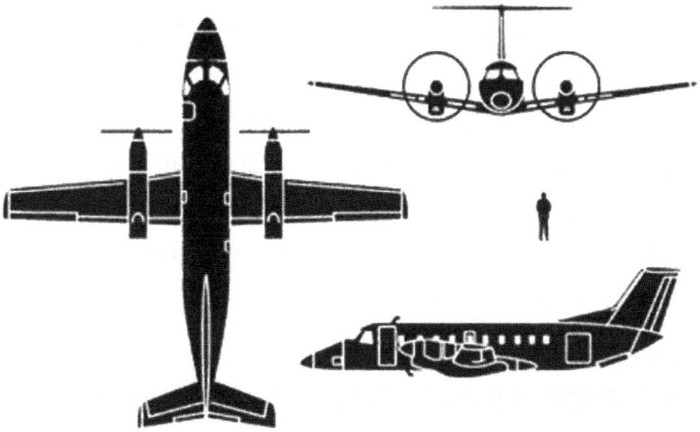

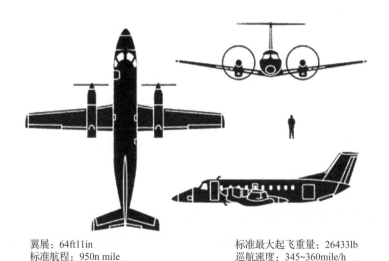

翼展：64ft11in　　　　标准最大起飞重量：26433lb

标准航程：950n mile　　　　巡航速度：345~360mile/h

图12-1　巴西航空工业公司EMB-120

机长 45 岁，已经在航空公司工作了 7 年。他的总飞行时间接近 10000h，其中超过 7000h 是在 EMB-120 上。

副机长 28 岁，4 个月前才受雇于 ASA。他在航空公司的所有飞行时间是 363h，都是在“巴西利亚”号上。

592 号航班于 12:23（美国东部时间）起飞，机上有 26 名乘客、两名飞行员和一名空乘人员。飞行将在 24000ft（FL240）的高度飞行 1h26min。

起初，雨雾使前方能见度降低，但飞机在低沉的阴云中迅速爬升，并向西南方向转弯。机组设置飞机正常爬升到巡航高度，并完成了所有检查清单。虽然爬升时遇到了轻微湍流，但机组快速检查了一下天气雷达，认为会很快恢复平稳。

起飞 20min 后，在以 160kn 的指示空速爬升到 18100ft 时，CVR 的麦克风传来几声巨响，这声音听起来像是“有人用棒球击打一个垃圾桶”。飞行员发现，左侧的发动机失去动力，飞机迅速向下俯冲并向左翻滚。

“自动驾驶仪、发动机控制、机油”自动语音告警道，“自动驾驶仪、发动机控制、机油、自动驾驶仪……”被不断重复。

“我们有一个左侧发动机熄灭！左侧驾驶杆、飞行怠速。”机长奋力操纵控制装置以使飞机恢复稳定，并启动了应急检查程序。此时，飞机的机头下俯到大约 9°，下降的速度增加到 5000ft/min 以上。

在接下来的 30s 内，飞机剧烈摇晃。“左侧状态驾驶杆……调整迎角。”机长正试图给活动翼面“调整迎角”，使其顺着气流流向，以减少阻力。

但 25s 后，机长在控制飞机方面仍有很大困难。“我需要一些帮助！”几乎在副驾驶反应过来之前，机长再次喊道：“我需要一些帮助！”他不明白为什么飞机继续快速下降，难以控制。

乘客们也感到飞机在抖动，听到了巨响，并注意到不寻常的下降。机舱左侧的人可以看到发动机在其挂架上呈歪斜状，整流罩的前部被撞坏。螺旋桨被外移，4 个螺旋桨叶片中的 3 个被卡在机翼的前面。

“亚特兰大中心，ASE529，发生紧急情况。我们有一个发动机故障。我们现在已经超越 42 了。”副机长向 ATC 播报。

“ASE529，已收到，左转直达亚特兰大。”这是回应。

在稍微拉回右发动机的动力后，飞机的姿态在某种程度上更容易保持。“好了，飞机变得可控了。”机长说道。

副机长通知乘务员，他们已经宣布紧急情况，将返回亚特兰大。ATC 询问 529 航班是否可以平飞，副机长回答说：“不能平飞，飞机在持续下降。我们急需要一个机场，并为我们准备卡车和一切。”

“佐治亚州西，”控制员回答说，“支线机场在你 10 点钟的位置，大约 8mile。”

机长在空管发出前往机场的航向时要求了发动机故障检查表。副机长启动了机载辅助动力装置（APU），完成了检查项目，并对空管新的航向分配和高度要求做出了几次回应。事情发生得很快。空管将跑道和进场的信息传递给了机组人员，而且飞行被赋予了新的频率。经过 4500ft（MSL）时，飞机仍以超过 1800ft/min 的速度下降。

机长从他的侧窗看出去，立刻意识到了为什么不可能保持高度。“发动机爆炸了！它就挂在那里。”他没有对任何人说。因为他们已经降到了云层以下，他可以看到地面，并要求空管提供通往跑道的目视航向。但他们处于危险的低空，离地面只有大约 800ft，而且正在快速下降。

在离机场还有 4mile 的时候，GPWS 开始告警，随后是人工声音提醒“太低了，起落架！”10s 后，机长恳求道：“帮帮我，帮我控制住它，帮我控制住，帮我控制住！”这是他的最后一句话。

空乘人员为可能发生的坠机做了充分准备，她刚向每位乘客介绍完紧急降落的正确支撑姿势，就惊恐地看到树梢冲过，意识到即将坠机。她迅速地把自己绑在机组人员座位上，继续向乘客们喊话指示。

“趴着别动……撑住！”她喊道。

当飞机飞过一片松树林时，左翼倾斜，撞向地面，并在一片空地上滑行了约 500ft。飞机的左前侧被压碎，随着左翼的解体，左发动机被抛向飞机前方，而更小的碎片则沿着飞行路线散落。大多数座位从地板上移位，头顶上的行李箱被打开，行李散落在整个机舱。右翼仍然与机身相连，机身被折成三段。

12.2　救援

在飞机停止滚动和滑动后，机身上被撕裂开两个大裂缝，一个在前面的主门旁，另一个在机翼的后部，乘客们立即通过这些裂缝从残骸中爬出来。火花在被撕裂的电线上噼啪作响，在 1min 内，火焰和浓烟迅速吞噬了整个机舱。人们争先恐后地跑出来，很多乘客的衣服被烧着。空姐的脚踝和腿部被二度烧伤，手腕和锁骨骨折，但她仍继续帮助乘客逃生，并指挥他们迅速撤离到安全地带。

驾驶舱受到严重冲击，左侧和地板区域被压碎。机长的面部和头部受到重创，再也无法恢复知觉。副机长被困在残骸中，无法动弹，他伸手到座位后面，取出一把小的木柄防撞斧，试图破开侧窗，但没有成功。几分钟后，消防员赶到时，迅速控制了火势，切开了驾驶舱的门，从火焰中救出了副机长。他活了下来，但身体 50% 被严重烧伤。

三名乘客和机长则没有那么幸运。他们要么在现场就已死亡，要么在送医途中死亡。第二天又有一名乘客死亡，24 天后又有一名乘客死亡，4 个星期后又有两名乘客死亡，最后一名乘客在事故发生 4 个月后死亡。除了这 9 人死亡外，还有 12 名乘客受重伤，大部分是烧伤。

12.3　调查和结论

NTSB 在事故发生后的第二天在现场召开了调查会议。出席会议的有 FAA 的调查员、巴西航空工业公司、联合技术公司、发动机制造商普惠公司和螺旋桨制造商汉密尔顿标准公司的母公司、航空公司飞行员协会（ALPA）和其他机构。对乘客的采访使调查的注意力迅速集中在左侧的螺旋桨组件上，在对残骸勘察后，只找到了三个完整的左侧螺旋桨叶片和一个残枝。在确定失踪的叶片在飞行中被分离后，计算机模拟分析出了最有可能找到失踪叶片的区域，并开始搜索。大约三周后，在事故地点西南方向 14mile 处，一个农民在高草丛中发现了剩余的叶片。

图 12-2　ASA529 的驾驶舱残骸

图 12-3　ASA529 残骸的俯视图

12.3.1　14RF-9 螺旋桨的设计

安装在事故飞机上的汉密尔顿标准 14RF-9 螺旋桨翼板由铝合金锻造而成，非常坚固，桨叶叶面由复合材料和泡沫材料制成。为了减轻重量和配平，在支柱的底部钻了一个圆锥形的孔，称为锥孔。早期的螺旋桨上，锥孔进行了喷丸处理，以增加抗裂性。但首批 431 架飞机制造完成后，经 FAA 审查和批准，汉密尔顿标准公司认为该程序没有必要，就停止了使用。为了平衡叶片，通常在锥孔中插入不同数量的铅丝，并用漂白的软木塞固定（见图 12-4）。

原有的螺旋桨认证证明，结构设计均满足 FAR 中有关振动和共振频率条款以及 AC 2066 中“飞机螺旋桨的振动评估”的要求。为了防止螺旋桨应力超出设计情况，要求螺旋桨检查时尽量在共振频率相对应的 RPM 范围内停留较短的时间。为了减少地面操作时的机舱噪声，EMB-120 螺旋桨以相对较低的空转速度运转，即最大螺旋桨转速（N_p）的 50% ~ 60%，这样也能够保证螺旋桨在最低振动模式（谐振或自然频率）以下运行。考虑到每个叶片之间的差异，该飞机飞行手册和驾驶舱内的警示牌告诫飞行员，在飞机静止和侧后风情况下，禁止进行超过最大 N_p65% 的地面操作，以避免产生共振造成螺旋桨破坏。

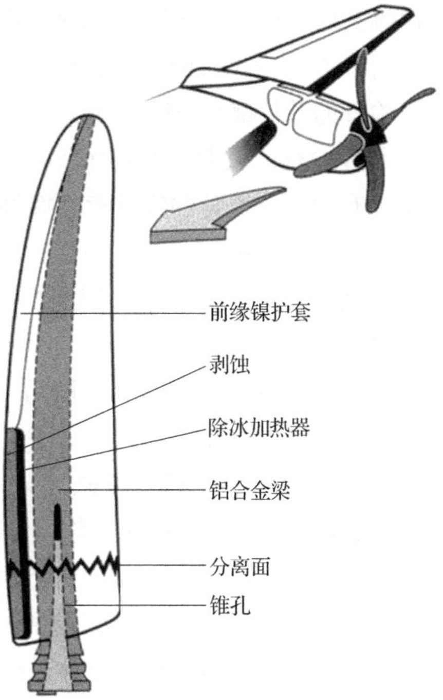

图 12-4　汉密尔顿标准 14RF-9 螺旋桨叶片，页面无弯曲，带有贯通型的叶柄和锥孔（NTSB 提供）

12.3.2　安装在 N256AS 上的螺旋桨

事故叶片于 1989 年制造，它的锥孔没有喷丸，从交付到现在总共运行 14728h。在事故发生前约 28 个月，汉密尔顿标准公司对其进行了大修，大修间隔时间（TBO）为 9500h。

在调查初期，NTSB 就意识到螺旋桨叶片失效是由疲劳裂纹引起。初始疲劳裂纹从锥孔表面至少两个相邻的位置产生，这些小裂纹随后连通，形成一条长的单裂纹并围绕锥孔的两边周向扩展。在事故发生之前，该裂纹已经贯穿了约 75% 的翼板直径。委员会还注意到，在裂纹表面和靠近裂纹源头的断裂面上有一块严重的氧化沉积物。锥孔表面在螺旋桨断裂线的内侧和外侧也有一系列的打磨痕迹，在一个断裂面上还检测到氯的痕迹。

12.3.3　14RF-9 螺旋桨的历史

1994 年发生了两次叶片故障，一次在加拿大，另一次在巴西，两次同样发现了螺旋桨锥孔开裂和氧化物沉积的情况。第一次故障中，整个螺旋桨和减速器箱在飞行中分离，飞机安全着陆；第二次故障中，剩余的三个叶片向“调整迎角”（垂直于气流以减少阻力）位置移动，飞机也成功着陆。此外，欧洲也有一架 EMB-120 飞机在最后进场时经历了一次叶片故障，但该事件是由铝质隔板外侧距叶片末端约 9in 处的疲劳裂纹引起的。

由于这些早期事件，汉密尔顿标准公司立即对所有在役螺旋桨叶片进行超声波检查，以确定是否存在裂纹。结果没有发现任何裂纹，但是在锥孔内发现了“可见的机械损伤”，这是由插入和取出铅制平衡棉的工具造成的。为了减少假阳性测试的数量，制造商制定了一个程序，并得到了 FAA 的批准，允许“混合”修复，或对孔内进行非常精细的打磨，然后涂上特殊的转换涂层并重新检查。如果叶片通过了最后一次超声波检查，它就会被认为是适航的。

人们发现锥孔软木塞的漂白过程中使用的氯是一个腐蚀源，从 1994 年 4 月起，采用密封剂取代软木塞。同时，一系列的汉密尔顿标准警报服役公告也正在制定中，以解决锥孔内表面的裂缝问题。1994 年 5 月，FAA 将这些公告纳入强制性 AD 94–09–06，要求对所有在役飞机的叶片进行超声检查，检查锥孔的横波是否存在异常。任何未能通过检查的叶片都将被退回到汉密尔顿标准公司进行维修。

通过检查，识别出了 490 个可疑的螺旋桨叶片，这些叶片随后都被送回了制造商手中。有少部分叶片的锥孔存在腐蚀，这些叶片被停止使用。然而，其他的叶片没有任何可观察到的缺陷，包括裂纹。所有返回的叶片都是早期喷丸的产品，因检测到喷丸孔的粗糙表面，导致其被“拒收”。

另外，新制定了咨询通报 AD 95–05–03，要求每 1250h 对锥孔进行一次反复的超声波或内窥镜检查。但是，在随后一次成功的内窥镜检查中，由于未发现任何损伤，所以删除了该项检查要求。

12.3.4 事故螺旋桨的服役历史

NTSB 确定，在 1993 年大修后，事故叶片被安装在一架 ASA“巴西利亚”飞机上，并在那里服役了一年多。1994 年 5 月 19 日，根据 AD 94–09–06 对该叶片进行了超声波检查，发现其有缺陷，将其退回给汉密尔顿标准公司。根据一份“车间履历表格”内部跟踪文件，制造商对该叶片进行了重新检查，并再次发现了缺陷。但从锥孔中取出铅棉后，内窥镜检查并没有发现腐蚀、点蚀或开裂的迹象，因此技术人员在表格上写道：“没有发现明显的缺陷。”然而，所要求的“修复后”超声波检查没有记录，即没有进行超声检查。适航批准标签被贴在叶片上，在重新配平和完成其他小的工作之后，叶片被送回 ASA。由于在内窥镜检查中没有发现缺陷，所以该叶片在技术上符合最近的 AD 95–05–03，不需要对该叶片进行进一步的超声波检查。

12.3.5 天气

根据记录，事故地点附近的天气是低空阴云，从地面以上 800 ~ 15000ft（AGL），能见度为 3mile。在撞击前不久，机组人员看到了地面，并要求提供目视进场的导航。佐治亚州西支线机场（CTJ）的当地天气报告没有提供给处理 529 航班的管制员，因此该信息没有被提供给机组人员。

12.3.6 通信

亚特兰大中心是 ASA529 航班螺旋桨脱落时的控制场所。CTJ 没有专门的进场控制频率，因为进港飞机是由亚特兰大进场控制中心处理的。当机组人员在飞行进场尾声时要求提供 CTJ 的跑道和机场信息以便紧急降落时，亚特兰大中心指示他们联系亚特兰大进场。FAA 空管程序的一部分规定：“如果你与一架遇险的飞机通信，请处理紧急情况并协调和指导协助场所的活动。只有在你认为能更好地处理紧急情况时，才能将这一责任移交给另一个场所。”在进场管制员与该航班联系的 90s 内，他提供了一个前往机场的航向，确认了 ILS 的定位频率，并发出了一个目视进场的导航。

在与中心控制员宣布紧急情况后，飞行人员要求为他们的着陆准备好应急设备。但这一要求从未传递给卡罗尔县消防局（为 CTJ 提供消防和救援服务）或亚特兰大进场控制员。

12.4　结论和可能的原因

NTSB 认定，事故原因是："螺旋桨叶片在飞行中断裂和分离，导致左发动机短舱变形，造成阻力过大，机翼失去升力，飞机的方向控制力下降。叶片断裂是由多个腐蚀坑的疲劳裂纹造成的，由于公司检查和维修技术、培训、文件和沟通不充分，汉密尔顿标准公司没有发现该裂纹。"

"造成这次事故的原因是汉密尔顿标准公司和 FAA 没有要求对受影响的螺旋桨进行超声波重复检查。"

NTSB 发现，由于汉密尔顿标准公司将已批准的维修扩展到未批准的应用中，事故叶片在重新投入使用时出现了裂纹。这条裂缝很可能是由作用于锥孔内腐蚀坑的共振频率应力造成的，而 AC 2066 中关于螺旋桨振动频率分隔的指导是不充分的。

安全委员会还确定：

（1）亚特兰大中心的控制员应该在副机长最初提出要求时就呼叫应急设备。

（2）驾驶舱与机舱人员的沟通本可以更加及时和有效。

（3）这起事故指出，有必要制定更严格的防撞轴设计和制造标准。

12.5　当事方提交的资料

巴西航空工业公司、大西洋东南航空公司、空乘人员协会（AFA）和 ALPA 都向安全委员会提交了材料，以纳入公开的备审程序。巴西航空工业公司和美国航空协会都试图纠正动力装置小组结论中的各种技术不一致之处。巴西航空工业公司特别对 NTSB 的草案附录 B，即动力装置组事实报告中的某些部分提出异议。巴西航空工业公司认为这些部分是基于汉密尔顿标准公司陈述的"技术假设"，而不是"事实陈述"。

AFA 建议 FAA 提供有关空姐制服的指导，主要是为了确保在不穿制服外套的情况下，机组成员能够被识别。ALPA 敦促 FAA 的发动机和螺旋桨局对汉密尔顿标准公司进行更深入的监督。此外，还敦促各方参与关键部件的故障调查，并对不通风的氧气系统进行研究，认为这可能是导致 529 航班火灾严重性的原因之一。两个组织都支持对 AC 120–51B（机组人员资源管理培训）进行修改，以强调驾驶舱和客舱人员之间及时沟通的重要性。

12.6　建议

事故发生 4 天后，NTSB 发布了以下安全建议：

（1）不管之前的内窥镜检查结果如何，对所有汉密尔顿标准螺旋桨叶片进行紧急超声波检查。自上次检查以来，任何累计运行了 1250 个周期或更多的叶片，都需要在飞行前做进一步检查。（A–95–81）

（2）对 EMB-120 螺旋桨叶片进行振动分析，以确认使用中的叶片是否保持原有的频率特性。（A-95-82）

（3）审查所有喷丸锥孔的叶片维护和检查程序是否充分。（A-95-83）

FDR 的分析表明，由于电位器（传感器）耦合器不安全，导致了方向舵踏板位置数据的退化。因此在 1996 年 6 月，安全委员会又公布了两项安全建议：

（1）审查 EMB-120 飞行数据记录器系统的设计，特别是与传感器故障有关的设计。（A-96-33）

（2）要求每 6 个月进行一次 FDR 校准测试，直到对传感器的设计或安装进行了改进。（A-96-34）

事故发生 16 个月后，NTSB 在公布飞行事故最终报告的同时，向 FAA 提出了以下 8 条建议：

（1）要求汉密尔顿标准公司审查螺旋桨叶片维修的工具、培训和程序是否充分，并保证这些是正确进行的。（A-96-142）

（2）审查是否需要按照 FAR 第 145 部中维修站的要求检查所有未经认证的机械师的工作。（A96-143）

（3）修订 AC 2066，以为服役相当长时间或已被更改到最大限度的叶片提供适当的指导，确保叶片的自然频率和正常的操作频率之间有足够的 RPM 裕度。（A-96-144）

（4）要求汉密尔顿标准公司修改组件维护手册中的检查程序，使锥孔腐蚀检查的时间间隔更加合适。（A-96-145）

（5）要求汉密尔顿标准公司审查和修订其内部沟通和工程决策文件程序，以及要求指定工程代表（DER）和 FAA 在这一过程中参与。（A-96-146）

（6）向所有空中交通管制员传播信息，在飞行员请求紧急援助时及时地通知坠机或火灾救援人员是非常必要的。（A-96-147）

（7）更新 AC 120-51B（机组人员资源管理培训），以包括在时间紧迫时驾驶舱和客舱人员之间沟通的重要性。（A-96-148）

（8）评估机载防撞轴的必要功能，并为其设计和制造提供指导。（A-96-149）

12.7 行业行动

在 A-95-81 号建议发布的同一天，FAA 发布了 AD T95-18-51，要求任何先前被超声波检查发现有裂纹迹象的 EMB-120 或类似的螺旋桨叶片，必须在 10 飞行小时内拆除并更换。FAA 还对 EMB-120 螺旋桨进行了“振动和载荷”调查，证实了以前的认证测试结果不存在问题。但是，已发布的 AD 95-25-11 仍然要求：“在地面操作中避免超过最大 N_p 的 60%。”FAA 和 NTSB 都同意这一要求，认为有必要将螺旋桨的地面操作限制在避免出现高频振动的转速范围内。

FAA 在 1996 年 7 月完成了对汉密尔顿标准公司大修和检查程序的建议审查。AD 96-08-02 要求在 1996 年 8 月前完成所有 EMB-120 叶片再次的超声波检查。

到 1997 年 11 月，所有的“巴西利亚”运营商都完成了 FDR 电位器校准测试，没有发现方向舵踏板位置传感器或连接机制存在设计缺陷。但人们发现，电位器绕组上可能会形成非常薄的氧化膜，从而产生电“噪声”和不可靠的读数。因此，巴西航空工业公司发布了一份服役公告，以提供关于正确的电位器检查和维修程序的信息。

为了制定一个长期的应对措施，FAA 在 1997 年初与汉密尔顿标准公司的代表会面，提出了一个“行动计划”，以解决 NTSB 提出的螺旋桨叶片维修和公司沟通不足的问题。汉密尔顿标准公司还对所有维修设施进行了“特别补充审计”。以下是已经实施的内容：

（1）锥孔的混合修复不再是一个可接受的程序。

（2）对所有汉密尔顿标准公司维修设施的特别审核至少每年进行一次。

（3）一个新的审查程序已经到位，称为“安全部件计划”。它适用于所有关键螺旋桨部件维修的培训、程序和工具，其特点是提高了 DER 和 FAA 在这些部件的设计、制造和维修中的参与程度。

（4）汉密尔顿标准公司已经制订了一个锥孔腐蚀控制方案，包括检查技术、飞行小时 / 日历时间间隔和维修程序。这个方案将成为被批准的螺旋桨部件维护手册的一部分。

在审查 FAR 第 145 部维修站雇员相关的要求时，FAA 发现目前的要求是充分的，所有维修站完全遵守 145.39（a）中关于无证维修人员资格和能力的要求。

FAA 在提醒空中交通管制员在飞行员要求下及时通知坠机、火灾和救援服务的重要性方面，超出了建议的行动。所有的空管设施管理人员都被要求审查这些规定，并确保每个管制员都能获得最新的紧急通知电话和程序。此外，所有的空管设施人员都被告知该信息的位置，以及及时向主管人员和可能涉及的其他设施提供所有紧急飞机状态的重要性。

1998 年 10 月 30 日，经过近 3 年的研究，FAA 发布了修订的 AC 120-51C《机组人员资源管理培训》。该出版物中的一节专门讨论了机组成员之间时间管理信息的有效沟通，特别是在紧急情况下。

最后，汽车工程师学会（SAE）S-9（机舱安全）委员会正在制定飞机防撞轴设计和制造“航空标准”。

12.8　后记

螺旋桨失效只是这次坠机的原因之一。后续的改进建议将防止再次发生类似的螺旋桨脱离事件。但实际上，是体制出了问题。针对飞行的日常检查被破坏，以及设计、定检、维修、许可和监督之间的平衡被打破，这些导致了 9 人死亡。若将安全系统地纳入流程的每一步，则有可能打破导致这一不幸事件的任一环节，从而避免灾难的发生。

第 13 章　昆西的窘境：联合快递 5925 与比奇空中国王 N1127D 的跑道相撞事件

运营商：大湖航空公司（Great Lakes Aviation）

机型：比奇 1900C 和比奇“空中国王”A90

地点：伊利诺伊州昆西市（Quincy，Illinois）

时间：1996 年 11 月 19 日

“看到并避开”的概念是航空安全的基本原则之一，是每个飞行员的首要责任。FAA 的 AIM 指出，当气象条件允许时，在任何飞行计划之下，即使是在空中交通管制雷达的控制之下，飞行员都有责任看到并避开其他交通、地形或障碍物影响。

对飞行安全同样关键的是有效的沟通。以明确和简洁的方式进行沟通，对于防止那些可能导致事故的误解至关重要。

航空事故很少是单一错误或一系列情况的结果，而是由多种因素叠加的结果。就像链条中的环节一样，如果缺少这些环节中的任何一个，事故就不会接连发生。

13.1　飞行经过和背景

中部标准时间（CST）下午 3:00 左右，美联航 5925 航班，一架比奇 1900C 飞机（见图 13–1），从芝加哥奥黑尔国际机场起飞，前往艾奥瓦（Iowa，曾译衣阿华、爱荷华）州的伯灵顿。由于当天早些时候出现的维修问题，该航班晚点近 3h。飞机于

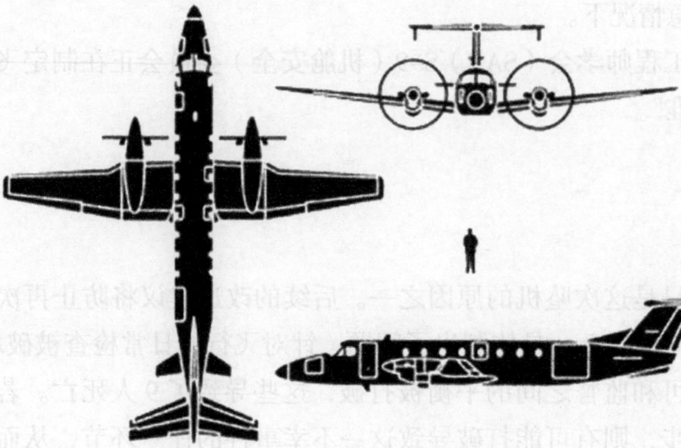

翼展：54ft6in　　标准最大起飞重量：16600lb

标准航程：1806n mile　　巡航速度：250~267mile/h

图 13–1　比奇 1900C 飞机

下午 4:27 抵达伯灵顿，9min 后飞往伊利诺伊州的昆西，这是机组人员当天的第八次也是最后一次预定行程。

昆西机场报告温度为 34℉，能见度 12mile。13000ft 处有散云，20000ft 处有较高的阴云层。风从东北方向（060°）吹来，速度为 10kn。

该航班使用 ATC 呼号“大湖航空 251”，由大湖支线航空公司运营。

昆西市立机场有 3 条跑道，分别是 18/36 号跑道、13/31 号跑道和 4/22 号跑道，如图 13–2 所示。昆西机场是一个无管制的机场，没有运行的空中交通管制塔，到达和离开机场的飞行员应该在指定的公共交通咨询频率（CTAF）上“自我宣布”他们的位置和意图，飞行员也必须仔细监测该频率。AIM 指出，“在没有进场或离场控制的机场时，飞行员必须保持警惕，寻找其他航班并交换信息”。

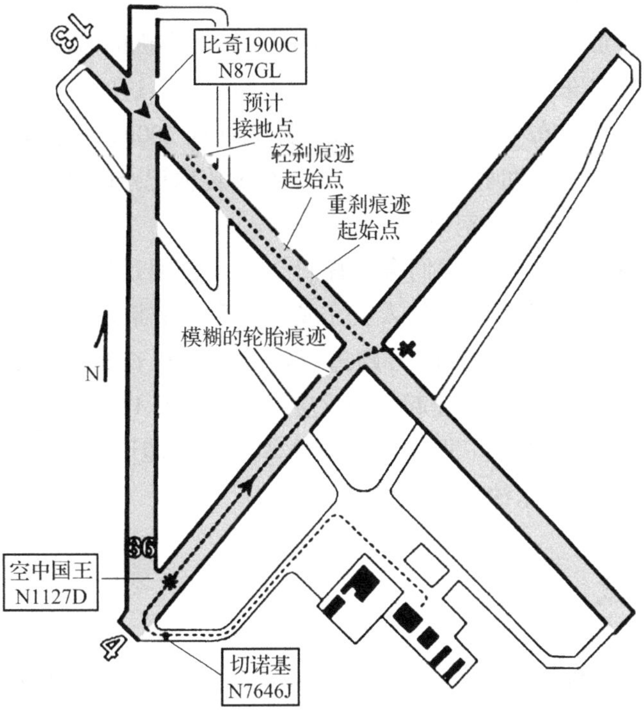

图 13–2　昆西机场和两架飞机的地面轨迹示意图（NTSB 提供）

下午 4:52，大湖航空 251 的机长在 CTAF 上说，他们的航班，“比奇客机，在离机场北部约 30mile 的地方，将在昆西的 13 号跑道上降落，该地区有无其他航班，请告知”。CVR 也记录了无线电通信以及舱内通信，但没有记录下任何对机长询问的答复。

3mile 后，一个被确认为空中国王 N1127D 的女飞行员在 CTAF 上宣布：“昆西航班，空中国王 1127D 正在滑行，哦，在昆西 4 号跑道起飞。”此后不久，一架“切诺基风笛手”（PiperCherokee）飞机的飞行员宣布他正在空中国王飞机后面滑行，并表示他正在“反向滑行”准备在 4 号跑道上起飞。

在听到这些飞机通告后，机长对副驾驶说：“他们都在使用［4 号跑道］。”并询问了副驾驶是否计划使用 13 号跑道。副驾驶肯定了他在 13 号跑道上的降落计划，但又说："如果情况不妙，我们就顺风飞向［4 号跑道］……"

机长随后在 CTAF 上广播说，他们"在机场北部 10mile 处。我们将在昆西 13 号左跑道降落，有其他航班请告知。"同样，没有回应。

大约 1min 后，空中国王的女飞行员在 CTAF 上宣布："昆西航班，空中国王 1127 飞机在 4 号跑道附近停留，向东北方向起飞。"

听到这个提示后，比奇客机的机长对他的副驾驶说："她现在在 4 号跑道？"副驾驶回答："是的。"机长随后在 CTAF 上宣布："昆西地区的飞机，大湖航空 251 号正要转弯，大约 6mile 的最后阶段，哦，13 号跑道，更像是 5mile 的最后阶段，昆西的 13 号跑道。"机组人员随后完成了着陆检查表。

"昆西航班，大湖航空 251 号在短距离进场中，前往 13 号跑道，飞机要在 4 号跑道上保持位置，还是你们要起飞？"机长宣布。

空中国王飞行员没有回应，但在几秒钟内，比奇客机的 CVR 记录了一个男声在 CTAF 上宣布："7646 朱丽叶，保持，在 4 号跑道起飞。"这时，比奇客机的 GPWS 通过驾驶舱扬声器大声宣布"200"，表示飞机距离地面 200ft，从而阻止了该飞行员的部分传输。当 GPWS 的自动呼叫结束后，该飞行员传输记录的其余部分在比奇客机的 CVR 上被记录为"……在哦，空中国王"。

比奇客机回答说："好的，我们会，我们会在 1s 内通过你的交叉口，先生［不明白］。我们对此表示感谢。"然后机组人员完成了最后的着陆检查表。

下午 5:00:01，比奇客机在 13 号跑道着陆 2s 后，机长喊道："最大反推。"无疑是看到空中国王在 4 号跑道上加速起飞的反应。在留下了 475ft 的连续滑行痕迹后，比奇客机与空中国王的飞机相撞。两架飞机的机翼在 13 号跑道的东边交错而过，在跑道交叉口滑行痕迹汇合处以东约 110ft 处停下。

13.2 救援尝试

两名联合快递飞行员和一名受雇于机场固定基地运营商（FBO）的飞行员最先到达事故现场。他们发现空中国王 N1127D 和比奇 1900C 的右侧完全被火焰所吞噬。虽然他们能听到比奇客机机舱内的生命迹象，但由于机舱内充满了黑烟，他们无法看到里面。FBO 的飞行员跑向前方的左机身，在那里他看到机长的头和手臂从驾驶舱侧窗伸出来。黑烟从窗口涌出，机长的金发被烟尘染成了黑色。"把门打开！"机长喊道。FBO 的飞行员跑到前面舷梯门，发现门把手在"6 点钟"的位置。

由于不知道确切的开门程序，也看不到任何关于操作的印刷说明，FBO 的飞行员拼命地试图通过向各个方向移动手柄和拉动门来打开门。然而，门还是没有动静。一名休班的联合快递飞行员随后前来协助，尽管他转动手柄时感觉很正常，但他也无法打开。在绝望中，FBO 的飞行员再次尝试，但无济于事。右边的机翼弯曲了，机身向右倒塌。

昆西机场有一辆 500USgal 的机场救援和消防（ARFF）卡车。联邦航空条例（FAR）规定，在任何超过 30 个乘客座位的航空公司飞机起飞和到达前 15min，该设备必须配备消防员。然而，由于比奇 1900C 只有 19 个乘客座位，所以事故发生时没有机场消防员值班。

昆西消防局在下午 5:01 接到了 911 坠机通知电话，在 1min 内，两辆消防车和 7 名消防员被派往机场。大约 12min 后，消防员到达并向飞机残骸喷水。此后不久，新的消防队赶到，消防人员在大约 10min 内控制了火势。

同时，由于被困在燃烧的机身中，浓烟滚滚。烟雾对空中国王飞机上的两名乘客和比奇客机上的 12 名乘客造成了致命伤害（见图 13–3）。

图 13–3　事故现场的俯视图和受害者的位置

13.3　调查和发现

比奇 1900C 的上机身、驾驶舱和机翼大部分被火烧毁。机头部分完好无损，但被压扁了大约 10in。在机头部分的右侧发现了与空中国王飞机上的颜色相匹配的蓝色油漆剐蹭痕迹。左侧发动机的所有螺旋桨叶片仍然完好无损，但是右边发动机的每一个叶片都断裂了，在叶片根部出现断裂并且脱落了。其中一个断裂的叶片在 13 号和 4 号跑道的交汇处被发现，其前缘有蓝色的油漆剐蹭痕迹，与空中国王飞机的装饰油漆颜色一致。另一个断裂叶片的前缘出现了白色的油漆剐蹭痕迹，与空中国王飞机的机身和机翼表面的油漆颜色一致。

空中国王 N1127D 的轮胎擦痕在 4 号跑道上持续向右转了约 260ft，然后与比奇 1900C 的轮胎擦痕汇合。在两架飞机的轮胎印交汇处，有明显的燃料溢出。虽然空中国王 N1127D 几乎被大火烧毁，但在其雷达罩上发现了一块碎裂的油漆痕迹，机翼前缘的一部分出现了黑色的油漆剐蹭痕迹，与比奇 1900C 的螺旋桨上的油漆颜色一致。从残骸中无法确定事故发生时无线电的功能是否正常。两架飞机的发动机控制器都处于正常关闭的位置。

两架飞机都没有配备 FDR，也没有被要求安装。空中国王 N1127D 没有 CVR，也未被要求安装。因此，调查人员只能猜测在碰撞发生前的那一刻，驾驶舱内发生了什么。这一过程的第一步是了解空中国王 N1127D 的乘员和他们飞行的细节。

13.3.1 空中国王的任务和乘员

空中国王飞机在下午 4:25 左右降落在昆西，机长是一名 63 岁的环球航空公司退休飞行员，曾在美国空军预备役中担任飞行员。从 1993 年到事故发生时，他在附近的空军航空俱乐部担任兼职飞行教官，并作为一名按需飞行的空客公司飞行员兼职飞行。

在事故发生的 7 个月前，该飞行员在给一名商业飞行员学生进行飞行指导时，驾驶赛斯纳 177RG 飞机发生了轮降事故。联邦航空局就这一事件对该飞行员采取了执法行动，但选择了让他完成补救训练，以代替惩罚性行动。在事故发生时，这项补救培训尚未完成。调查该事件的 FAA 检查员告诉 NTSB 调查员，该飞行员“对 FAA 询问他的着陆情况表现出了极其消极的态度。他的说法是，他是一名退休的美国空军上校，有近 30000h 的飞行时间，着陆未放起落架并不意味着什么。”

NTSB 还采访了几位曾接受过空中国王飞行员指导的飞行员。其中一位学生表示，在他看来，这位空中国王飞行员的一个缺点是，“他在时间上很着急”，有时教官试图催促他。在事故发生前，有两名乘客曾与空中国王公司的飞行员一起往返于俄克拉何马州的塔尔萨，他们表示，飞行员似乎“很着急”或“急于回家”。飞行员的妻子表示，她预计飞行员将在当天晚上 5:45 左右回到家中。

另一名 34 岁的空中国王 N1127D 飞机的飞行员拥有近 1470h 的飞行时间，拥有商业飞行员证书，拥有多发、仪表和水上飞机资质。她还拥有被认证的单发和多发飞机等级证书，并有资格成为仪表飞行教官和认证地面教官。据报道，该飞行员有意积累多发飞机飞行时间，以便有资格成为一家支线航线的飞行员。她以前从未乘坐过空中国王的飞机，这次空中国王的飞行员提出带她参加这次飞行以帮助她积累时间，并且在飞行途中对其进行指导。

在驾驶舱座位后面发现空中国王乘员的尸体，因此调查人员无法确定每位飞行员在事故飞行期间坐在驾驶舱哪个座位上。

13.3.2 空中国王的起飞距离和加速停止时间与距离

根据飞机性能数据，NTSB 计算出空中国王的估计起飞距离约为 1500ft。在空中国王起飞前，在其后方的“切诺基风笛手”的飞行员表示，空中国王滑行到 4 号跑道上，在开始起飞前等待了大约 1min。从 4 号跑道的那个位置，到 4 号和 13 号跑道的交叉点的距离大约是 1900ft。调查人员还计算了加速—停止的时间和距离，以确定空中国王飞机开始起飞的确切时间。

13.3.3 能见度和显著性测试

事故发生 3 天后，调查人员在事故现场进行了测试，以确定比奇 1900C 在日落 / 黄昏条件下的视线能见度和显著性。在类似的时间和气象条件下，两名调查员将自己置于 4 号跑道的进场端，面对空中国王飞机起飞的方向。在下午 4:37 到 5:08 之间，他们对在 13 号跑道上起飞或降落的 3 架飞机的操作进行了调查。在每个案例中，他们发现从他们在 4 号跑道的有利位置看，着陆灯和频闪灯都很显眼，而且他们没有注意到会影响这些飞机的视觉障碍物。

在这些测试之后，两名试飞员和一名调查员驾驶比奇 1900C 起飞，在 13 号跑道上降落，其他调查员则从一架空中国王 B90 飞机的驾驶舱观察，该飞机位于 4 号跑道上，与事故飞机的起飞位置相近。他们进行了三次测试。第一次测试，坐在空中国王左座的调查员注意到，在短暂的最后进场和着陆过程中，后窗的边柱阻碍了他观察比奇 1900C 的视线。在第二和第三次测试中，没有发现任何地面障碍物。

NTSB 使用了制造商提供的照片，代表了两架飞机驾驶舱的视野。对于每架飞机和每个座位的位置，两张照片被叠加在一起，以代表每只眼睛的视觉图像和飞机风挡玻璃的可视角度。这些照片是从“设计眼球零位参考点”拍摄的，代表了飞行员在转动头部时看到的全景。

然后将这些照片与计算机程序结合使用，该程序将每架飞机的估计位置与其他飞机的驾驶舱窗户联系起来。图 13–4 ~ 图 13–7 是重建这些照片中的飞行员视角的图片。如图 13–4 所示，比奇 1900C 的机长在飞机最后接近时，空中国王的视野几乎完全被风挡玻璃中心柱和雨刷挡住。

图 13–5 显示，从比奇 1900C 的副驾驶座位上看国王飞机，至少有一部分会被飞机的右侧窗柱挡住。这种遮挡将从着陆前 30s 持续到撞击。

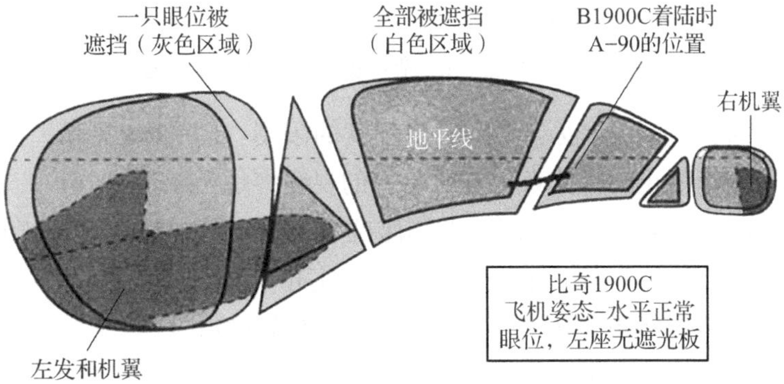

图 13–4　空中国王左座机长的比奇 1900C 视觉图（NTSB 提供）

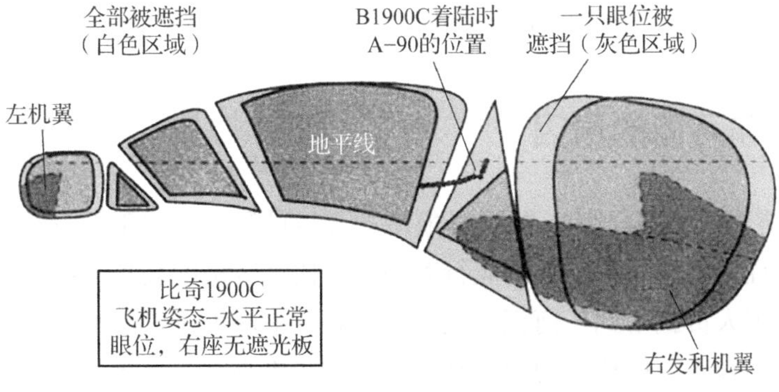

图 13–5　空中国王右座副驾驶的比奇 1900C 视觉图（NTSB 提供）

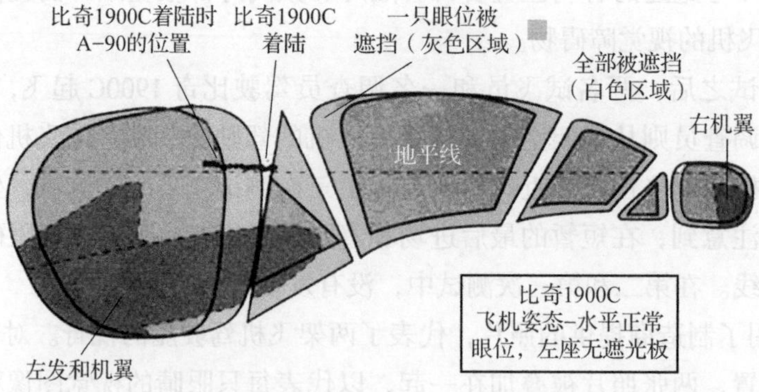

图 13-6　空中国王左座机长比奇 1900C 视觉图（NTSB 提供）

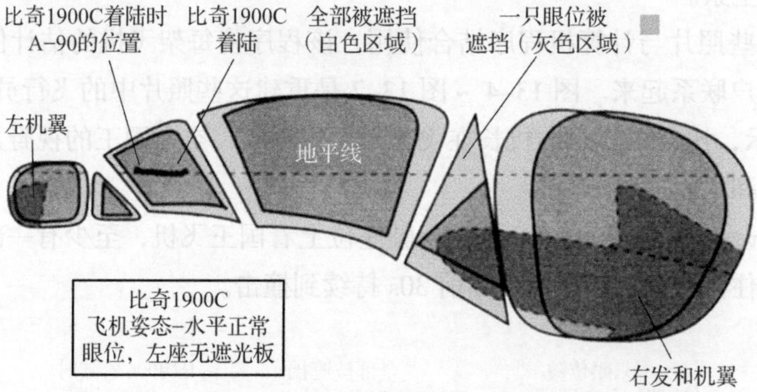

图 13-7　空中国王右座副驾驶的比奇 1900C 视觉图

空中国王飞行员的视野也会受到一定程度的限制。图 13-6 显示，当空中国王在 4 号跑道的端头附近静止时，比奇 1900C 左座的视线将是无障碍的。下午 5:00:42，在空中国王开始起飞前 4s，从空中国王左侧座位看 1900C 的视线会在左侧 68°处被部分遮挡。下午 5:54，当空中国王在 4 号跑道上加速起飞时，就在 1900C 在 13 号跑道上着陆前，1900C 的视线将被完全遮挡，并将一直保持到撞击时。

如图 13-7 所示，在空中国王开始起飞前，右座的空中国王飞行员应该能够看到比奇客机。在空中国王开始起飞后不久，比奇 1900 的视线就会被挡住，但在碰撞发生前 30s，在左前风挡玻璃上会出现清晰的视线。他们的结论是，从空中国王左座的位置看，这个位置会被完全遮挡，但从右座副驾驶的位置看，则是清晰可见。

13.4　结论和可能的原因

NTSB 的结论是，联合快递 5925 号航班的飞行员和空中国王的飞行员一样，都经过了适当的认证、培训，并有资格履行其职责。比奇客机的装备和维护符合适用的规则和指令。调查人员找不到任何记录表明，这架空中国王飞机已经进行了必要的应答器和皮托管静态检查，但他们的结论是，缺乏这些检查并没有导致事故的发生。天气不是导致事故的因素。

13.4.1　联合快递机组人员的表现

NTSB 指出，比奇 1900C 的机组人员对 13 号跑道进行了“直线进入”，而不是按照 FAA 咨询通告 AC 90–66A 中建议的程序，在“无管制”机场的操作。然而，安全委员会承认，尽管 AC 90–66A 提供了严格的咨询材料，还是有一些飞行员可能会因为各种操作原因选择直线进入。为此，联邦航空局指出，所有的飞行员在做直线进入时，应该对其他飞机保持警惕。

安全委员会的结论是：“鉴于比奇 1900C 机组在进场过程中经常通过无线电广播告知飞机的位置，而且没有任何禁止直线进入非管制机场的规定，机组决定直入 13 号跑道的做法并无不妥。”

尽管 FAR 规定着陆飞机对在机场运行的其他飞机有优先权，但 NTSB 发现“机长采取了预防措施，询问跑道上的飞机是要保持还是要起飞”。他们发现，“切诺基风笛手”飞行员在机长询问后立即发出的无线电信号（“7646 朱丽叶，哦，保持，在 4 号跑道起飞，[由于比奇 1900 的 GPWS 呼叫，无法理解的语句]，哦，空中国王”）似乎是在回答她的问题。NTSB 说，有一些微妙的线索可以提醒比奇 1900C 的机组人员，这个信号不是来自空中国王。NTSB 的结论是，比奇 1900C 的机组人员没有关注这些线索，因为他们很可能只顾着让飞机降落，并且因为这个无线电信号是“空中国王”而不是“切诺基”。此外，他们还指出，飞行员没有理由期待除空中国王以外的任何其他飞机的回应。“在收到他们认为是来自跑道上的飞机的保证，即它会保持住，飞行员可能已经不再担心在降落过程中继续观察空中国王，”安全委员会总结说。

在他们的最终分析中，NTSB 确定比奇 1900C 机组做出了适当的努力，通过无线电通信和视觉监测来协调他们的进场和降落。“然而，他们误以为‘切诺基风笛手’飞行员的信号（他在 4 号跑道上等待起飞）是空中国王对他们询问空中国王意图的回应，因此错误地认为空中国王在 5925 航班使用完跑道后才打算起飞。”

13.4.2　空中国王的飞行员和飞行员 / 乘客的表现

NTSB 发现的一些迹象表明，飞行员可能在事故飞行中向飞行员 / 乘客提供飞行指导。NTSB 指出，当空中国王的飞行员开始起飞时，并没有在 CTAF 上进行广播。鉴于跑道上有 1min 的延迟，这种宣布“本来是谨慎的，而且符合非管制机场的常见做法，”调查人员说，“安全委员会的结论是，空中国王的飞行员没有在 CTAF 上宣布他的起飞意图，造成了两架飞机之间碰撞的可能性。”

空中国王的对讲机在坠机后被烧毁，因此调查人员无法确定其状态。调查人员能够得出结论，空中国王的机组要么没有正确设置无线电，无论是音量或适当的频率；要么就是他们心不在焉，分心或不专心。

NTSB 指出，目击者可以看到比奇 1900C 在最后进近的延长线。然而，在比奇 1900C 最后进近和着陆的大部分时间里，以及在空中国王飞机起飞时，NTSB 关于飞机视野的研究表明，比奇 1900C 的视线会被空中国王飞机的驾驶舱边柱部分遮挡。尽管有这些障碍物，NTSB 指出，“如果空中国王的机组在观察时移动他们的头和身体，这些障碍物可以很容易被避开。”NTSB 指出，如果这些飞行员“在 [比奇 1900C] 进近的最后 4mile 内的任何时候都能正确地进行观察，他们就能看到进近的飞机，就不会在进近时开始起飞。”因此，他们得出结论，空中国王的机组没有观察到飞机。

调查人员推测，专注于为飞行员 / 乘客提供指导，漫不经心的飞行习惯，可能产生的疲劳，以及急于回家，这些都可以解释为什么空中国王公司的飞行员没能正确地观察飞机。

13.4.3 “切诺基风笛手”飞行员的表现

NTSB 指出，切诺基飞行员只有 80h 的飞行时间，并评论说，他糟糕的无线电播报技术表明他缺乏经验。在比奇 1900C 的 CVR 中记录的第一次无线电通信中，切诺基飞机的飞行员说他要“向后滑行到 4 号跑道”。NTSB 指出，他使用“反向滑行”一词是不恰当的，因为该词是指在与飞机滑行路线相反的跑道上滑行。

NTSB 认定，他糟糕的无线电播报技术是造成事故的关键因素。在下午 5:00:16，当比奇 1900C 机长问“飞机要在 4 号跑道上保持位置，还是你们要起飞？”根据 NTSB 的说法，“切诺基飞行员对 5925 航班的问题（针对‘在 4 号跑道上’的飞机）的回应是没有必要的，也是不恰当的，因为他不是第一个排队起飞的。”由于切诺基飞行员没有按照 AIM 的建议，将他的“N”号与他的飞机型号（“切诺基”）一起进行，因此可能出现的混淆更加严重。

调查的结论是，切诺基飞行员的播报，加上他没有纠正他的播报可能造成的任何误解，误导了联合快递的机组人员，使他们相信他们一直在与空中国王的飞行员进行沟通，且空中国王将继续在 4 号跑道上保持。

NTSB 公布的事故报告没有描述切诺基飞行员目睹事故发生后所采取的行动。然而，正如 NTSB 操作 / 人为因素组主席报告中所说，在看到碰撞和随之而来的火焰后，切诺基飞行员转向乘客，他也是一名新认证的飞行员，并问：“你看到了吗？我不想参与其中。我要起飞了。”据报道，这位乘客回答：“你不能在那条跑道上起飞。”对此，切诺基飞行员表示，“我将使用另一条跑道。”然后他们在 36 号跑道上出发了。

13.4.4 生存性问题

尸检结果表明，两架飞机上的乘客都是死于吸入烟雾和有毒气体。撞击力处于可承受的水平，不会妨碍乘客疏散。然而，安全委员会的结论是，撞击后迅速蔓延的火势严重影响了空中国王乘客的生存可能性。

安全委员会的结论是，比奇 1900C 的乘客无法撤离，是因为机舱门无法被打开，左翼的出口舱门也没有被打开，舷梯也没有成功被打开。

NTSB 的材料实验室检查了门的残骸，发现所有的门锁凸轮都在锁定位置。飞机制造商表示，当门上的操作缆绳被拉开 1/4in 的间隙时，锁舌就无法操作。安全委员会推测，冲击力造成了门 / 框架系统的变形，使门的电缆系统出现间隙，实际上使门失效。

“安全委员会关注的是，尽管事故产生的冲击力非常轻，以至于比奇 1900C 的乘客几乎没有因此而受伤，但是却导致比奇 1900C 的舷梯门被卡死，使乘客无法利用它来逃生。”NTSB 表示。

他们的结论是，FAA 的认证要求中存在不足之处，即表明舱门理应不会因机身变形而卡住。

13.4.5　应急响应

安全委员会指出，对事故作出反应的昆西消防队在 10mile 之外，直到事故发生 14min 后才到达现场。他们将这一观察与 FAR 第 139 部的要求进行了对比，该部要求认证的机场配备有能够在 3min 内提取现场的 ARFF 工具卡车立即做出反应，并配备受过适当培训的消防员。董事会指出，联邦航空局的这一要求只适用于机场有超过 30 名乘客座位的航空运输飞机积极提供服务的情况。

昆西机场的 ARFF 卡车停在离事故现场约 1800ft 的地方，如果人员配备得当，它本可以在 1min 内到达燃烧的残骸。安全委员会表示："消防员当时可能已经能够扑灭或控制火势，从而至少延长比奇 1900C 飞机上一些乘客的生存时间。"他们进一步推测，这种延长的生存时间可能使乘客有更多的时间找到、打开并通过机翼上方的出口逃生。"因此，安全委员会的结论是，如果在昆西机场的这次行动中得到了机场内的 ARFF 保护，那么生命就有可能得到挽救。"

NTSB 总结道："安全委员会的结论是，尽管一些社区可能缺乏足够的资金来为通勤航空公司服务的小型机场提供 ARFF 保护，但通勤航空公司的乘客应该得到与 30 个以上乘客座位的飞机上的航空公司乘客同样程度的安全保护，以避免坠机后发生火灾。""因此，安全委员会认为，联邦航空局应制定办法，资助那些由拥有 10 名或更多乘客座位的飞机提供服务的定期客运业务的机场，并要求这些机场确保在通勤航班运营期间有受过训练的 ARFF 部门，并能够及时做出反应。"

13.4.6　可能的原因

NTSB 确定，这次事故的可能原因是"空中国王 A-90 的飞行员未能有效监控公共交通咨询频率或正确观察飞机，导致他们在比奇 1900C（联合快递 5925 号航班）降落在相交的跑道上时开始起飞。"

安全委员会指出，造成事故的原因是"切诺基飞行员中断了无线电传输，这导致比奇 1900C 的飞行员对起飞安排产生误解。造成事故严重性和人员伤亡的原因是救援和消防不够及时有效，以及比奇 1900C 的舷梯门未能打开。"

13.5　建议

基于这次调查，NTSB 向 FAA 提出了以下建议：

（1）向飞行教官重申，在飞行员培训和两年一次的飞行审查中，强调仔细观察技术的重要性。（A-97-102）

（2）围绕飞机舱门卡死的问题。评估比奇 1900C 的门 / 框架系统在承受最小的永久性门变形时的干扰倾向，并根据评估结果，要求进行适当的设计变更。此外，建立明确和具体的方法来显示符合无干扰认证要求。最后，在制定符合免于干扰要求的方法时，要考虑这次事故的情况，并确定要求门被证明是可行的。在发生类似严重程度

的撞击后，不会出现卡死现象。（A–97–103、104 和 105）

（3）制定办法，资助那些有 10 个及以上乘客座位的飞机的定期客运业务的机场，并要求这些机场确保在通勤航班运营期间，飞机救援和消防团队能做出及时反应。（A–97–107）

（4）在 FAA 互联网主页的安全信息部分增加一份有定期航空服务但不具备飞机救援和消防能力的机场名单。（A–97–108）

（5）此外，NTSB 重申 FAA 安全建议 A–94–204，该建议指出，只有在符合 FAR 第 139 部《认证和操作：为某些航空公司服务的陆地机场》的标准的机场，定期客运才应被允许。

13.6 行业行动

FAA 在飞行员培训和两年一次的飞行审查中继续强调正确观察技术的重要性，并在最近发表了 3 篇涉及跑道入侵的期刊文章和一段视频。

一项 AD 已经发布，要求在比奇飞机的门外有高度可见的标记，表明正确的打开程序。经审查，FAA 发现该门没有卡住的倾向，没有必要改变设计。此外，FAA 认为，“由于事故中存在的冲击力的严重性，要证明事故飞机的门不被卡住是不可行的。”没有计划对第 23 部的设计标准进行修改，但在未来的项目中，可能会在飞机认证办公室（ACO）使用的指导材料中实施措辞的改变。

比奇公司的母公司雷神公司向 NTSB 提交了一份关于这次事故结论的复议申请，FAA 正在等待委员会对该申请的最终决议，然后再确定他们自己的答复。

FAA 已经开始制定规则，考虑将 14 CFR–139 部（机场标准）的认证要求扩展到所服务的机场。然后，他们将“逐一考虑对机场改善计划资金的请求……用于这些机场的消防项目和设备采购”。

13.7 后记

这起事故向所有飞行员提出了警示：你日常所做的事情，如观察飞机或你的无线播报表达方式，可能会对飞行安全产生至关重要的影响。无线播报必须清楚明白。如果一个指令、许可或其他无线播报表述不准确，必须加以澄清。

有效观察飞机意味着想办法最大限度地扩大视野。FAA 的 AC 90–48C《飞行员在避免碰撞中的作用》提醒飞行员需要“移动头部，以搜索物理障碍物，如门窗柱。门柱可以覆盖相当大的天空，但头部的小幅度移动可能会发现一个可能隐藏着威胁的区域”。AC 还指出，“在滑行到跑道或着陆区起飞之前，通过操纵飞机来观察可能的着陆区域，以提供对这些区域的清晰视野。重要的是，即使收到了滑行或起飞许可，也要做到这一点。”

像许多事故一样，这次事故本来是可以避免的。有效的沟通或适当的观察可以防止昆西的这种窘境。

第 14 章　危险的错误观念：康姆 3272 航班留给我们的思考

运营商：康姆航空公司（Comair Airlines）
机型：巴西航空工业公司 EMB-120RT
地点：密歇根州门罗市（Monroe，Michigan）
时间：1997 年 1 月 9 日

飞行安全取决于航空系统每个组成部分的正常运作。精湛的飞机设计、制造、操作和维护通常与严格的监管相结合，产生一个非常安全的航空网络，很少发生事故。由于这些成功，我们中的许多人倾向于认为这个运作良好的系统是理所当然的。作为乘客，我们认为我们乘坐的飞机已经证明符合所有要求的设计标准，并遵守适当的法规，这些法规基于几十年的"实践"经验。作为飞行员，我们依赖的是可靠的飞机性能参数和制造商发布的准确的操作指南和规范。

然而，康姆 3272 航班的悲惨事故表明这些观念可能带来危险并提醒我们，在航空领域，需要不断总结新的教训并克服错误的假设。

14.1　飞行经过和背景

康姆 3272 航班是巴西航空工业公司 EMB-120RT 型飞机，于 1991 年交付给该航空公司，已累计飞行 12751h。

3272 号航班的机长 42 岁，有 5300 多飞行小时，其中 1000 多 h 来自于作为机长执飞 EMB-120 飞机。他对康姆航空的操作程序非常熟悉，并且具有"非常注重细节、专业和认真对待工作"的良好声誉。

副驾驶 29 岁，共有 2500 飞行小时，自 1995 年 10 月受雇于航空公司以来，他一直在驾驶 EMB 系列飞机，而且在康姆公司的飞行员团队中也很受尊重。那天，两位飞行员都渴望能按时返回航班，因此他们迅速对飞机进行了检修，并审查了飞行调度文件。飞行前的准备工作完成后，3272 航班于下午 2：51 离开登机口前往底特律（DTW），比预计晚了 21min。由于当时下着小雪，他们滑行到指定的除冰区，在那里对整架飞机喷洒乙二醇 / 热水溶液。当该程序完成后，他们被允许进入跑道，并在下午 3：09 升空。

在副驾驶的操纵下，飞机的起飞和爬升都很正常。穿过湍流，机组申请并获得了以 210 飞行高度层（FL210，或 21000ft）巡航的许可。在这个高度上的飞行很平稳，他们向底特律方向飞行时，巡航部分是常规的。自动的飞行计划显示，飞行时间为

40min，在下午 3∶39，开始下降到 11000ft 的平均海平面高度。机组收到了 DTW 自动终端信息服务的无线电广播，记录到的能见度为 1mile，伴有小雪和低云。此外，几条跑道和滑行道关闭，刹车提示（由于路面湿滑）和地面除冰程序（由于降雪）生效。

在与 DTW 进场控制中心联系后，机组接到指令，以 050°（磁性）航向离开到达 MIZAR 交叉点，并希望导引航向至右 3 号跑道 ILS 进场。他们还被告知，跑道很滑；之前有一架 DC-9 降落时，刹车动作被列为"差"。

1min 后，空中交通管制员再次发出通告。"康姆 3272，保持 190kn 的速度……如果做不到请通知。"另一架飞机，即美国西部航空公司的 A320，也在同一跑道上。由于那架飞机速度更快，而且有一条更直接的路线到达最后的雷达固定点，管制员决定在康姆飞行之前，A320 的呼号 Cactus50 被编入序列。为了保持所需的 3mile 雷达间隔，并提供足够的避免尾流涡旋的最小值，康姆 3272 降低速度，并稍微偏离最终进场路线。

14s 后，康姆 3272 向下一个进场管制员报到，被建议在 12000ft 处平飞。越过 7000ft 后，康姆 3272 经过 MIZAR 交叉点，转向东北。ATC 再次向该航班发出修订后的航向，即 030°，"以保持间距"。机长确认了这一许可。1min 后，又发出了右转至 055° 的指令，机组服从了该指令。

在下降过程中接近 8000ft 时，副驾驶启动了下降检查表。

"结冰保护？"机长质疑道，读了清单上的第一项。

"风挡玻璃，螺旋桨，标准 7。"副驾驶回答。他的回答证实了风挡玻璃和螺旋桨防冰系统已经启动，两个迎角传感器、侧滑角指示器、总温传感器和 3 个皮托管 / 静压系统的"标准 7"防冰开关已经打开。

"点火？"机长继续说道。

"自动，"这是回答。其余 6 个项目很快完成。

然后副驾驶开始了他的进场简报，这是进场检查表的第一个要求。"好的……还有 1000ft［当时航班正在下降到 8000ft，而他们的指定高度是 7000ft］……我们将对右 3 号跑道做 ILS……这将是一个联合进场……襟翼 25……频率是 111.5……这已经设定好了 ... 进场航线是 035。"他继续说："我们要在某个地方拦截顶部……啊……不管他给我们什么高度……2700 是拦截到下滑道的高度。"空管人员随后打断了他，要求他进一步向右转到 070° 的新方向。

当飞机转弯时，副驾驶在达到指定高度时增加了动力。在完成他的简报后，他提醒机长正确的进场高度，错过的进场程序和频率选择。"有问题，有意见吗？"他最后说。

"没有问题……你负责 21、14 和 43 的速度指示。"机长回答。空速指示器上的小型可移动标志，或称"bugs"，随后被分别设置为进场参考速度（VREF）、起飞安全速度和最后 1 段空速（VFTO）。就在机组人员完成了自动迎角和导航无线电检查表项目时，控制员通过无线电发出了额外的指示。"康姆 3272，向右转，航向 140……降低速度至 170……"机组人员服从命令。检查表上还有两个项目没有完成，通常是在飞机接近降落时完成：空乘人员提醒和选择襟翼到 15°。

"康姆 3272 底特律进场，降低速度至 170，保持 6000……飞行航向 140。"机组人员承认，但由于他们已经在指定的航向上稳定了超过 1min，副驾驶开玩笑地问："想知道他在看什么飞机？"

"不走 140 那个！"机长笑着说。

在接下来的 30s 里，机长通过备用无线电与康姆航空指挥站的人员协调，完成了出站航班的乘客和燃料装载安排，并收到了抵达登机口的信息。"你不在的时候没有变化，"当被告知与康姆运营部门的交流已经完成时，副驾驶评论道。

几秒钟后，最终进场管制员允许飞行到 4000ft，飞行员开始下降。随后，Cactus50 和管制员就 DTW 的天气状况进行了讨论。

"没有 [风切变报告] ……只有光滑的跑道和低能见度，"控制员说，"你一下来就会遇到逆风……哦……2000ft 左右。"7s 后，他再次与 3272 号航班联系。"……向右转，航向 180……降低速度至 150"。机组人员知晓，但他们立即被指定了一个新的方向。

"……现在左转，航向 090，计划一个越过定位信标的航线"管制员仍然需要增加康姆 3272 和美国西部航空 A320 之间的间距。他的信号提醒机组成员，他们可能会在直接转向机场之前，通过跑道中心线的定位信标。

"航向 090，康姆 3272"，机长回答。这将是该航班的最后一次无线电传输。

就在自动驾驶仪操纵飞机在 4000ft 处平飞时，飞机开始缓慢左转至新分配的航向。在下午 03:50:10（美国东部时间），转弯开始后 5s，飞机速度减至 156kn，左倾角陡然增加到 23°。根据自动驾驶仪的指令，驾驶盘开始向右后方移动以调平机翼，但左滚转的速度仍未减弱。

几秒钟后，发动机功率开始增加，但右边的发动机扭矩值比左侧的增加更快。在 03:54:17，驾驶舱语音记录仪（CVR）记录到"背景环境噪声明显减少"，驾驶盘进一步向右移动，左倾继续增加。

机长注意到他的快 / 慢指示器上的异常指示，这是飞机空速相对于失速速度的信号，并评论说："看起来像你的低速指示器。"随着发动机的扭矩继续增加，机长呼叫"动力！"然而仅仅几秒钟后，在 03:54:24，他们的速度已经下降到 146kn，飞机正在以 45°左倾滚转。失速警告"振杆器"启动，紧接着是自动驾驶仪断开和其独特的"自动驾驶仪"语音告警。

在 2s 内，康姆 3272 就完全失控。飞机继续翻滚，直到几乎翻转，机头向下倾斜 50°。近地告警系统的"倾斜角"警告加入了振杆器和其他警报的声音中。飞行员的惊讶和惊呼声是 CVR 最后记录的声音之一。在一个非常陡峭的机头向下的姿态下，康姆 3272 坠落在密歇根州门罗市一个教堂露营地旁边的空地，距离目的地 19miles。全部 26 名乘客和 3 名机组成员当场死亡。

14.2　调查和发现

NTSB 带着来自华盛顿特区的调查员以及来自芝加哥和安克雷奇的支线办事处调查员立即对事故现场做出反应，也立即做出反应。参与调查的各方包括 FAA、康姆公司、巴西航空公司、普惠公司、国家气象局、国家空中交通管制员协会和航线飞行员协会。此外，事故调查和预防中心（巴西）的一名调查员提供了协助。

在高速撞击下，大部分的残骸集中在3个撞击点周围的区域。最大的一个撞击坑大约15ft宽、25ft长、4ft深，里面是机身的剩余部分，而两侧较小的撞击坑里则是发动机和螺旋桨的残骸。

撞击后的大火烧毁了大部分残骸，但安全委员会能够确定，没有证据表明飞行中发生火灾或撞击前发动机损坏或其他险情。两个螺旋桨虽然都基本损坏，但没有显示出任何提前的异常迹象，也没有任何证据表明任何飞机系统在撞击前可能出现故障。FDR和CVR被找到并被送到华盛顿特区的NTSB实验室进行读取。这些数据显示，飞行中的故障是事故的原因，在排除了螺旋桨超速问题和其他情况后，调查方向很快集中在结冰、尾流、飞行员行为和飞机飞行控制上。

14.2.1 尾流

在审查空中交通管制雷达记录时，安全委员会确定进场管制员遵循了所有空中交通和尾流分离规则。康姆3272和Cactus50的地面轨道在事故地点附近汇合，但对预期的尾流涡旋和高空风的路径分析表明，存在足够的水平和垂直分离，因此排除了尾流这一因素。

14.2.2 结冰

自从20世纪30年代美国国家航空咨询委员会（NACA）开始研究这个问题以来，工程师们已经意识到了结冰对空气动力学的不利影响。该小组确定，极小的表面粗糙度（0.011in的颗粒）只覆盖机翼前缘5%～10%的表面，在某些情况下，失速迎角显著减小，甚至达到6°。1979年，道格拉斯（Douglas）飞机公司的一位飞机工程师写道："对机组人员来说，少量表面粗糙度的影响可能并不是特别明显的……但是1.3V_S（飞机失速速度的1.3倍）的进场速度可能由于表面粗糙度降低到1.1V_S，从而为机动或阵风留下很少的实际失速裕度。"他的结论是，相当于中等或粗级砂纸的冰积聚会导致"失速速度显著提高，导致在失速警告启动之前出现失速的可能性"。为了在这些情况下提供额外的安全裕度，一些飞机的失速警告系统，当防冰系统打开时，自动减少失速警告激活所需的迎角角度，然而EMB-120没有这个系统。

在过去的20年里，发生了大量与结冰有关的航空事故，产生了专题研究、安全委员会报告和建议、咨询通告、行业会议和研讨会。正如NTSB所指出的，自1980年以来，安全委员会已经调查了约40起涡轮螺旋桨飞机结冰相关的事故。这些事故强调了在严重结冰条件下飞行的危险性，飞机尾翼积冰或飞机机翼上薄而粗糙的积冰有关的空气动力学问题。1996年，FAA的一位工程师提出，由于飞行中结冰导致的滚转偏移越来越多，这不仅是由于涡轮螺旋桨飞机的使用率增加，而且这些飞机"通常在较低的高度上停留较长时间……因此暴露在结冰条件下的飞行时间比例更大"。

14.2.3 EMB-120的研发和认证

N265CA由巴西航空工业公司（EmbraerS/A）于1991年12月在巴西制造，交付康姆航空。所有希望获得美国适航认证的外国制造商都必须经历类似美国制造商必须遵守的程序。主要的区别是，来自原产国的适航管理局必须提供“对审定项目的持续监督，并参与所有审定飞行试验”，而不是联邦航空局提供这个指导。根据巴西和美国之间的双边适航协定（BAA）的条款，FAA 承认巴西航空航天技术中心（CTA）为适航主管机构。

巴西航空工业公司在提交了巴西型号合格证申请后不久就申请了美国的型号合格证（TC）。因此，FAA 参与了整个项目审定，1992 年 2 月 20 日，FAA 为 N265CA 颁发了美国标准的适航证。

结冰取证：

已知在结冰条件下飞行的取证要求在 FAR 第 25 部，要在连续或间断的最大结冰条件下运行，“考虑到飞机的各种配置，飞机各部件的防冰措施必须足够……而且飞机及其部件必须在各种使用配置下，在可测量的自然大气结冰条件下进行飞行测试。”

当时有效的取证要求规定最大间断条件下水滴尺寸为 50μm，最大连续水滴尺寸为 40μm。1μm 是 1‰mm，为便于比较，0.5mm 的机械铅笔的铅芯要比第 25 部中定义的最大水滴尺寸大 10 倍。然而，过冷大液滴（SLD）已被证明在某些大气条件下存在，当以冻雨或冻毛毛雨的形式出现时，其大小可以为 40 ~ 400μm 的直径。

CTA 和 FAA 的人员都参加了 EMB-120 结冰审定飞行试验，包括自然结冰条件和机翼上的模拟结冰。他们发现，飞机表现出“令人满意的操纵特性，没有失去控制的倾向……”测试期间的空速为 130 ~ 200kn 不等，结冰量为 0.25 ~ 0.75in 不等，所有的飞机配置（起落架和襟翼位置）都进行了测试。在机翼前缘的 3in“公羊角”冰型上也获得了可接受的结果，这代表了在结冰条件下保持 1h 可能积累的冰层。最后，在测试期间的几次自然结冰中，条件超过了第 25 部规定的连续最大结冰和间歇最大结冰条件的界限，但对飞机的操作没有不利的影响。

康姆 3272 航班具有以下防除冰系统（见图 14-1），以避免积冰和由此产生的飞行性能下降：

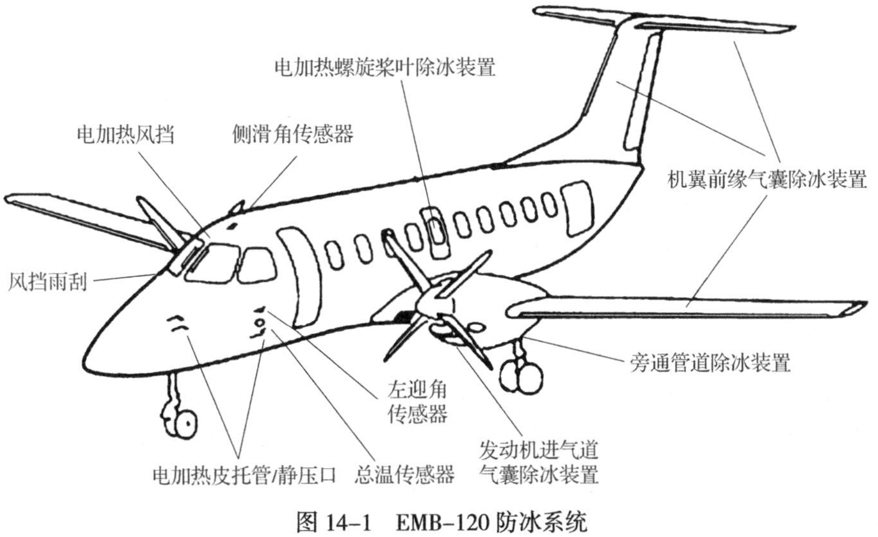

图 14-1　EMB-120 防冰系统

（1）风挡玻璃、皮托管、静压口，以及迎角、总温和侧滑角传感器的电防冰。

（2）螺旋桨叶片的电除冰。

（3）气动除冰，使用充气“气囊”将冰从机翼前缘、水平安定面、垂直安定面，以及发动机进气道和旁通管道上分离出来。

发动机引出的空气被用来给气囊快速充气，以使冰开裂并与翼面分离。经过前缘的自然气流会将冰块吹走。当放气时，除冰气囊与机翼前缘贴合，保持机翼的翼面形状。康姆 3272 的防冰或除冰系统在事故发生前没有任何维护上的问题，在残骸中也没有任何证据表明其在飞行中出现故障。

14.2.4 天气

气象科学家协助 NTSB 分析了事故发生时底特律地区的各种天气报告和飞行员的观察结果。安全委员会发现，“天气条件变化很大，但有利于在不同的高度上形成霜或混合冰”。此外，气象学家研究的结论是：“康姆 3272 航班航线上存在很有力的结冰环境证据。……可能还存在冻毛毛雨（40 ~ 400μm），特别是……在沿云底或靠近云底的地方。”

14.2.5 NTSB 对飞机性能的研究

对飞行数据记录器（FDR）的分析向安全委员会表明，在康姆 3272 失事前的几分钟内，飞机的气动性能明显下降。为了更充分地了解这种性能下降，调查组使用 EMB-120 工程模拟器来比较 FDR 的数据和预期的航向、高度、爬升率和下降率、倾斜角和空速。

为了与 FDR 数据相匹配，安全委员会的工程师确定，事故飞机遭受了很大的升力下降、阻力增加，以及滚转、俯仰和偏航力矩的变化。分析还表明，由于升降舵和升降舵调整片空气动力效率的降低，一些东西（估计是长期积累的冰）导致了升降舵的逐渐偏移。通过使用“阻力计数”，在 3272 航班的下降剖面中，从海拔 8000 ~ 4500ft 的几个间隔内，分析阻力逐渐增加的情况。这些单位量化了阻力对飞机性能的影响，计数越高，空气动力影响越大，或性能损失越大。使用这种技术，调查人员能够将工程模拟器的飞行剖面调整到和飞机的性能非常接近。委员会开始意识到结冰在这场悲剧中可能起到了非常关键的作用。

风洞试验：

在调查的第一年，NTSB 和 FAA 进行了独立的风洞试验。安全委员会与 NASA 的科学家一起，试图确定康姆 3272 实际上可能积累了多少冰，并确定不同类型的冰积聚对飞机性能的各种影响。FAA 还与伊利诺伊大学厄巴纳 – 香槟分校（UIUC）联合开展研究，以确定延迟启动除冰气囊的影响，以及除冰气囊充气周期完成后剩余的残冰或粗糙度对飞机性能会产生什么影响。

NASA 的研究证实，在与康姆 3272 所遇到的天气条件相似的情况下，冰开始迅速形成，最初的冰粗糙且薄，很难被看到。这些冰“极其粗糙，像砂纸一样”，一般来说比霜状冰更清晰。在试验过程中，安全委员会指出，“在飞行过程中，特别是在光线不足的情况下（即在云层和降水中，在黄昏时），飞行员很难通过目视观察到结冰。”

NASA 的风洞试验表明，总的积冰量取决于液滴大小、机翼迎角和云层总含水量。

但总的积冰量被确定为不是影响飞机性能上最关键的因素。正如委员会所发现的，“带有小冰脊的薄薄的粗糙冰层……对升力、阻力和失速迎角的影响比 FAA 通常用作结冰审定的 3in 的‘公羊角’冰型的影响更大。”

从 FAA 和 UIUC 的试验中得到的结果证实，“在飞行员觉察到飞机结冰前，可能已经发生了非常危险的气动性能下降。”然而，矛盾的是，事故发生时的推荐程序建议飞行员在启动除冰气囊之前，观察机翼前缘可测量的冰层厚度（1/4 ~ 7/4in，取决于飞机制造商）。这些做法是必要的，因为担心“冰桥”，即在充气期间冰在除冰气囊的脊背上堆积，从而限制了系统清除冰的能力。然而，根据 1997 年 11 月 FAA/NASA 飞机除冰气囊冰桥研讨会上提出的证据，涡轮螺旋桨飞机上的冰桥问题似乎是“神话或传闻事件”的结果。FAA 的环境结冰专家指出，最安全的做法是飞行员在进入结冰状态后立即启动前缘除冰气囊，而且越早越好，并尽可能多次重复。

14.2.6　相关结冰事件的历史

NTSB 对 1993 年初在阿肯色州松树崖附近发生的涉及一架 EMB-120 的结冰事件进行了调查。在启动失速振杆器后，飞机发生了颠倾意外和螺旋桨叶片故障。并且由于飞机上有未被发现的冰，飞机失去了滚转控制。委员会在 NASA 的航空安全报告系统（ASRS）中发现了另外 5 起 EMB-120 结冰事件，其中 4 起记录了与松树崖事件非常相似的失控情况。

1994 年 10 月 31 日，由西蒙斯航空公司运营的一架 ATR-72 支线运输机在印第安纳州罗斯劳恩附近坠毁，机上 68 人全部死亡。这架以美国之鹰 4184 号航班运营的飞机，在芝加哥奥黑尔机场等待降落许可时，一直在保持飞行状态。经过彻底的调查，NTSB 确定飞机遇到了严重的结冰问题，SLD（过冷大液滴）的直径在 100 ~ 40000μm 之间，是 FAR 第 25 部规定尺寸（直径 40 ~ 50μm）的好多倍。委员会的结论是，这次事故表明，“飞行员有可能在不知情的情况下，在飞机没有表现出令人满意的操控特性的情况下操作飞机。”因此，FAA 要求“带有无动力控制和除冰气囊的支线运输类飞机”的制造商评估这些飞机在 SLD 结冰情况下的飞行品质。

巴西航空工业公司 SLD 试验：

为了满足 FAA 的 SLD 要求，巴西航空工业公司在 1995 年底进行了风洞试验、飞行模拟器分析和飞行试验。第一个系列的风洞试验是为了评估 SLD 对副翼铰链力矩的影响。结果发现，沿除冰气囊后缘展向放置的 1in 大 1/4 圆带状模型（模拟机翼上的极端积冰脊）对副翼（和一般飞行操纵特性）产生了严重的空气动力影响。进一步的飞行试验表明，飞机是完全可控的，但维持机翼水平所需的“飞行员输入”操纵力超过了认证所规定的 60 lbf 的最大驾驶盘操纵力。

巴西航空工业公司辩称，四分之一圆的形状比自然积冰“严重得多”。然后进行了飞行中的结冰试验，以确定机翼前缘积冰的真实形状，以及什么视觉提示可以让飞行员更好地识别冻雨和冻毛毛雨情况。

在试验过程中，一架空中加油机产生了直径为 40 ~ 70μm 的水滴，以模拟 SLD 结冰环境，而一架 EMB-120 在加油机后面飞行，并穿过水汽云。结果机翼结冰的形状没有四分之一圆的模型那么严重，而且在所有情况下驾驶盘操纵力都保持在 FAA 的最大值以下。此外，经发现在 SLD 条件下飞行，通过视觉提示气囊上最后一个充气管道后面的冰和螺旋桨整流罩后端冰的形成是精确的。1996 年 4 月，巴西航空工业公司发表了一份运营公告（OB NO.120-002/96），向 EMB-120 运营商和其他感兴趣的人员提供了所有的试验结果。

14.2.7 飞行员行为

安全委员会指出，康姆 3272 航班机组的三个具体行为值得进一步审查：在没有启动机翼气动除冰的情况下启动飞机防冰，空速和襟翼配置决策，以及使用自动驾驶。

14.2.7.1 使用除冰 / 防冰设备

根据 CVR 的记录，飞机“标准 7”传感器加热、风挡玻璃加热和螺旋桨除冰都在底特律进场降落时被启动。然而，康姆公司的 EMB-120 飞行标准手册（FSM）中的指南提醒不要过早启动机翼前缘除冰气囊，这可能会导致“冰块形成充气气囊的形状（冰桥），不能进一步尝试其他的飞行中除冰措施”。委员会注意到，飞行员知道他们处于结冰状态，但即使他们观察到任何“在失去控制之前可能存在的薄而粗糙的积冰”，他们可能也会遵循公司的指导，不开启机翼除冰系统。

14.2.7.2 空速 / 襟翼配置

康姆航空的飞行员从几个来源获得了关于 EMB-120 正常和最低空速的操作指导。其中包括巴西航空工业公司出版的《飞机飞行手册》（AFM）、康姆 EMB-120《飞行标准手册》（FSM）、公司公告和驾驶舱“空速标牌”，这些小图表提供了不同襟翼配置和着陆重量的正常进场和着陆速度。NTSB 指出，公司的 FSM 没有包含在结冰条件下飞行的具体最低机动空速。空速标牌显示，正常的最低机动空速为 147kn（在着陆重量为 24000lb，起落架和襟翼打开的情况下），在相同配置下，发布的结冰情况下失速速度为 114kn。

1995 年 12 月发布的一份康姆内部办公室备忘录建议飞行员在结冰时保持 170kn（起落架和襟翼收回）。1996 年 10 月，该备忘录的部分内容被纳入了康姆航空的 EMB-120 飞行手册。然而，只讨论了 170kn 的保持速度，没有提到在结冰条件下的下降或巡航速度。NTSB 发现，“所使用的语言，指南中包含的不同空速和标准，康姆发布的方法，以及公司没有将指南作为正式的、永久性的修订纳入 FSM，可能导致飞行员不确定适合他们情况的空速。”

14.2.7.3 自动驾驶仪的使用

NTSB 认为，在脱开前的 15s 内，自动驾驶仪的自动功能可以警告飞行员飞机性能严重下降。这些虽然“微妙而短暂”的线索包括驾驶盘向右移动，而飞行仪表显示飞机继续向左偏航。

自动驾驶仪突然和意外的脱开允许副翼在左翼向下的方向快速移动，导致飞机翻滚到几乎倒置的姿态。委员会认为，如果任何一位飞行员的手放在驾驶盘上，意识到飞机的性能下降，并解除自动驾驶仪，事件可能会更加可控。

安全委员会的结论是：“如果飞行员是手动驾驶飞机（没有启动自动驾驶仪），他们很可能会注意到为保持所需的左倾角而需要增加右翼向下（RWD）驾驶盘操纵力，意识到飞机性能的改变，并增加空速或以其他方式改变飞行状况，以避免失去控制。”此外，这架飞机自动驾驶仪断开的倾斜角设置为 45°。如果该限制被设置在与最初的自动驾驶仪倾斜角指令限制（约 25°）相对应的位置，调查人员认为机组人员将有足够的时间对不断增加的滚转做出反应并恢复正常飞行。

14.2.8 FAA 监管不力

在最终报告的分析部分，NTSB 对 FAA 监管的几个重要领域的行动提出了尖锐的批评。

14.2.8.1 结冰认证

在审查了所有的试验数据后，调查人员确信 EMB-120 达到或超过了 FAR 第 25 部规定的所有结冰认证要求，包括在机翼前缘堆积 3in 的“羊角”冰型。但委员会感到不安的是，FAA 没有要求巴西航空工业公司证明飞机在第 25 部附录 C 天气包线范围内可能遇到的其他类型的冰积聚后的性能。这将包括薄如砂纸的冰，在前缘后方有一个小冰脊。委员会还担心可能存在其他潜在的危险冰的形状，但尚未确定，部分原因是 FAA 在修订 20 世纪 50 年代的第 25 部附录 C 结冰认证要求方面长期不作为的结果。

14.2.8.2 FAA 关于 EMB-120 结冰问题的报告草案

FAA 知道 EMB-120 结冰问题的历史，甚至在 1995 年 11 月的 FAA/ 行业会议上提出了其他 6 个已知事件的总结。一位 FAA 工程师重新在一份报告草案中对这些事件进行了分析，详细说明了他们对飞机在结冰后的滚转行为的担忧，飞行机组无法注意到的少量冰积聚会诱导产生高阻力，结冰条件下失速警告和失速速度余量不足，在结冰条件下使用自动驾驶仪等相关问题。正如董事会成员乔治·布莱克在听证会上所说：“FAA 有人知道，回头看那份文件，几乎是在一年前写的，它当然看起来像是预言。”

14.2.8.3 EMB-120 AFM 的 43 号修订版

FAA 没有对上述问题采取直接行动，只是批准了巴西航空工业公司提出，由 CTA 批准的飞机飞行手册的修订（修订号为 43），规定在遇到结冰情况时，“巴西利亚”飞机应立即启动飞机上的除冰气囊。然而，根据安全委员会的说法，FAA 的飞机审定办公室人员显然“不接受报告草案的［其他］结论。这些结论承认，如果飞行员没有认识到结冰，就不会启动除冰气囊，启动自动驾驶仪会屏蔽结冰的触觉线索，在这些条件下，机组人员也可能无法接收到足够的失速警告”。

此外，联邦航空局派往康姆公司的主运营检查员负责航空公司运营和手册的所有方面的工作人员，他不知道巴西航空工业公司运营公告 OBNo.120-002/96 详细说明了 SLD 加油机试验的结果。因此，他不知道第 43 修订版背后的广泛理由，该修订版将纳入 EMB-120 AFM 飞行中结冰条件程序的修改。因此，他没有要求将第 43 修订版纳入康姆 FSM 或公司程序中。

14.2.8.4 FAA 有限的行动

NTSB 指出，这次调查中提出的许多问题早在 1981 年就被安全委员会发现。当时，一项关于避免结冰和结冰保护的研究呼吁 FAA 更好地评估单个飞机在结冰条件下的性能，审查和修订 FAR 第 25 部附录 C 的要求，并建立标准化的结冰认证程序。

NTSB 认为，FAA 在所有这些方面的行动都是零星的、无效的。“如果 FAA 对安全委员会 1981 年提出的结冰建议作出充分的反应，那么早期的事故或在其工作人员关于 EMB–120［结冰问题］的报告草案中所表达的担忧……以及这次事故很可能会被避免。”安全委员会进一步指出，“FAA 未能及时和系统地解决这些认证和使用问题包括结冰时自动驾驶仪的使用、结冰时失速警告 / 保护系统的调整、薄而粗糙的冰和 SLD 的影响等，导致康姆 3272 的飞行员处于缺乏足够工具和信息的情况下，无法安全操作。”

14.3 结论和可能的原因

最后的报告除了列出以下可能的原因外，还列出了 34 项调查结果。“NTSB 认为，这起事故的可能原因是 FAA 没有为结冰条件下的飞行制定适当的飞机认证标准，FAA 没有确保美国的航空技术中心 /FAA 批准的事故飞机的除冰系统操作程序得到执行。FAA 没有要求为结冰条件建立足够的最低空速，导致飞机在升力表面积累了薄而粗糙的冰层后失去了控制。”

“造成此次事故的原因是，机组决定在结冰条件下，在使用空速包线的下限（襟翼收回）附近飞行，以及康姆航空未能为襟翼配置和结冰条件下的飞行制定并传播充分明确的最低空速值。”

14.4 最终报告公布前的行业行动

1994 年的罗斯劳恩事故的结果之一是向 FAA 提出了两项建议，要求修订 FAR 第 23 和 25 部的结冰标准（A–96–54）和结冰认证试验条例（A–96–56）。FAA 的回应是，组织了航空规则制定咨询委员会（ARAC），其任务是，“为飞机在结冰条件下的安全运行制定目前的认证［附录 C］包线并不包括的认证标准。”如果能找到资金，还可以启动对 SLD 结冰的额外研究工作。在 ARAC 的基础上，成立了防冰协调工作组，负责生成研究数据，以更详细地定义 SLD 和混合结冰天气环境。

安全委员会承认 ARAC 和各工作组为改进结冰认证和飞机系统要求所做的努力，并敦促 FAA 加速“研究、开发和实施对结冰认证试验条例的修订……”为此，委员会重申了康姆 3272 事故报告中的安全建议 A–96–54 和 A–96–56。

1997 年 3 月 13 日，FAA 召开了一次会议，审查和讨论 EMB–120 结冰相关事件，康姆航空负责调查的大部分当事人都出席了会议。会议得出了三个重要的结论：

（1）仅靠视觉提示是不够的，需要向机组人员提供更精确的指导，以确定何时启动除冰系统。

（2）在出现积冰的第一个迹象时，应该强制启动除冰气囊。

（3）应该考虑各种配置下的最低速度和修订结冰时失速警告系统参数。

这些问题在 NPRM 97–NM–46–AD 立法提案通知和 AD 97–26–06 适航指令中得到

了解决，该指令要求在 EMB-120 飞机上安装结冰探测系统，调整除冰气囊操作程序，并确定所需的最低空速。1997 年 5 月，为了支持 NPRM 的意图和加快监管进程，NTSB 发布了 4 项紧急安全建议。他们建议 FAA：

（1）要求所有航空公司在 EMB-120 操作手册中公布所有配置的最低空速。（A-97-31）

（2）确保所有航空公司 EMB-120 的除冰程序与巴西航空工业公司 AFM 一致。（A-97-32）

（3）指示所有 POI 确保所有运营 EMB-120 的航空公司向机组人员强调识别结冰状况和正确的飞行中除冰程序的重要性。（A-97-33）

（4）要求所有 EMB-120 飞机配备自动结冰探测系统 / 机组警报系统。（A-97-34）

这些建议是通过 FAA 于 1998 年 8 月 31 日发布的 AD（生效日期为 1998 年 1 月 23 日）和有关飞行标准信息公告来执行的。该 AD 的部分内容要求 EMB-120 飞行人员，"在冰层形成的第一时间启动前缘结冰保护系统……并保持 160kn 的最低空速。"此外，运营商被要求在 1998 年 10 月前在所有 EMB-120 飞机上安装机身结冰探测器。

14.5　建议

在 NTSB 发布的 21 项新建议中，有两项是给 NASA 的，其余 19 项是给 FAA 的。

向 FAA 提出的值得特别注意的建议包括：

（1）修改"微量冰"的定义，以排除其无危险的观念。（A-98-88）

（2）要求 POI 与他们的承运人讨论 AFM 的修订，并鼓励向承运人的飞行员彻底传播重要的操作信息。（A-98-89）

（3）与其他航空组织一起，组织和实施全行业关于结冰危害和早期启动除冰气囊重要性的培训，对飞行中结冰的危害进行研究，制定和实施对结冰认证条例的适当修订，并积极开发有效的飞机结冰防护和结冰探测系统。（A-98-90，92，93 和 99）

（4）要求现代涡轮螺旋桨飞机的制造商和运营商审查和修改他们的手册和培训计划，以强调早期启动的重要性，并提供失速警告系统，在结冰条件下运行时，在失速开始前提供驾驶舱内的警告。（A-98-91 和 96）

（5）要求制造商提供所有构型和条件下的最低使用空速信息，并在所有新的和现有的带有自动驾驶仪的运输类飞机中加入告警逻辑，对超过自动驾驶仪指令限制的偏航角或俯仰角发出警告。（A-98-94 和 98）

（6）要求运营商将制造商的最低使用空速纳入其手册，并以明确和简明方式提供相应的培训方案，并要求涡轮螺旋桨飞机的飞行员在启动防冰系统时要手动驾驶飞机。（A-98-95 和 97）

（7）一旦修订的结冰认证标准完成后，就立即评估目前运行的所有涡轮螺旋桨飞机的认证，并采取必要的行动以确保这些飞机符合修订后的标准。（A-98-100）

（8）确保所有 FAA 飞行标准人员了解了制造商的使用公告和修订，包括所有背景材料和理由。（A-98-103）

给NASA的两项建议（A-98-107和108）涉及飞行人员培训问题，与A-98-90和A-98-92几乎相同。

对飞机研制方来说，在飞机研制过程中，对需要在结冰或冰积聚条件下飞行的飞机，需要充分考虑在FAR第25部附录C定义的冰积聚条件下，表明对25.21（g）、25.1420及相关条款的符合性，包括需要充分评估和验证不同结冰条件下结冰对飞机气动特性、飞机失速速度、失速警告裕度、飞行性能、飞行品质、防除冰措施有效性、结冰飞行操作程序、自动驾驶仪的使用等的影响。

充分考虑附录0定义的过冷大液滴结冰条件，评估飞机无限制地在SLD环境下飞行或逃离SLD环境的安全飞行能力；考虑结冰气象条件改变对飞机飞行性能、飞行品质、驾驶舱视界、空速指示系统、静压系统等带来的影响；考虑迎角传感器的防冰规范等。

其中FAA认为过冷大液滴结冰条件适用于最大起飞重量小于60000lb（27.24t）的飞机，或者具有可逆操纵面的飞机，而EASA则建议针对所有飞机。

14.6 行业行动

FAA同意删除Order7110.10、飞行服务、航空信息手册和飞行员/管制员词汇表中有关微量冰的“非危险性”的提法。这项行动已于1999年7月15日完成。此外，POI被指示在每个航空公司内建立一个可靠的飞机制造商公告和AFM修订的“交付”系统。行动计划要求从制造商公告发布之日起，到航空公司收到为止，最长15天的时间，另外15天的时间限制用于FAA批准资料。解决这一问题的飞行标准手册公告于1999年夏天前发布。

发布的另一份飞行标准公告澄清了适用于公司手册的“现行”一词，并强调了在AFM、FSM和培训计划中提供最新信息的重要性。1999年中期建立了一个电子数据库，包含了所有制造商的使用公告和AFM的修订。FAA检查员使用该数据库来评估和验证运营商在自己的手册和培训计划中对材料的执行情况。

1999年2月24日，由FAA主办了飞行中结冰会议。来自制造商、飞行员和行业协会、安全委员会和FAA的代表参加了会议。

各个工作组讨论了结冰防护、冰桥、培训、自动驾驶仪的使用、天气、手册和信息发布。根据FAA的说法，“这次会议产生的产品将用于飞行员信息、培训和结冰规定的可能修改”。

1998年底，FAA向所有涡轮螺旋桨运输类飞机的制造商发出信函，要求提供数据，表明他们的飞机在保护表面积冰的情况下表现出安全的运行特性。政府还公布了拟议规则制定通告（NPRM）要求15种不同类型的涡轮螺旋桨飞机“在第一次出现结冰状况时启动除冰系统，并在此后的运行中尽量减少冰的积聚”的适航指令。

在ARAC下成立的其他工作组之一，即飞行试验协调工作组，已经提议对附录C进行修订，以重新定义飞机的1g失速速度。以与FAA发起的法规修改相协调，目标是公布 AFM 的操作速度，“在所有的配置和飞行阶段中，无论是否有冰的积聚能提供足够的机动能力……”该项目于 2000 年 12 月完成。该小组还在研究如何更好地定义和理解机翼结冰形状及某些飞机对尾翼失速的敏感性，以及为 FAR 第 25 部飞机制定更合适的失速警告系统性能要求的标准。一旦这些标准被确定下来，FAA 考虑将其应用于 FAR 第 23 部通勤类飞机。

14.7　后记

这起事故，就像其他许多事故一样，本来应该可以避免。FAA 曾预言，EMB-120 在结冰条件下运行时存在特定问题，但是该报告中的“非官方”建议，包括 NTSB 因其他类似结冰事件而提出的一些建议，都没有得到重视。一种错误的安全感使监管机构，以及在某种程度上使工业界陷入无所作为。机会和生命就这样失去了。

经过对结冰相关事故的充分调查，以及行业的研究，FAA 于 2010 年 6 月 29 日颁布了 SLD 的拟议规则制定通告（NPRM）。于 2014 年 11 月 4 日发布 FAR-25 部第 140 号修正案，飞机和发动机在过冷大液滴、混合态和冰晶条件下的合格审定要求。第 140 号修正案对 FAR-25 部 25.21，25.105，25.111，25.119，25.121，25.123，25.125，25.143，25.207，25.903，25.929，25.1093，25.237，25.253，25.773，25.1323，25.1324，25.1325，25.1521，25.1533，附录 C part Ⅱ进行了修订，新增了 FAR 25.1420 和附录 O 过冷大液滴结冰情况和过冷大液滴结冰条件。

第 3 部分

通用飞机航空事故

第 15 章　破碎的梦：失败的创纪录飞行

操作员：杰西卡·杜布罗夫和她的父亲以及飞行教员

机型：赛斯纳（Cessna）177B

地点：怀俄明州夏延市（Cheyenne，Wyoming）

时间：1996 年 4 月 11 日

飞行员们经常会尝试创纪录飞行，以获得某种成就感和满足感。1996 年 4 月，在一个风雨交加的早晨，7 岁的杰西卡·杜布罗夫（Jessica Dubroff）在冒险成为最年轻的飞越美国的飞行员时失去了生命。悲剧发生后，杰西卡·杜布罗夫这个名字家喻户晓。

美国人为这个年轻女孩感到悲痛。就在几天前，她还在网络新闻节目中充满生机和热情地展示她的崇高目标。她的悲剧也引起美国国会的关注，他们迅速作出反应，以防止这样的悲剧再次发生。

15.1　飞行经过和背景

杰西卡在她父亲和 52 岁的认证的飞行教官（CFI）的陪同下，在事故发生前一天开始了这次冒险。杰西卡坐在赛斯纳 177 飞机的左前座上，她的飞行教官坐在右座，在穿越美国的过程中对她进行飞行指导。因为持有私人飞行执照（从而合法载客）的最低年龄是 17 岁，所以 CFI 担任了机长。他们乘坐 CFI 驾驶的赛斯纳 177B“红衣主教”四座单发飞机（见图 15–1），于太平洋时间上午 7:00 左右从位于加利福尼亚州半月湾的基地机场出发。左边座位的方向舵踏板安装有 3in 的铝制加长件，以满足年轻飞行员

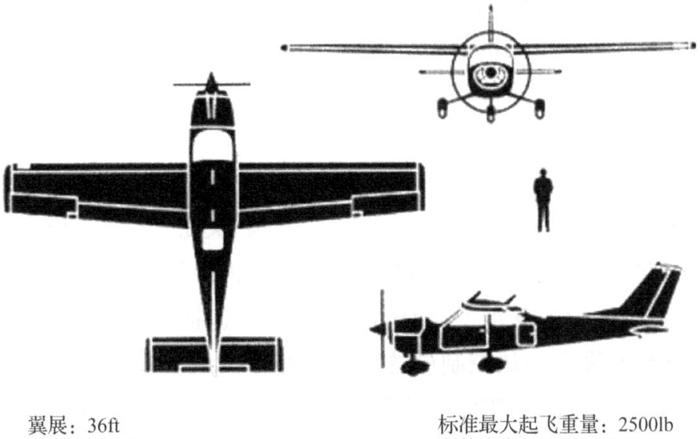

图 15–1　赛斯纳“红衣主教”

的需要。座位上还有座垫，帮助杰西卡看清仪表板。

在出发前，杰西卡已经和她的飞行教官一起飞行了大约33h，飞行教官大约有1484h飞行时间记录，但在之前的6个月里，他没有飞行过。

赛斯纳飞机上装满了宣传品，包括15lb海军蓝棒球帽，上面刻着金字："杰西卡·杜布罗夫，驶向闪光的大海。"此外，ABC新闻还为杰西卡的父亲提供了一台高质量的摄像机和录影带，以记录这次历史性飞行的精彩片段。

第一天的飞行时间计划为8h，在到达当天的终点站怀俄明州夏延之前，有两次中途加油停留。在第二加油停留时，机场经理注意到，CFI"明显很疲惫"。

三人在美国东部时间下午5:30左右降落在夏延机场，并受到了一大群粉丝和新闻媒体的欢迎。CFI从机场打电话给他的妻子，告诉她自己很疲惫，因为他在太平洋时间凌晨3:30起床，与杰西卡及其父亲一起参加一个全国性的早间新闻节目。

夏延广播电台的节目主管在晚上7:00左右开车将三人送到酒店。该主管说，在去酒店的途中，他们讨论了即将到来的雷暴，CFI"非常坚决"要在第二天早上6:15前离开以避开雷暴。当时这三个人看起来都很疲惫。

黎明时分，飞行员们晚1h到达机场。在出发前的广播采访中，雨下得很大。由于天气恶劣，当采访者建议他们留在夏延市时，杰西卡的父亲回答说，他们想"战胜"即将到来的"雷暴"。

早上8:00后，CFI联系了卡斯帕（Casper）自动飞行服务站（FSS），并表示他计划使用VFR前往内布拉斯加州的林肯市。气象预报包括有关飞行途中中度结冰和预期航线中中度至重度湍流的警告，并指出由于预测的低云层和/或能见度，飞行预防措施已经生效。天气预报说，"实际上有一条南北向的［阵雨］带，就在你所处位置的西边。"他表示，雷暴、结冰和IFR是存在的，并补充说"不奢望有太多的改善"。

然后，天气预报描述了夏延市以东几个地方当时的天气状况，那里天空晴朗。于是，CFI回答说："是的，可能看起来不错……事实上，东方看起来阳光普照。"在发起通话6min后，飞行员提交了VFR飞行计划并挂断了电话。

不到5min，杰西卡和她的父亲以及CFI登上飞机并起动了发动机。当CFI打电话给ATC要求放行时，管制员问他是否有ATIS信息"回复"。CFI回答说："没有，ATIS是什么？"这表明他不知道ATIS的频率。当管制员发出ATIS频率时，CFI发回了错误的频率。管制员随后重新发布了正确的频率。

飞行的第二天，一位粉丝录制了一段N35207准备滑行的视频。雨还在下，发动机在运转，但由于前轮卡住，飞机无法滑行。随后，发动机关闭，一名工作人员拆除了卡具。

在滑行至30号跑道的过程中，CFI告诉夏延地面控制中心，他无法调出ATIS的特定频率。地面控制员随后发布了当前的天气情况，包括风向280°，风速20kn，偶尔有30kn阵风。飞行员没有确认控制员的传输，操作员请求确认。CFI回答说："好的，207，我们前往30号跑道，对吗？"管制员回答说："你们正前往30号跑道，你收到信号了吗？"飞行员回答："我们收到了。"

上午8:18，塔台控制员通知CFI，有一架同样的赛斯纳飞机刚刚离开30号跑道，飞行员报告说有中度低空风切变，导致空速在 ±15kn 之间波动。几分钟后，管制员告知塔台能见度为 2.25mile，且该场符合 IFR。由于 N35207 是一个 VRF 飞行，管制员询问了飞行员的意图，CFI 回答说："好的，207 想要一个特殊 IFR，嗯，顺风离场。"管制员回答："我不熟悉特殊 IFR。"飞行员纠正说："对不起，特殊 VFR。"

在获得 VFR 特别许可后，N35207 飞行员通知夏延塔台他已经做好起飞准备。当管制员说出"允许起飞"时，N35207 已经在跑道上滑行。

地面目击者观察到飞机起飞后开始缓慢爬升并向右转。总之，目击者描述赛斯纳飞机的机翼摇晃、高度低、空速低、俯仰姿态高、从右到左再到左连续"滚转振荡"。他们描述说，当时风很大，有中度到重度混合降水（雨、雪和雨夹雪）、雷声和闪电。当飞机在离地面几百英尺的地方右转时，目击者看到飞机突然俯冲向地面。飞机坠毁在一个居民区的街道上，距离 30 号跑道出发端大约 3/4mile。

美国东部时间上午 8:24，成为最年轻飞越美国飞行员的梦想破灭了，同时杰西卡·杜布罗夫和她的父亲及其飞行教官也失去了生命。

15.2　调查和发现

事故现场的实物证据包括残骸，这些残骸大多集中在地面直接撞击点。机头部分和前舱区域被挤压，并沿着飞机的纵轴向后移。两个舱门都有挤压线，表示地面撞击时的俯仰姿态为 67°（见图 15–2）。

图 15–2　杰西卡·杜布罗夫的赛斯纳"红衣主教"残骸

15.2.1　飞机重量和平衡

调查人员计算出飞机起飞时的重量为 2596lb，这超过了赛斯纳"红衣主教"的最大允许起飞重量 2500lb。调查人员还计算出，在滑行和起飞过程中，大约使用了 12lb 的燃料，这意味着在事故发生时，飞机超过最大总重量约 84lb。经确定，该飞机在允许的重心限制范围内。

15.2.2　天气

事故地点距离多普勒雷达天线大约有 1.5mile。在坠机前约 4min，雷达记录到 30

号跑道的出发端有中度降水，而在赛斯纳飞机开始向东右转的区域有大的降水。

此外，向空中交通管制提供风切变报告的相同的赛斯纳飞机飞行员（13000 飞行小时）后来告诉调查人员，在他起飞滑跑过程中，由于强侧风，他遭遇了控制困难。旋转后，他的飞机没有像往常一样加速，他经历了中度湍流和风切变。他还注意到机场西边的云对地闪电。因为他知道赛斯纳 177 很快就要离开地面，他开始担心他们的安全，并向空中交通管制提供了一份飞行员报告。另一位飞行员是联合快递 Beech 1900 的机长，他上午 8:20 左右降落，在距离机场 1.5mile 的地方看到了闪电，并在听了飞行员报告后，决定推迟出发。根据这些情况，NTSB 得出结论，事故发生在雷暴的边缘附近。

15.2.3 人为因素问题

为了更好地了解到底是什么影响了飞行员在即将到来的雷暴中起飞，研究人员调查了人为因素。NTSB 研究了疲劳、过于自信和媒体关注带来的时间压力以及飞行决策。

15.2.3.1 疲劳

NTSB 认为，CFI 在事故飞行前几天的睡眠不足可能导致了疲劳。在 4 月 10 日启程前的 3 天里，他每晚只睡 6h 左右。当天早上，他凌晨 3:30 起床，并在当天晚些时候告诉几个人他很累。NTSB 指出，由于人们往往低估自己的疲劳程度，CFI 向几个人提到他“真的很累”，可能反映了事故发生前一天的高度疲劳状态。

事故发生的当天上午，CFI 早上 6:22 从酒店退房。NTSB 承认，他在夏延市停留期间的睡眠情况不得而知，但他们也指出，CFI 在那天早上所犯的错误类型与缺乏警觉性是一致的。NTSB 列举了这些错误：在前轮卡住的情况下起动飞机；在没有获得 ATIS 的情况下要求滑行许可；无线通信的频率不正确；接收他无法用无线电拨号的无线电频率；未按要求确认管制员提供的天气信息；问“我们走的路对吗？”没有在跑道末端停车；在申请“特殊 IFR”许可时措辞有误。

NTSB 表示，这些错误的数量和种类与疲劳造成的性能下降相一致。然而，他们也表示，对这种表现的其他解释可能包括诸如“匆忙、对任务的分心或不良飞行习惯的影响”等原因。在解释最后一项时，调查人员了解到，CFI 在天气低于目视飞行规则最低标准的情况下，执行了未公布的仪表进场，而且有一次他试图在飞机上安装牵引杆后滑行。委员会还发现，就在事故发生前一周，在与几位记者一起飞行时，他在出发前忽略了发动机加速，并在起飞前忘记关闭舱门。

然而，在他们的最终分析中，NTSB 认为，并没有足够的证据表明疲劳是导致事故发生的一个因素。

15.2.3.2 行程和媒体关注

如图 15-3 所示，是杰西卡·杜布罗夫横贯大陆飞行的行程，这次创纪录飞行的计划行程需要大约 51h、超过 8 天的时间。

没有计划的休息日，每天的预定飞行时间 3 ~ 8h 不等。

在飞机残骸中发现一封杰西卡写给美国总统的信，信中写道：“我可以去白宫拜访您吗？更重要的是，您能和我一起飞行 15 ~ 20min 吗？我预定于 1996 年 4 月 13 日星期六抵达华盛顿。”

日期	出发地	目的地	经停地	飞行时间
4/10/96	半月湾，加利福尼亚州	夏延，怀俄明州	埃尔科，内华达州 罗克斯普林斯，怀俄明州	8h
4/11/96	夏延，怀俄明州	韦恩堡，印第安纳州	林肯，内布拉斯加州 皮奥里亚，伊利诺斯州	7.5h
4/12/96	韦恩堡，印第安纳州	法尔茅斯，马萨诸塞州	克利夫兰，俄亥俄州 威廉波特，宾夕法尼亚州	6h
4/13/96	法尔茅斯，马萨诸塞州	克林顿，马里兰州	弗雷德里克，马里兰州	3h
4/14/96	克林顿，马里兰州	莱克兰，佛罗里达州	罗利，北卡罗来纳州 查尔斯顿，南卡罗来纳州 杰克逊维尔，佛罗里达州	6h45min
4/15/96	莱克兰，佛罗里达州	休斯顿，德克萨斯州	玛丽安娜，佛罗里达州 莫比尔，亚拉巴马州	7h
4/16/96	休斯顿，德克萨斯州	塞多那，亚利桑那州	圣安吉罗，德克萨斯州 阿尔布开克，新墨西哥州	8h
4/17/96	半月湾，加利福尼亚州	半月湾，加利福尼亚州	兰开斯特，加利福尼亚州	5h

图 15-3　杰西卡·杜布罗夫横贯大陆飞行行程（NTSB 提供）

此外，他们的日程安排要求在 4 月 13 日星期日下午 1:00 前到达佛罗里达州湖兰机场（Lakeland Florida Airport），届时机场将关闭，开始一年一度的“阳光乐园”飞行活动。

媒体对这次旅行的关注度越来越高，NTSB 指出，媒体的广泛关注使这次飞行计划越来越受到个人雄心的影响，这很可能影响了飞行员的决策能力。坚持这一行程的强烈愿望可能促成飞行员做出了在充满风险的条件下起飞的决定。

15.2.3.3　飞行决策

NTSB 观察到，对飞行员进行特定飞行决策（ADM）技能培训，在应急医疗直升机和航空运输公司的飞行员中相当有效。尽管 FAA 已经发布了一份与通用航空飞行员的特定飞行决策有关的咨询通告，但 NTSB 担心还有许多这样的飞行员没有接触过这种培训。

15.3 结论和可能的原因

调查发现，没有证据表明飞机维修是导致事故发生的一个因素。因为地面温度高于冰点，而且飞行时间很短，所以机身结冰也不是一个因素。尸检结果显示，在撞击瞬间认证的飞行教官（CFI）保持着驾驶飞机的姿势，而在 7 年的飞行学员身上没有发现这样的伤害模式。

目击者的陈述表明，飞机的爬升速度和空速都很慢，当转为向东航向时，飞机就迅速翻滚坠落下来，以近乎垂直的飞行轨迹急剧降落到地面。这样的动作与空气动力失速是一致的，因此，安全委员会调查了那些可能导致失速的因素。

根据对目击者陈述、飞行员报告和雷达数据分析，安全委员会得出结论，事故飞机很可能是在开始起飞时遇到了小到中雨，并在事故发生时遇到了大雨。地面雷达反射率显示，就在事故发生前，这架飞机经历了相当于 3.146in/h 的降水率。NTSB 引用 NASA 的研究表明，这样的降水率可以使升力损失多达 3%，并使失速速度增加约 1.5%。

NTSB 估计，当飞行员向东转弯时，飞机以大约 20° 的倾斜角转弯。根据 NTSB 的计算，这个倾斜角将使赛斯纳飞机的失速速度从大约 59mile/h 增加到大约 62mile/h，增加了约 3mile/h。安全委员会还确定，由于飞机超过了最大允许的总重量，失速速度会再增加 2%。总的来说，雨水、倾斜角度和超重的影响会使失速速度增加到大约 64mile/h。夏延机场的高海拔（海拔 6156ft）和 40℉ 的温度相结合，造成了 6670ft 的密度高度。这种高海拔条件会影响爬升性能。飞机在起飞后，爬升速度会降低到大约 387ft/min，而在海平面则是 685ft/min。

安全委员会承认，尽管这些因素增加了失速速度并降低了爬升性能，但飞机仍然应该能够爬升和转向。他们进一步的分析集中在由于化油器结冰和 / 或燃料 / 空气混合物过剩而可能导致的发动机性能下降，以及能见度降低、风向波动和飞行员在高密度机场起飞方面缺乏经验等几个方面。

15.3.1 发动机性能降低

当赛斯纳飞机离开夏延时，环境条件（温度 40℉，露点温度 32℉，空气中有水分）有利于化油器结冰的形成。因此，化油器结冰可能已经形成，这将减少起飞时的可用功率。检查残骸发现化油器的热值处于“关闭”位置。“飞行员在起飞前没有在跑道尽头停下来，这表明他没有进行起飞前的检查，包括磁电机和化油器的热检查（打开化油器加热）。”安全委员会说。然而，他们表示无法最终确定其在起飞过程中的位置。

往复式发动机的化油器，如 N35207 中的化油器，通常在海平面压力下进行校准，以在混合气控制处于“满浓”位置时测量正确的燃料 / 空气混合物。NTSB 指出，当从夏延这样高海拔的机场起飞时，由于混合气过浓，如果混合气不稀薄，可能会导致明显的动力损失和爬升性能下降。调查人员在事故现场发现，混合气控制处于“满浓”位置，但又注意到在事故发生前，混合气控制可能是正确设置的，但在地面撞击时移到了向前（满浓）位置。然而，他们补充道，“飞行员在起飞滚转前没有在跑道末端停车，这本来是调整燃油 / 空气混合气最常见和最适当的时间，进一步表明他没有正确地稀释混合气”。

安全委员会的结论是，化油器结冰和混合气过浓都可能导致发动机的功率降低，从而导致损失爬升力。然而，他们承认，由于这些旋钮和阀门在起飞时的设置，他们也无法最终确定发动机的性能是否真的受到化油器结冰或燃料混合气过浓的影响。

15.3.2　操作因素

NTSB 的结论是，由于降水降低了能见度，地平线是目视无法看清的。然而，他们认为机长可以通过观察侧窗外的情况来保持对地的视觉参照。他们说，这种观测方式可能会使飞行员迷失方向，“因为他需要向左扫描以看到实习飞行员前方的飞行仪表。然后向右扫描以看到地面，因为他试图在低速和低于正常爬升速度的情况下、在雨水和结冰的干扰下、在仪表气象条件下操作飞机。”

事故后的分析显示，这些风速比在几分钟前事故飞机离开时还要大 5kn，并且飞机还遇到了较强的侧风、风切变和湍流。安全委员会推测，N35207 也会遇到这些不利条件。他们的结论是，阵风条件、湍流和风切变会使飞机难以保持恒定的空速和爬升速度，这可能会导致空速意外降低到飞机失速速度以下。

根据安全委员会的说法，风况也可能影响了 CFI 对空速的感知。“在起飞滑跑和初始空中阶段，最初的侧风在飞机开始右转后变成了顺风。”他们的结论是，由于飞行员在目视飞行规则起飞时很可能在看外面，他可能没有充分监测空速指示器，或者由于湍流而难以做到这一点。委员会认为，这种对外界提示的依赖可能误导了 CFI，因为他可能将地面速度的增加（由于顺风）误认为是空速的增加。“因此，安全委员会得出结论，右转进入顺风可能导致机长误判了飞机失速速度以外的安全边际。此外，飞行员可能增加了飞机的俯仰角，以补偿感知到的爬升速度下降，特别是飞行员将表面的地面速度误认为是空速，或者如果飞行员失去了方向感时。”

调查人员还指出，CFI 缺乏高海拔机场的经验，这可能影响了他的行动。与 CFI 和飞机所在的低海拔机场相比，低空的高度会大大降低飞机的爬升速度。NTSB 指出，“这种下降的爬升速度可能会促使一个没有在高密度高度起飞经验的人抬高机头，试图增加爬升速度，从而进一步降低空速。因此，安全委员会的结论是，高密度飞行高度以及飞行员在这种起飞方式上的有限经验都是导致失速速度损失的原因。”

NTSB 无法确定上述哪一个因素或多个因素的组合导致爬升速度降低到失速速度以下。但在最后的分析中，他们毫不犹豫地指出，“事故是由机长未能确保飞机在最初的爬升和随后的顺风转向期间保持足够的空速，以确保飞机的失速速度有足够的裕度，导致失速和与地形的相撞。”他们还表示，“机长决定在对实习飞行员来说太具挑战性的条件下起飞，这是不恰当的，而且很明显，即使是他也无法安全操作。”

15.3.3 可能的原因

NTSB认为，事故的可能原因是机长在飞机超重和不断恶化的天气条件下做出了不当的决定，导致飞机因未能保持空速而失速。机长决定起飞的原因之一是想完成这一承载着个人雄心的飞行，媒体的关注产生了推波助澜的作用。

15.4 建议

通过对这次事故的调查，对飞机设计者的启示包括以下几个方面：

（1）操作程序应合理设计且严格执行，最大程度确保因疏忽导致的不利影响。

（2）人机界面应当为飞行员提供飞行所必需的外部环境、飞机状态、系统状态等信息，能够帮助强化飞行员的飞行态势感知，以降低飞行员直观感受的偏差以及疲劳产生的影响。

（3）飞机重量控制是飞机设计与运行环节中都需要考虑的重要问题，重量失控带来的后果轻则是飞机性能和经济性的损失，重则会导致飞行事故和人员伤亡。

通过对这次事故的调查，NTSB建议飞机所有者和飞行员协会（AOPA）、国家飞行教官协会宣传这次事故的情况，并继续向他们的成员强调飞行决策的重要性。

建议FAA加强对通用航空飞行领域疲劳危害教育材料的开发和传播。此外，FAA应将从这次事故中吸取的教训纳入飞行决策的教育材料（A-97-20和21）。

15.5 行业行动

在举办航空安全会议和研讨会时，FAA现在使用了新的案例来教育通用航空飞行员关于疲劳的影响和其他影响个人飞行决定的航空医学问题。航空安全计划的“回归基础Ⅲ”教育工作的重点是飞行决策，特别是关于起飞和降落、燃料管理以及典型的为私人飞行员制定个人操作限制。

15.6 后记

为了应对这次事故，1996年10月，美国国会通过了HR3276号法案，即《儿童飞行员安全法案》，禁止无证飞行员（包括未成年的学生飞行员）“创纪录飞行”。它还要求FAA对儿童驾驶飞机的整体影响进行研究，截至1999年秋季，该研究报告尚未公布。

第 16 章　陨落之星：约翰·丹佛的最后飞行

操作员：约翰·丹佛
机型：Long-EZ
地点：加州太平洋格罗夫镇（Grove）附近的太平洋海岸
时间：1997 年 10 月 12 日

20 世纪 70—80 年代，约翰·丹佛的音乐激励世界各地数百万的歌迷。同时，约翰·丹佛也是一个飞机迷。他曾收集过老式双翼飞机、两架赛斯纳 210 飞机、一架克里斯滕鹰（Christen Eagle）特技飞机，还有这架发生事故的 Long-EZ 小型飞机。

16.1　飞行经过和背景

在一个秋风习习的星期六，当歌手约翰·丹佛乘坐他的“里尔”喷气式飞机抵达加州圣玛丽亚机场时，时间刚过中午。他急切地期待着两周前才购买的 Long-EZ 飞机的交付，为它定制了一套的涂装方案和注册号——N555JD。

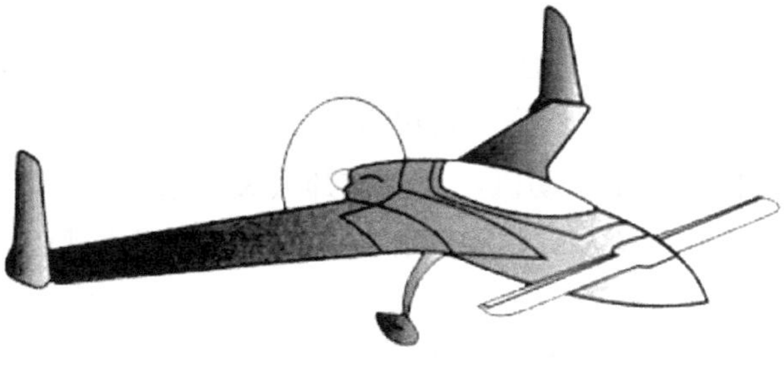

图 16-1　Long-EZ（J. 沃尔特斯提供）

丹佛对新的涂装方案感到很满意，他请所有在飞机上工作的人吃了一顿愉快的午餐。下午 2:00 左右，该团队返回到圣玛丽亚机场，丹佛和另一位飞行员开始对 N555JD 进行飞行前检查。丹佛驾驶飞机回家之前，他首先接受了另一位飞行员的检查，以确保他能熟练掌握驾驶舱布局和飞行特性。

当歌手坐在驾驶舱里时，两人开始有条不紊地检查每个仪器和飞机系统。下午 3:00，他们起动了发动机，并滑行准备起飞。在起飞前的发动机“运行”检查中，发动机状态良好。“约翰的起飞非常好，他似乎对飞机非常满意。”后来检查的飞行员回忆说。尽管风速高达 30mile/h，丹佛的第一次着陆还是很顺利。

他们回到了基地，飞行检查员在那里下了飞机。在丹佛出发前往他的大本营加州蒙特雷半岛机场之前，飞行检查员告诉他，飞机的右油箱有 10USgal 的燃料（1h 的续航能力），左油箱有 5USgal（30min 的续航能力）。飞行员建议丹佛，他应该把 5USgal 的油箱视为严格意义上的“储备燃料”，于是丹佛切换到了右油箱。

然而，在丹佛出发前往蒙特雷之前，飞行检查员感到焦虑不安的是丹佛难以触及燃料切换手柄。它位于飞行员的左肩后方，而丹佛使用了一个额外的座垫，使得它更难触及。除了在飞行员的视野之外，手柄操作起来也很僵硬。当天晚上，当这位著名的歌手打电话说回家的飞行很顺利，而且他对新的 Long-EZ 非常满意时，飞行检查员才松了一口气。

第二天早上，丹佛起床后说：“我要度过一个美好的星期天，我要去打高尔夫，然后去飞我的新飞机。”而事实上，在打完 18 洞的高尔夫后，丹佛开着他的银色敞篷“保时捷”去了蒙特雷机场。

一名飞机机械师帮助丹佛将 N555JD 拉出机库，丹佛花了大约 20min 进行飞行前检查，两人聊了起来。他们讨论了燃料切换手柄难以触及和难以转动的问题。丹佛告诉机修工，几周后，当他去外地进行巡回演出时，他会把选择手柄移到驾驶舱内一个更容易触及的位置。不过，丹佛暂时有个想法：他可以尝试用老虎钳帮助他扩大触摸范围，并改善他对手柄的操纵。当这并不能解决问题时，他告诉机械师，必要时，他会在飞行中使用自动驾驶仪来保持飞机平衡，同时左右转动并切换油箱。

丹佛向机修工借了一个油槽杯，抽干了一个燃料样品以检查污染情况。然后他爬到前驾驶舱的座位上，扣好安全带，继续进行飞行前的准备工作。当机械师注意到燃料观察表在后驾驶舱的侧壁上时，丹佛回答说，他在自己的位置上看不到这些仪表，并要求机械师读出每个油箱的读数。油表上没有标明是如何校准的，所以机械师估计右边油箱的油量不到半箱，左边油箱的油量不到四分之一油箱。机械师问丹佛是否需要添加燃料，丹佛说不用，他说他只飞 1h 左右。最后，机械师把他的检查镜给了丹佛，这样他就可以越过肩膀上方看到燃料仪表。

机舱盖关闭，丹佛起动了发动机。当机械师去关闭吊门时，听到发动机在运行了大约 10s 后停止了。几秒后，发动机重新被起动，丹佛向机械师发出了“好了”的信号。机械师看着丹佛滑行离开。

“塔台，我是 Long-EZ N555JD，准备起飞，左侧 28。按此模式，做一些触地的动作并出发。”

5:12，蒙特雷塔台准许 N555JD 起飞。大约 14min 后，在他第三次触地后，丹佛说：“塔台，如果可以的话，N555JD 想继续直出，绕点飞行。”

“Long-EZ N555JD 收到，应答 0367，”塔台回答。约翰 · 丹佛确认收到信号。但大约 45s 后，控制员仍然没有收到 N555JD 的应答器回应。“Long-EZ N555JD，我没有收到你的应答器回应。”

丹佛可能打开了应答器，并问道：“现在怎么样，先生？”

“Long-EZ N555JD，谢谢你。现在有了。”

“Long-EZ N555JD，请用 127.5 联系离场控制空管。”控制员说，但没有回应。

30s 后，控制员说："Long-EZ N555JD，请用 127.5 联系蒙特雷进场。" 这个信号也没有得到回应，控制员注意到，N555JD 的主要雷达信号已经丢失。他将该情况通知了他的主管。

就在这个时候，几个在太平洋岩石海岸线散步的人听到了 Long-EZ 发动机发出明显的响声，并抬头看到了它。大多数观察者估计，这架飞机在距离水面 350 ~ 500ft 的高度。突然，至少有 8 人听到了爆裂声或发动机回火声，随后发动机噪声水平立即降低。当飞机飞到距离海岸线大约 100yd[①]（300ft）的地方时，它先是向右倾斜，然后向上倾斜，接着机头向下冲向水面，在距离海岸大约 150 yd（450ft）的地方坠入大约 30ft 深的水中溅起巨大的水花，但没有爆炸。

一位目击者描述说，在撞击后的几分钟内，"水面仍有上涌的迹象"。水面上漂浮着泡沫塑料、玻璃纤维和一些散落的鸟类羽毛的碎片。时间大约是在下午 5:28。

16.2　调查和发现

NTSB 洛杉矶地区现场办事处对事故做出了回应。来自美国国家海洋和大气管理局和蒙特利湾国家海洋保护区的潜水员使用水下摄像机记录了残骸的情况。其中一名潜水员说，在地表以下大约 10ft 的地方有一些大的岩石。飞机的所有主要结构部件都在发动机附近被发现，处于高度破碎状态，发动机已经与机身分离；起落架组件与机身分离，右轮和刹车与起落架支柱分离；前起落架处于收起状态。

随后，破碎的残骸从海底被打捞出来，并被带到蒙特雷机场的一个空机库进行重建工作（见图 16-2）。"很少有完整的部件，" 一位调查员在描述他的发现时说，"大部分碎片由破碎的玻璃纤维表皮和泡沫碎片组成，一旦被识别，这些碎片就可以铺在机库的地板上，可以很容易地看到它们。没有证据表明机身之前存在任何的裂缝或缺陷。检查发动机没有发现任何差错。螺旋桨的损坏表明，在撞击时，螺旋桨几乎没有动力。

图 16-2　重建 Long-EZ N555JD

① 1yd（码）=3ft=0.9144m。

机身前部几乎无法辨认。做残骸重建的调查员推测，“这种大面积的损坏是在飞机撞击水下岩石造成的，后置发动机撞穿了中央翼梁、后舱壁、前舱壁、飞行员、仪表板和机头区域”。

16.2.1 事故飞机

“业余制造”的飞机通常是由航空爱好者制造，他们有自己制造飞机的强烈兴趣。业余爱好者通常从设计者那里购买设计方案或配套部件，然后在接下来的几年里花费大量的时间制造飞机。业余制造的飞机在当年非常受欢迎，根据实验飞机协会（EAA）的估计，仅在过去的十年里，就有大约95000个方案或配套部件被卖给了潜在的业余制造商。据统计，已经售出大约4500套Long–EZ设计方案，制造了大约1200架Long–EZ飞机。

Long–EZ是由鲁坦飞机制造厂设计的一种单发双座串联式座舱飞机。与传统的水平尾翼不同，Long–EZ采用了“鸭式”机翼，这是安装在飞机前机身上的一个升降翼。机身由复合材料制成，包括覆盖玻璃纤维 / 环氧树脂的成形泡沫。后掠翼是一种常用于高性能飞机的层流翼型。这样设计是为了最大限度地减少阻力，但它们对边界层分离也很敏感，或者用非专业人士的话说，它们很容易失速。翼尖向上弯曲形成小翼，每个小翼的后缘是一个方向舵。Long–EZ的方向舵系统由传统的方向舵踏板控制，在低速飞行时非常灵敏。俯仰和滚转由位于前后座舱右侧的飞行驾驶杆控制。

约翰·丹佛的Long–EZ（编号54）是在1980年春天构思的，当时业余制造者阿德里安·戴维斯（Adrian Davis）向鲁坦飞机制造厂订购了设计方案。在接下来的7年里，这架飞机被慢慢地组装起来。1987年6月，FAA为戴维斯先生的飞机颁发了“实验”类别的特别适航证。1994年3月，Long–EZ被卖给了加州的一名兽医，他将注册号改为N228VS。1997年9月26日，这名兽医将飞机卖给了约翰·丹佛，飞机被重新编号为N555JD。

这架飞机配备了一台莱康明公司的O–320–E3D发动机，功率为150hp[①]。然而，用户手册规定，这架飞机适配100hp的大陆O–200发动机，或115hp的莱康明O–235发动机。该飞机的设计者写信给NTSB，重申这架飞机只批准使用这两种发动机；但是，他补充说：“为了适应更大的发动机，飞机的设计上有很大的裕度。”

16.2.2 燃油切换手柄和阀门组件

这架飞机是由另一未经授权的飞机改装而成。燃油切换手柄位于飞行员左肩后的舱壁上，这与设计图样规定的位于前座舱飞行员双腿之间的位置不一致（见图16–3）。燃油切换手柄通过一个45in的钢铝管和万向节连接到实际的燃油切换阀。

调查人员与将飞机出售给丹佛的兽医交谈后得知，飞机的原用户 / 制造者将燃油手柄放置在该位置，是因为他不想在驾驶舱区域安装燃料管。这位兽医告诉调查人员，他在飞行中切换油箱的个人技术是：打开自动驾驶仪，松开右手，然后把手伸到左肩后，抓住选择手柄。他表示，“手柄转动牢固，止动良好”。

---

① 1hp（英马力）≈ 745.7W。

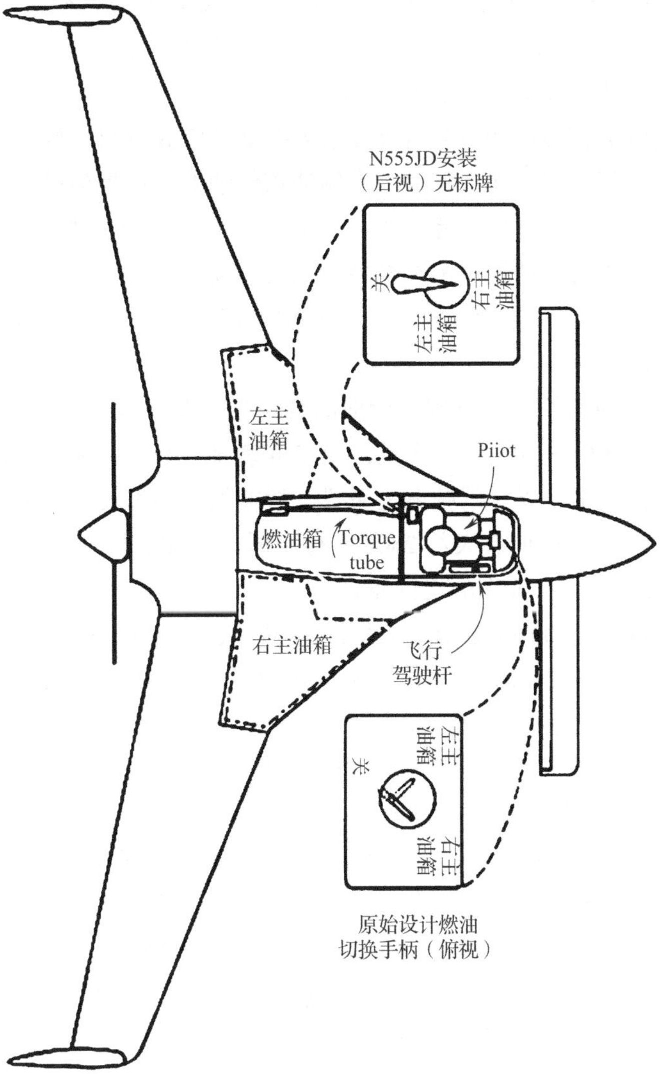

图 16–3　N555JD 示意图（非标准）和油箱选择器的标准安装

驾驶过这架飞机的其他飞行员向调查人员重申，为了在飞行中切换油箱，飞行员必须做到：

（1）如果他是手动驾驶飞机，就将手从右侧驾驶杆上移开。

（2）松开肩带。

（3）将他的上半身向左转 90°，以确定能够触及手柄。

（4）将手柄转到另一个位置。

事故发生前一天，为丹佛检查飞机的飞行员告诉调查人员，他对手柄的位置不满意，而且由于难以触及切换装置，他从未在飞行中使用过它。N555JD 的燃料切换手柄在任何操作位置都没有标牌或标记，这使得手柄难以触及和转动的问题更加复杂。调查人员了解到，这导致至少另外两名飞行员出现问题。在一个案例中，由于缺乏标牌，飞行员无意中选择了一个只有少量燃料的油箱，他在飞行中耗尽所选油箱的燃料，在重新选择另一个油箱前几乎坠毁。调查人员指出："这架飞机应该有一个与鲁坦设计相关的标牌，该标牌清楚地表明燃料选择手柄的位置。"更加令人困惑的是，只有从机尾座舱才能看到的燃料显示仪上没有刻度标记。

燃油选择器的数值被回收并送往华盛顿特区的NTSB材料实验室，发现阀门被冻结或锁定在一个中间位置，无法移动。右侧油箱供油的选择器值端口与发动机供油量之间的开口大约为33%，左侧油箱端口的开口大约为4%。阀门被带到一个发动机实验室，结果表明，只要两个油箱中都有燃料，试验发动机就能达到全功率。然而，如果只有一个油箱有燃料，而另一条油管模拟的是空油箱，发动机就会失去动力。

16.2.3 飞行员信息

全世界都知道他叫约翰·丹佛，但他的合法名字是小亨利·约翰·多伊岑多夫。他的父亲是一名退休的美国空军试飞员，1976年教他飞行。约翰·丹佛持有仪表飞行等级的私人飞行员证书，以及驾驶海上飞机、滑翔机和多发飞机的证书，包括他自己的"里尔"喷气机。虽然他有大约2800飞行小时的经验，但在这次飞行事故发生之前，他在Long-EZ上只有1h多的飞行经验。

1993年和1994年，丹佛因为酒后驾车被当局抓获，FAA撤销了他的FAA医疗证明。然而，在确信他已康复后，FAA于1995年10月重新颁发了他的医疗证明。但是，1996年11月，FAA民用航空医学部通过挂号邮件给他发了一封信，解释说他们收到了丹佛医生的临时报告，这是他有条件重新认证所要求的。这位医生在信中告诉FAA，虽然这位歌手"没有滥用"酒精，但他在旅行时平均每周要喝2 ~ 4杯葡萄酒或啤酒。根据这份报告，FAA在信中告诉丹佛，"除了确定你不符合联邦航空条例（FAR）规定的医疗标准，我们别无选择。"这封信没有人认领，三周后，它被退回FAA。

1997年3月，FAA再次给丹佛发了一封类似的信，警告说："鉴于这一取消资格的发现，你行使证书的特权将构成违反联邦航空条例。"安全委员会调查员检查了这封认证信的回执；但是，签收邮件人的签名难以辨认。

没有迹象表明酒精在这次事故中起了作用。在早些时候给FAA的一封信中，丹佛的一位密友写信支持丹佛戒酒。他说："我和约翰一起旅行了几乎整整一年的时间，我知道他在驾驶飞机的过程中从未接触过酒精或毒品；约翰在这方面一直很谨慎。"值得注意的是，事后的毒理学所有筛选的药物和乙醇分析均为阴性。

16.2.4 油耗测试

事故前一天检查丹佛飞机的飞行员表示，当丹佛从圣玛丽亚出发前往蒙特雷时，Long-EZ有15USgal的燃料。考虑到那次已知的最后一次加油和那次飞行后的燃料消耗，NTSB后来更精确地估计，当飞机离开圣玛丽亚时，飞机的右侧油箱大约有12.5USgal燃料，左侧油箱有大约3.5USgal燃料。他们计算出，在飞往蒙特雷的途中，Long-EZ消耗了大约6USgal燃料。检查的飞行员建议丹佛使用右侧油箱的燃料，因为右侧油箱的燃料最多，他观察到丹佛在发动机起动前切换到右侧油箱。

为了计算事故飞行的估计燃料消耗量，（鲁坦飞机公司）的工程代表驾驶和Long-EZ飞机装备一样的莱康明O-320飞机进行了同样的飞行（发动机起动、滑行、发动机试车、起飞和三次触地起飞，以及模式离场）。他还指出，当一个油箱被故意放空时，从选择一个装有燃料的油箱到恢复发动机动力的时间大约为 8s。

16.2.5　其他测试和研究

NTSB 获得了一份约翰·丹佛和蒙特雷塔台之间的 ATC 通信录音。为了了解任何潜在的动力异常，NTSB 对发动机和螺旋桨进行了声谱分析。被检查的前 6 次无线电传输是在丹佛的交通模式下进行触地着陆时进行的，剩下的三次传输是在他离开当地交通模式时进行的。他们的分析显示，在 14min 的采样中，发动机的转速相当稳定，为 2100 ~ 2280r/min 不等。

由于在飞机残骸中发现了鸟类的羽毛，安全委员会检查了飞机残骸，以寻找可能的被鸟撞击证据。然而，机舱盖和鸭翼的前缘都被毁坏了，没留下任何被鸟撞的物理证据。当地自然历史博物馆的馆长被要求检查这些羽毛。有趣的是，丹佛背靠的垫子在残骸中被发现，但已经被撕开。根据坐垫材料标签，里面填充的是鹅毛。然而，馆长在坐垫里还发现了鸭毛。垫子上的羽毛与在残骸周围发现的羽毛相吻合。

16.3　结论和可能的原因

NTSB 在结束调查时主要关注两个方面的问题：燃料不足和飞机失去控制。

丹佛离开蒙特雷时，确定飞机上的燃料是一个简单的数学问题。根据飞机的加油历程、机械师对发动机起动时的燃料水平的观察，以及飞机发动机的正常耗油率，NTSB 得出结论，飞机起飞前左侧油箱可能有大约 3.5USgal 的可用燃料，右侧油箱有大约 6.5USgal 的燃料。根据缩尺复合体公司工程飞行员提供的测试数据，事故飞行的燃料消耗大约为 3.5USgal。进一步指出，当燃料选择器数值被放置在发动机实验室，一个油箱被模拟为空载时，测试发动机会失去动力。

安全委员会还考虑了陪同约翰·丹佛进行飞行前检查的机械师的相关陈述。当丹佛问他机上有多少燃料时，机械师回答说左侧油箱不到四分之一油箱，右侧油箱不到半油箱。安全委员会指出，“技术人员是基于未标记的目测表呈线性的假设估计燃料。然而，Long-EZ 油箱目测表（见图 16-4）不是线性的，对其他 Long-EZ 目测表的检查显示，飞机上的实际燃油量远低于技术人员的估计”。

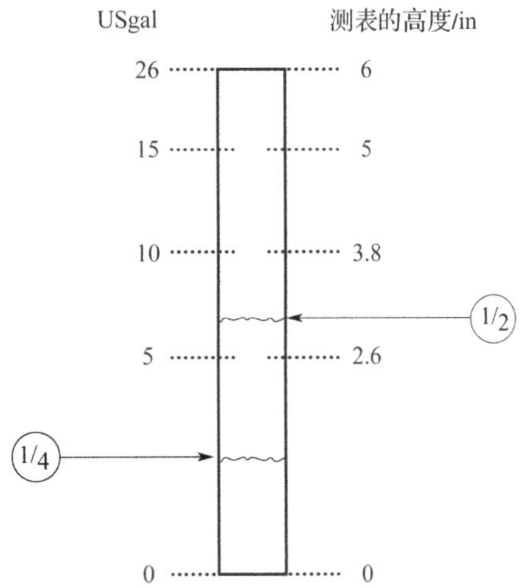

燃油目测表是Long-EZ的典型设计，但一架飞机与另一架飞机可能略有不同，在目测表的旁边没有明确的标记。目测表的1/4位置指示剩余3USgal（并不是最大容量26USgal的1/4）；目测表的1/2位置指示剩余6.5USgal（并不是最大容量26USgal的1/2）

图 16-4　Long-EZ 燃油目测表（NTSB 提供）

该机械师告诉调查人员，他和丹佛曾摆弄过燃料切换手柄，当他离开飞机时，虽然手柄的操作位置没有标记，但他认为它处于“关闭”位置。丹佛起动发动机后不久，发动机停车了，该机械师开始向飞机走去，暗示燃油手柄可能处在“关闭”位置。然而，在他到达飞机之前，飞行员已经选择了另一个手柄并重新起动了发动机。当旋转燃料切换手柄时，左侧油箱的选择是紧靠“关闭”位置的止动装置。据推测，当发动机熄火时，丹佛只是将手柄转到第一个可用的设置（左侧油箱），然后离开了。当时，左侧油箱只有大约 3.5USgal 燃料。

安全委员会指出，事故的几个证人听到了飞机坠入水中之前有发动机回火或爆裂声。检查的飞行员告诉调查人员，当飞行结束关闭发动机燃料供应时，发动机会停止运转，通常会出现巨大的爆裂声。安全委员会发现，上述每一点都一致指向这样的结论：发动机因燃料不足或耗尽而失去动力。

16.3.1 飞机失控

调查人员在地面模拟中使用了另一架 Long-EZ，以了解触及 N555JD 的燃料切换手柄有多困难。由于手柄是在样机上的正确位置，调查人员模拟触及到它在 N5555JD 的位置。当伸手触摸模拟阀门时，调查人员（身高与约翰·丹佛差不多）必须完全放开飞行驾驶杆，松开安全带，在座位上转身，同时用右手伸到左肩上，然后将手柄旋转到一个没有标记的位置。很能说明问题的是，在每次模拟中，调查人员在转身触摸到燃料切换手柄时，都无意中踩到了右舵踏板。

NTSB 指出，缩尺复合体公司的报告称，由于 Long-EZ 的力矩臂较长，方向舵在 Long-EZ 上非常灵敏，起动方向舵会在偏航的同时产生一个俯仰力矩。“根据事故情况和证人的描述，委员会得出结论，事故飞行员可能在操纵燃料切换装置时无意中触发了右舵，导致了飞机失控。”NTSB 指出。

16.3.2 加强安全性

安全委员会表示，飞机制造者重新布置燃油切换手柄的设计会带来安全隐患。他们进一步评论说，燃料切换手柄没有标牌，燃油显示表上没有校准标记。“因为 N555JD 是一架实验性的、业余制造的飞机，与原始设计的具体偏差不需要获得 FAA 的批准，也不需要标识燃油选择阀位置或表明飞机设计发生变化的标牌。”他们还指出，FAA 并没有要求对实验性业余制造飞机的标牌和仪表标记进行检查。

安全委员会的另一个关注点是飞行员在 Long-EZ 飞机上接受的过渡训练有限。NTSB 透露，在被允许独自飞往蒙特雷之前，他只接受了大约 1.5h 的地面训练，然后进行了大约 10min 的飞行训练。委员会表示，“根据飞行员在这类飞机上的有限飞行经验，安全委员会得出结论，该飞行员很可能不具备必要的知识和技能，无法在事故飞行的紧急情况下有效地操作飞机。”

安全委员会指出，目前只有少数业余制造飞机的培训机构发布了培训内容和教学大纲。三家销售业余自制飞机配套器件的公司为其产品提供正式的、特定类型的地面和飞行培训。安全委员会还指出，一些与 Long-EZ 类似或更先进的业余制造飞机的保险公司有时要求进行正式培训，作为飞行员或飞机所有者提供保险的条件。

16.3.3 可能的原因

NTSB 确定，这次事故的可能原因是“飞行员在操作飞机时注意力分散，在试图操纵燃料选择手柄时无意中使用了右舵，导致飞机失去控制”。同时，委员会认定“飞行员在飞行前的计划和准备不足，特别是没有给飞机加油，是造成事故的主要原因”。委员会认为，“制造商决定将没有标记的燃料切换手柄置于难以触及的位置、没有标记的燃油量目测表、飞行员缺乏过渡训练，以及缺乏驾驶这类飞机的全部经验，都是导致事故的原因。”

16.4 建议

仪表标记与控制器件的不合理设计是导致飞行员操作失误的重要原因。在飞机显控界面设计过程中，需要充分考虑显控器件的布置、可视性、可达性与操作合理性等因素，本案例对飞机设计的启示主要包括以下几个方面：

（1）在仪表标记可读性方面，标记内容应当清晰准确，不易引起误判。本案例中，油量是飞行员飞行过程中需要关注的重要信息，但油量标记处于飞行员不易观察到的位置，且非线性的剩余油量标记容易使飞行员产生剩余油量较多的误判，燃油切换手柄虽然提供了所需功能，但没有指示正在使用油箱的标记。

（2）在显控器件的布置与可达性方面，布置位置的选择应当考虑飞行员的使用频率、使用时间，以及任务紧迫性，布置位置应保证飞行员在完成相应动作的过程中不会对飞机和系统产生安全性影响。本案例中，改装后的燃油切换手柄和油量指示的可达性和可视性差，飞行员操纵燃油切换手柄的动作严重影响了对飞机的正常操纵，是导致飞机失去控制的直接原因。

（3）在操纵器件控制方面，操纵器件的位置和移动方向的直感必须与此种操作对飞机或被操作部分的效果直感一致，操纵器件应当不需要过多的努力就可以移动。在本案例中，改装后的燃油切换手柄的操作过于困难，以至于飞行员需要借助老虎钳完成操作。此外，切换手柄的位置和移动方向没有与使用的油箱保持一致，是飞行员切换到错误油箱的诱导因素。

作为对调查的回应，1999 年 2 月 3 日，NTSB 向 FAA 提出了以下建议：

（1）修改 FAA 第 8130.2C 号令，规定在颁发特殊适航证之前，应检查实验性、业余制造的飞机在驾驶舱仪表上是否有必要的标牌和标记，以及必要的系统控制装置的适当位置和操作，以确保它们提供清晰的标记，容易触及和易于操作。（A–99–5）

（2）修改 FAA 第 8130.2C 号令，规定业余制造飞机的年度“状况检查”包括检查驾驶舱仪器上所需的标牌和标记，以及检查基本控制装置的适当操作，以确保它们提供清晰的标记，容易触及和易于操作。（A– 99–6）

（3）此外，他们还发布了一项建议，呼吁 FAA、EAA 和航空保险协会（AIA）建立一个合作计划，大力鼓励飞行员在过渡到不同寻常或不熟悉的业余制造的实验类飞机时，进行正式的、特定类型的过渡培训。（A–99–7，A–99–8，A–99–9）

16.5 行业行动

FAA 第 8130.2C 号令《飞机及相关产品的适航认证》是当局用于批准业余制造飞机的原始和经常性适航认证的文件。这些飞机完全是为了飞行员 / 制造者自己的培训或娱乐目的而制造的。FAA 认为，他们作为监管者的职责只是确保使用“可接受的工艺方法、技术和实践”，并发布“必要的操作限制，以保护不涉及业余制造活动的人员和财产”。因此，由于 FAA 对这些飞机的座舱仪表放置、标记或基本系统控制的放置或操作没有监管依据，FAA 将不会修改该命令。

然而，为了满足 NTSB 建议的意图，FAA 将修订 AC 20–27《业余制造飞机的认证和操作》。这一修订将建议制造者“需要包括适用的标牌，清楚地标记驾驶舱仪表，并考虑基本控制系统的适当放置和操作……”此外，还将提醒制造者注意 AC 90–89《业余制造和超轻型飞机飞行测试手册》中的检查清单，其中规定了驾驶舱仪表和系统控制的适当检查方法。

16.6 后记

航空系统的每一个要素都必须协同工作，以确保安全和正常维护。这种理念从设计人员开始，直到飞机制造者、监管机构、协会和保险公司必须坚持飞机的正确设计、制造和维护。但即使是最好的设计、制造和维护的飞机，也需要有良好素养和技能的飞行员操作它。没有什么可以消除飞行员未经充分训练或不熟练，或者没有适当的飞行前计划和准备所造成的危险。

第 4 部分

军用飞机航空事故

第 17 章　进场失败：商务部长罗恩·布朗的致命飞行

运营商：美国空军
机型：CT-43（波音 737-200）
地点：克罗地亚杜布罗夫尼克市（Dubrovnik，Croatia）
时间：1996 年 4 月 3 日

大多数专业飞行员可能都会认为，军事飞行员的工作是最令人兴奋的工作之一。这项工作极具挑战性，而且需要全神贯注和最高的技能。在一些中队，每天都会有不同的飞行任务，也经常会遇到不熟悉的地形和机场，操作的灵活性对于“完成工作”是绝对必要的。军事飞行员在其职业生涯中经常有机会驾驶多种不同类型的飞机，经常在高度紧张、复杂和有趣的环境中飞行。

相比之下，航空公司飞行员的工作很容易被人们视为有点儿无聊。1925 年底，在为罗伯逊飞机公司（Robertson Aircraft Company）勘察芝加哥至圣路易斯（Chicago-St. Louis）的新邮路时，连查尔斯·林德伯格（Charles Lindbergh，曾译林白）都抱怨定期航线飞行“单调”。在今天的航空环境中，飞行员积累了大量的飞行时间，但只驾驶了少数几种类型的飞机，这些飞机之间的差异往往很小。同样的航线反复飞行，一次又一次地进出同样的机场。而安全、高效、可靠和舒适的运输这一基本任务从未改变。管理人员和教员都期望飞行操作的各个方面都能实现标准化，而且通常都能达到。

这就是我们民用航空如此安全的主要原因之一。通常情况下，民航部门最不能容忍的就是快速变化的时间表、行程和陌生的机场、不适当的监管压力、糟糕的飞行计划和准备、机组疲劳，以及不完整的机组培训。军事航空也一样，这其中的任何一种情况都会成为不安全因素。当它们结合在一起时，极有可能会造成灾难性事故，一件在克罗地亚一个偏远、被大雾笼罩的山坡上的坠机事件就证明了这一点。

17.1　飞行经过和背景

1996 年春，前商务部长罗恩·布朗（Ron Brown）和一个由美国工业高管组成的代表团即将到访波斯尼亚－黑塞哥维那（波黑，Bosnia-Herzegovina）和克罗地亚（Croatia），进行为期三天的实况调研，试图与从波斯尼亚内战中恢复的巴尔干半岛各国发展密切的经济联系。第 76 空运中队的 CT-43A 飞机似乎是完成这项艰巨任务的最佳飞机。该机是波音 737-200 的军用版本（见图 17-1），是空军从以前用作导航训练机改装成客运机的两架飞机中的一架。31149 号飞机是美国政府的“公务机”，配备了由两名飞行员、一名飞行机械师和三名机上乘客服务专家组成的机组，没有配备 FDR 或 CVR。

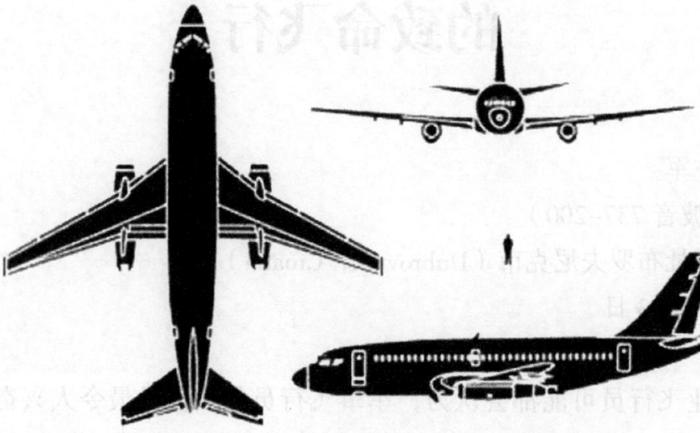

翼展：93ft　　标准最大起飞重量：115500lb
标准航程：2150n mile　　巡航速度：马赫数0.73~0.84

图 17-1　波音 CT-43（波音 737-200）

该中队最好的两名飞行员被分配到该航班，副驾驶正在晋升机长，飞行时间近 3000h，其中 CT-43A 飞行时间为 1700h。而机长是这架飞机的教员和评估员，该机飞行时间有 590h，总飞行时间为 3000h。

所有的飞行计划工作通常只在中队一级完成，因此在 1996 年 4 月 1 日，也就是飞行出发的前两天，飞行员为即将到来的任务做好了准备。他们的呼号是“IFO21”。但就在他们执行任务的过程中，他们的行程发生了第一次变化。当天下午 7:45，第二次变化被发送到中队，其中包括要求在杜布罗夫尼克停留。没有记录显示，飞行员直到第二天才知道需要在杜布罗夫尼克停留的情况，当时所有的飞行前准备工作都已经完成。杜布罗夫尼克市及其机场位于克罗地亚狭长地带的最南端，夹在亚得里亚海（Adriatic Sea）和迪娜里克阿尔卑斯山（Dinaric Alps）之间，两名飞行员都没有去过那里。

飞行计划经过多次临时调整后，IFO21 终于在 1996 年 4 月 3 日下午 1:55 离开图兹拉飞往杜布罗夫尼克。

他们在出发后绕过雷暴，接到指示与“MAGIC”联系，这是北约在该地区驻扎的两架 E-3 机载预警机（AEW）中的一架，为波黑空域的飞机提供危险探测和空中交通管制服务。IFO21 与拉姆施泰因空军基地作战中心的无线电联系证实，任务没有新的变化，但在抵达杜布罗夫尼克机场时，发布了可能有大雾的警告。随后从美国空军气象服务（METRO）获得了一份官方天气报告，描述了当时杜布罗夫尼克的情况：“风向 110°，风速 12kn，云底高 500ft，2000ft 高度阴天，8000ft 高度阴天，高度计 29.85，温度 52 ℉……”据报道，当时能见度为 5mile，有雨。

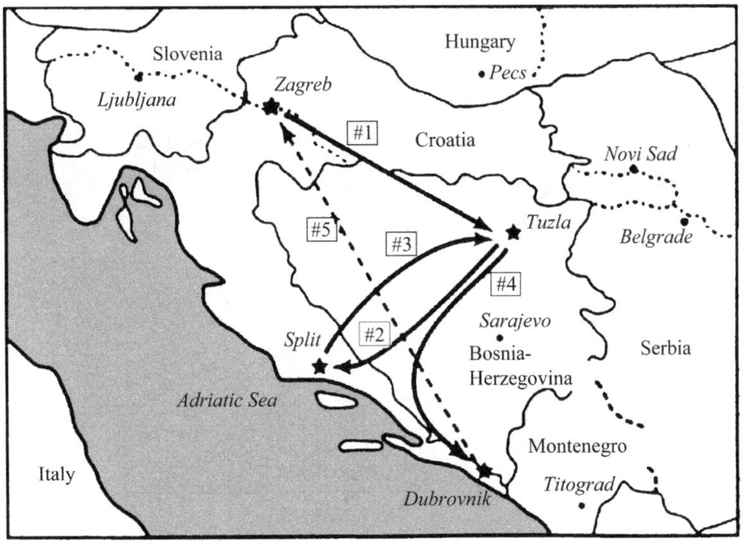

图 17–2　IFO21 行程图，5 号段（虚线）未完成

很快，另一个航线规划的疏忽变得明显。在波黑空域批准了三条航线，每条航线只在特定的时间开放“窗口”。IFO21 最初沿着 BEAR 航线前进，但他们计划的航线也没有在那个时间段开放。当 MAGIC 通知他们该航班正在飞出批准的空域时，他们要求并获得矢量拦截授权的航线。这一改变使他们的飞行时间又增加了 15min，他们到达杜布罗夫尼克的时间被推迟了 20min 以上。

在到达斯普利特 VOR 并与萨格勒布中心通信时，IFO21 获准下降到 FL140（14000ft）。开始正常下降，不久后获许降至 FL100（10000ft）。一旦平飞，空中交通管制责任就转移到杜布罗夫尼克进场 / 塔台，这是一个非雷达设施，依靠飞机位置报告来维持交通隔离。

机组人员被要求降低飞机高度，但由于他们与另一架飞机太近，下降许可被推迟，直到他们距离机场约 27mile。随后分析表明，IFO21 直接飞往科洛塞普（KLP）NDB，飞行速度大约 250kn，很可能是在空转推力和起落架升起的情况下。一旦平飞，飞机就减速。机组人员正在为西里皮（Cilipi）机场 12 号跑道 NDB 进场做准备，KLP 是该进场的最终修正（见图 17–3）。该程序要求使用 CVNDB 这一不同的信标来识别进场的复飞点。

在飞越 KLP 信标入站的 3min 前，杜布罗夫尼克地面上的一名飞行员与机组人员联系，要求他们用另一个频率与他沟通。这位飞行员在 1 h 前才驾驶“挑战者”喷气机落地，将美国驻克罗地亚大使和克罗地亚总理送到杜布罗夫尼克，与商务部代表团会面。IFO21 的一名机组成员，可能是飞行机械师，使用第二台机载 VHF 无线电与另一架飞机建立了联系。向机组人员传递的信息是，天气恶化，并达到了进场的最低标准，而且还有一个通往 30 号跑道的备用盘旋程序。还转告说，如果需要复飞，IFO21 应该返回斯普利特，当天晚些时候在那里举行会议。

下午 2:52，机组人员通过无线电向杜布罗夫尼克塔台报告，他们的位置距离机场 16mile，于是他们获许飞到 4000ft，并被告知越过 KLP 信标报告。他们开始下降，1min

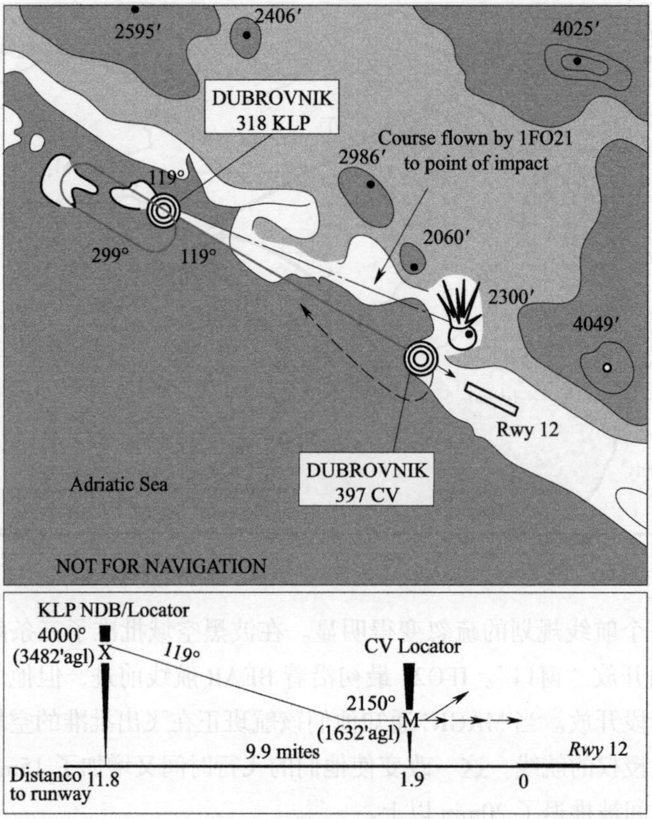

图 17–3　西里皮机场 12 号跑道 NDB 进场和 IFO21 的飞行路线

后在 4100ft 处越过 KLP，按照空军飞行手册的要求，其最终着陆配置（起落架放下，襟翼 30°）的空速过高。对 E–3 和萨格勒布雷达的跟踪数据进行分析发现，实际指示空速在 209 ~ 228kn 之间。据报道，IFO21 飞越 KLP 时，杜布罗夫尼克的天气是：高于地面（AGL）500ft 高度有散云，平均海平面（MSL）2000ft 高度阴天，风向 120°，风速 12kn，能见度 5mile。

该航班未获得进场许可，但 IFO21 没有按照航图所示和国际公约的要求进入等待模式，而是启动了 12 号跑道 NDB 进场。“我们在位置范围内（KLP），进入。”副驾驶通过无线电说道，这是该航班的最后一次通信。

“获准进场。”杜布罗夫尼克塔台回应道。

在接下来的 10mile 内，IFO21 必须下降约 2000ft，放下起落架，让飞机减速，使襟翼的位置调整到 30°，完成所有的检查清单，从 KLP 跟踪公布的出站方位，并确定复飞点（MAP）。事情发生得很快，但考虑到正常的进场速度约为 5mile/min，这一切都可以完成。在距离机场 4mile（距离复飞点 2mile）的时候，飞机在最低下降高度（MDA）保持水平，起落架和襟翼放下，航迹和空速稳定。

但飞机并没有直接飞向跑道，而是偏东几度飞行。下午 2:57，也就是开始进场 4min 后，IFO21 飞机撞上了一座当地人称为“Strazisce”或圣约翰山（St.John’s Hill）的岩石山顶。最初撞击距离山顶只有 90ft。飞机位于延伸的跑道中心线左侧 1.7n mile、机场以北 1.8n mile 处，飞机在接近平飞、平均海拔高度 2172ft、航速 140kn 时撞山。大多数乘员当场死亡，撞击的力量将飞机撕裂，碎片散落在 700ft 长、460ft 宽的区域。飞机残骸起火，燃烧了几小时。

17.2　事故响应

杜布罗夫尼克塔台意识到 IFO21 没有在预定时间着陆，多次尝试通过无线电与飞机取得联系，但都没有成功。当地警方、军方和港口当局迅速发出警报。下午 3:20，位于意大利文森扎（Vincenza）的北约联合空中作战中心（CAOC）接到通知。克罗地亚普洛斯（Ploce）的一支法国军事单位拥有当地唯一可用的搜救直升机，他们的 SA330 “美洲豹”（Puma）在下午 4:55 起飞。

由于飞机预期的进场路径和平民报告可能有一架飞机被击落，最初的搜索是在科洛塞普岛（Kolocep Island）和周围水域进行。在内陆搜索是不可能的，因为低沉的阴云完全遮住了周围的山脉。CT-43A 配备了坠机位置指示器（CPI），这是一种紧急无线电信标，在发生事故时自动发送信号，以帮助确定飞机的位置。该设备类似于所有美国通用航空飞机上所需的民用紧急定位发射器（ELT），信标的范围至少有 50mile，但直到下午 5:35，法国直升机才收到一个非常微弱的信号。20min 后，检测到一个稍强的信号，但无法确定方向。

两架美国空军 MH-53J 直升机和一架 MC-130 加油机从意大利的布林迪西（Brindisi）出发，飞行大约 1h，于下午 6:30 到达杜布罗夫尼克地区，他们没有得到任何关于失事飞机的大小、任务，甚至是它正在进行公开的仪表着陆进场的事实。两架直升机都收到了足够强的信号，可以让“测向”设备引导他们前往信号源，但由于恶劣的天气条件，它们无法飞越山脉。由于语言的限制和 ATC 任务饱和，各种救援飞机与克罗地亚空中交通管制员之间的通信很困难，有时会妨碍关键信息的传递。

大约在同一时间，当地警方接到一位村民的电话，他在附近的山顶上看到了事故现场。这名克罗地亚平民听到了飞机爆炸声，但由于能见度太低，他几小时都没有看到飞机残骸。由于没有电话，他驱车 30min 下山，找到电话并寻求帮助。

到了晚上 7:40，即事故发生近 5h 后，5 名警察终于抵达事故现场。他们最初在完整的尾翼附近发现了 4 具尸体，并开始寻找幸存者。然而，飞机的其他部分严重破碎和烧毁，他们认为不可能有幸存者。此后不久，美国直升机在暴雨中降落在机场，加油后准备出发前往坠机地点。由于云层较低，能见度差，工作人员甚至看不到山脚，更不用说山顶了，所以仍然无法飞往现场。

几小时内，又有 90 名救援人员通过地面交通和艰难的跋涉到达现场。晚上 9:30，失事飞机上的空军机组成员、一名飞行服务专家发出了声音，1h 前，她在机尾残骸下被发现，但据信已经死亡。发现她还有微弱的脉搏，但她的脊柱、腿和内脏器官受伤很严重。现场对其进行了急救，并打算尽快将其转移到山下。空中疏散本来是最好的方法，但低云和有限的能见度仍然无法使直升机飞往现场。由于需要立即进行医疗救治，幸存者被担架送到山下的救护车上。但遗憾的是，晚上11:55，救护车上的一名克罗地亚医生在前往杜布罗夫尼克医院的途中宣布她死亡。

第一批到达现场的美国人是在凌晨1:45，即事故发生11h后。两名救护人员和一名作战指挥员（都是特别战术小组成员）用绳子从一架美国直升机上落地，到凌晨4:00时，许多其他美国军事人员已通过地面交通抵达。在建立了通信联系和大本营后，开始对遗体进行全面搜索。24h内，所有的尸体都被转移到机场的临时停尸房。验尸结果后来证实，所有29名乘员和5名机组人员均死于钝器伤，其余的机组人员死于热吸入伤。

17.3 调查和发现

1996年4月5日，美国空军欧洲司令部（USAFE）司令任命查尔斯H.库里奇（Charles H. Coolidge）准将为AIB主席，负责调查IFO 21坠机的原因。NTSB、FAA、波音公司和普惠公司的其他空军人员和技术顾问也参与了调查工作。

该委员会根据空军指令（AFI）51-503的规定成立，目的是寻找和保存证据，用于索赔、诉讼、纪律处分、不利行政诉讼和其他目的（见第14章的补充讨论）。调查结果将予以公开，而根据AFI 91-204进行的平行安全调查将会保密，仅供空军使用。

17.3.1 事故飞机

最早的检查集中在31149号飞机的残骸上。所有主要结构部件都是沿着120°的磁航向在主要残骸中发现的。调查人员确定，“飞机结构在坠机前没有发生故障或分离，”而且由于减速力大，这次事故无法生还。驾驶舱已被大火烧毁，但对可恢复仪表进行全面拆解为调查人员提供了以下信息：

（1）一个姿态方向指示器（ADI）右翼低5°。

（2）飞行员的水平位置指示器（HSI）的航向在115°～119°之间。航向“bug”设置为116°，而通常用于显示所需方位的航向选择窗口设置为117°。

（3）飞行员的方位距离航向指示器（BDHI）航向方位在115°～119°之间。

（4）一个无线电磁指示器（RMI）的前玻璃、边框、开关旋钮、罗盘卡和方位指针丢失，指针的位置被确定在115°或295°的位置。

（5）一个惯性导航系统（INS）在坠机前运行了1h 12min，地理坐标被恢复，表明设备在性能规格范围内运行。一个INS的一个CDU显示选择器开关被设置在“交叉轨道/轨道角误差”位置；另一个CDU被设置在“航向/偏移角”位置。

（6）一个自动定向仪（ADF）的调谐同步器显示调谐频率为316kHz（KLP频率为318kHz），而输出到飞行员RMI的同步器显示指针指向174°。目前尚不确定所选频率的差异是故意的还是撞击产生的，但调查人员认为，这不会对飞行中的KLPNDB的接收产生重大影响。

（7）姿态/航向参考系统（AHARS）和INS罗盘适配器装置将飞行员的HSI、RMI和BDHI，以及副驾驶的BDHI和自动驾驶仪的数字输入转换为模拟输出，航向在

116.1° ~ 116.4°之间。

两台发动机都被确定在坠机时产生相对较高的功率，没有迹象表明坠机前出现故障、鸟撞或反推装置起动。AIB 认为，高功率设置可能表明，机组人员要么是开始错过了进场，要么是对上升地形的视觉观察做出了响应，要么是受到了 GPWS 激活的警告。然而，制造商后来的分析表明，GPWS 不会发出声音，因为飞机的飞行路径和配置不会触发该系统的任何预设警报模式。

发现 CPI 紧急信标仪部分展开，仍然连接在飞机的垂直稳定器上。然而，它的信号却被南部和西南部陡峭的山脉，以及北部和东北部稳定塔的垂直面阻挡。电池没有因为撞击而损坏，但电量已耗尽，表明电池处于正常激活状态。

对飞机的维护记录和波音公司承包商在拉姆施泰因空军基地进行的工作进行审查后，没有发现与事故相关的差异。据 AIB 称，所有维修人员都获得了适当的认证，对基地管理人员的访谈显示，他们"高度注重细节和维护工作"。

17.3.2　飞行员

空军 AIB 发现，所有机组成员都完全有资格执行当时的飞行任务。虽然两名飞行员之前都没有飞过杜布罗夫尼克 12 号跑道 NDB 进场，但在过去的两年中，他们都曾多次熟练地执行过其他 NDB 进场。人为因素专家指出，飞行人员的饮食、睡眠周期或个人压力都没有问题，病理学分析"药物、非法药物或酒精呈阴性"。此外，两名飞行员都没有任何可能影响飞行的先前存在的健康异常状况。

没有迹象表明机长在萨格勒布飞行前休息期间受到干扰。然而，副驾驶至少受到两次干扰：一次是给拉姆施泰因行动控制中心打电话；另一次是与开罗的飞行员见面。事故发生时，机组人员一天工作 13.5h，当时已经工作了 11.5h。

17.3.3　天气

分布广泛的低压系统导致整个地中海地区的低云层、降雨和雷暴。杜布罗夫尼克机场北部和南部的闪电活动证实该地区有雷暴，目击者的报告从"小雨"到一些当地人称之为"多年来最严重"的风暴。然而，没有报告或迹象表明有任何低层风切变活动。

发送给 IFO21 的天气报告和预报及时而准确，但在事故发生后几小时内，杜布罗夫尼克的情况明显恶化。到下午 4:00，风速增加到 16kn，能见度降到约 0.5mile，据报道云底高只有 300ft。这些情况持续了几小时。

17.3.4　导航设备

1992—1995 年，各交战派系频繁争夺西里皮机场的控制权，在此期间，包括 ILS、VOR 和第三个 NDB 等在内的大多数导航设备被盗。剩下的两个 NDB 只为机场提供了一种非精密仪表进场。同时接收 KLP 和 CV 信标是完成该程序的必要条件，因为 KLP 向跑道提供方向信息，而 CV 是确定 MAP 的唯一官方方法。由于无法将一个接收器调谐到两个不同的频率，并且在飞行过程中改变频率是违反规定的，因此需要两个独立的机载 ADF 接收机来执行此进场，而当时的 IFO21 只有一个 ADF 接收机。

委员会考虑了这样一种可能性，即机组人员可能曾试图根据最终进场修正和 MAP 之间的预期地面速度来确定他们到达该点的时间，从而确定 MAP。在这种情况下，合理的时间估计是 4min 左右。在飞机残骸中发现的飞行员的时钟显示飞行时间为 5min 50s。假设时钟在坠机时停止，AIB 确定，经过的时间特性必须在最后的进场修复之前启动，因此没有提供机组人员所需的信息。此外，委员会不认为机组人员试图通过使用 INS 来识别 MAP，因为 CDU 显示选择开关的位置不允许显示飞机位置信息。

FAA 的飞行检查员在飞机坠毁 5 天后核实了这两个信标的导航准确性。调查了其他电磁效应，包括高强度辐射场（HIRF）、海岸弯曲、电磁干扰（EMI）、闪电和信号反射。没有人被发现与事故有关。AIB 还调查了机组人员调错 NDB 的可能性，"但认为事故发生后，KLP 的飞行路线和检查的仪表状况在 ADF 上得到了成功的调谐。"

17.3.5 12 号跑道 NDB 进场设计

ICAO 为各成员国设计和建造仪表进场程序提供了具体指导。克罗地亚共和国空中交通服务局声称，在设计西里皮机场 NDB 进场时使用了这些标准，但结果是一个不标准的程序。调查人员发现，最后进场段的长度和定义存在问题，而且在识别"控制"障碍物方面也有不规范之处。这些障碍物，即最后进场路径附近的山脉，应该被用来确定适当的最低高度和计算正确的 MDA。

开发该进场的克罗地亚技术员最初打算让飞行员飞入站航线到 CV，而不是从 KLP 飞出站航线。其次，应该在航图上标明一个注释，说明"未授权定义复飞点的时间"。最后，当空军调查员根据国际民航组织标准计算 MDA 时，正确的最低高度被确定为：要么是平均海平面 2822ft（使用 KLP 作为主要导航设备），要么是平均海平面 2592ft（使用 CV 作为主要导航设备）。这两个最小值都明显高于 IFO21 机组当时使用的 2150ft 的最低高度，这将提供足够的空间离开山体（见图 17–4）。

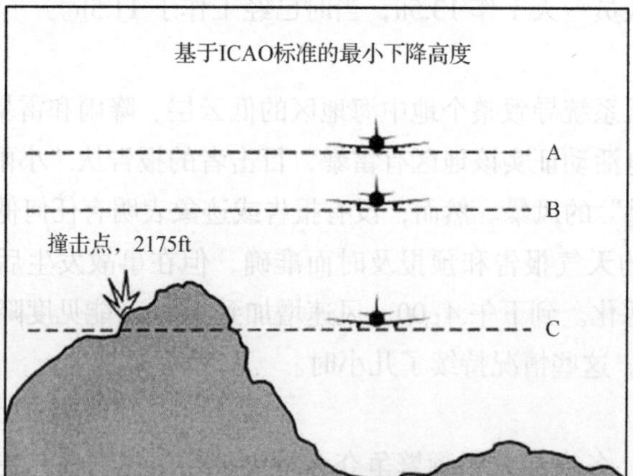

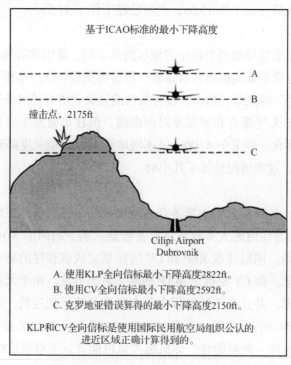

图 17–4 相对 MDA 和 IFO21 的撞击点

17.3.6 空军的监管责任

在调查过程中，AIB 还发现美国空军在多个领域存在不符合上级指挥控制规定的情况。

17.3.6.1 终端仪表进近程序（TERPS）审查

空军指令（AFI）11–206 要求，“在空军机组人员飞行之前，任何未在 DOD 或 NOAA 的飞行信息出版物中公布的仪表进场程序都必须经过一级司令部终端仪表进近程序专家的审查。”该指令补充规定，只有在天气状况好于 1500ft 的云底高和 3.1mile 能见度的情况下，才允许使用非国防部的进场图，且无须审查。该指令的目的是确保程序中有适当的安全余量，其方式与美国的基本相同。然而，对杜布罗夫尼克的 12 号跑道 NDB 进场的审查从未完成，因此不应该使用该进场图降落。

当这项指南于 1995 年 11 月正式发布时，很明显，它对第 86 空运联队的整个运营能力产生巨大的影响，因为预计他们将为欧洲和非洲地区的许多不发达国家保持持续的任务准备状态。USAFE 运营总监认为，由于杰普森·桑德森公司印制并分发了这个程序，它一定是“安全的”。但正如委员会发现的那样，即使是杰普森公司也谨慎地指出，他们“不会审查或批准他们公布的进场程序的充分性、可靠性、准确性或安全性”。AIB 发现，AFI 11–206 的作者清楚非国防部核准的飞行进场的含义，但 USAFE 的工作人员不清楚。在接到新要求的通知后，第 86 作战大队（OG）指挥官立即向他的上级 USAFE 申请了豁免权。负责该申请的空军官员“认为他在这次谈话中获得了空军飞行标准局（AFFSA）的口头豁免……”。然而，AFFSA 官员后来作证说，没有口头通知，口头通知豁免也不合适。但这一误解使得“飞行机组信息通知”已经被分发给了第 86 作战大队所有的飞行员，确认杰普森进场图可以在未经空军 TERPS 核准的情况下按照公布的进场程序飞行。

1996 年 1 月 2 日，豁免的正式请求得到处理，随后被空军总部拒绝。发给 USAFE 的邮件中写道：“AFI 11–206 关于杰普森使用的进场指南是合理的……正确的进场核准是机组人员在每次使用仪表进场时‘理所当然’的一个因素。”但是 AFFSA 运营总监抱怨说：“第 86 作战大队的机组按照没有授权的杰普森进场图飞行。”因此，第 86 作战大队指挥官要求所有中队指挥官提供一份需要 TERPS 核准的进场清单。但他在请求的最后说：“我对这个问题的看法是：如果我们继续正常飞行，直到进场获得核准，然后我们取消［飞行机组的豁免通知］，安全就不会受到影响。”

随后，作战大队指挥官、中队指挥官和标准化/评估飞行员之间进行了讨论，并就这个问题达成了协议，通知并未撤销。AIB 发现，第 86 作战大队指挥官“当时明白，第 86 作战大队没有遵从字面意思［指令］……［他］相信，整个指挥系统都知道他的行动，并没有指示他采取其他的行动。”这个问题似乎已经结束，直到第 86 作战大队所属的第 17 空军的一名代表得知第 86 作战大队仍然没有遵守 AFI 的规定。他联系了他在第 86 作战大队的同事，告诉他“在审查之前停止使用杰普森进场图”。但委员会发现他们没有采取任何行动——两位官员都没有对该指令采取后续的行动。

17.3.6.2 机组人员资源管理（CRM）培训

事故调查委员会认识到CRM的重要性，指出“资源管理计划的宗旨是通过提高管理工作量、机组决策和增强态势感知的技能，帮助机组人员避免像IFO21飞机那样的事故。”事故发生两年前，美国空军发布了AFI 36–2243《驾驶舱 / 机组人员资源管理》，要求对所有空军机组人员进行飞机和特定任务的CRM培训。虽然有责任这样做，但USAFE从来没有制订CRM计划，而是由第86空运中队自行制订计划。IFO21的飞行员没有参加过这种培训。

17.3.7 机组承受的压力

在任何特别来宾（DV）任务中，保持预期的进度至关重要。正如AIB所发现的，“成功执行计划任务的外部压力是存在的，但证词显示，[IFO21机组人员]会抵抗这种压力，不会允许其将他们推到他们认为的安全极限之外。”目前尚不清楚商务部小组在事故航班上究竟施加了什么样的压力。然而，在1993年，商务部长与同一个中队一起飞行时，据委员会称，“遇到了安排上的困难，商务部的一名成员试图向飞行员施压。”

17.3.8 其他问题

在事故发生后的几天里，无法找到一份完整而准确的乘客名单。根据AIB的说法，由于IFO21没有遵循空军11–206指令中的具体指示，美国驻萨格勒布大使馆必须整理一份清单。

委员会在中队层面发现的另一个问题是CT–43A飞行机械项目的演变。其最初的工作人员是“飞行机组负责人”，后来变成了“飞行工程师”项目，几乎没有或根本没有接受过飞行任务方面的正规培训。该中队仅有的一名飞行机械师“觉得他没有受过良好的培训，他主要依靠自己的在职培训”。

17.4 结论和可能的原因

调查结束后，事故调查委员会发布了长达7174页、22卷的报告。调查发现，飞机维修、结构和系统、机组人员资格、导航设备和机组人员的医疗资质对事故没有任何实质性的影响。委员会还指出，“尽管事故发生时的天气情况要求机组人员采用仪表进场，但天气原因并不是造成这次事故的主要因素”。

当时的事故调查委员会主席库里奇所写的最后一份“意见声明”写道，“CT–43A事故是由指挥失误、机组失误和仪表进场程序设计不当造成的。”他接着说：“这次事故是由这三方面的原因共同造成的……缺少其中的任何一个原因，都可以避免事故发生。”

诚如开篇所提到的，飞行操作的各个方面实现标准化是民用航空如此安全的主要原因之一，而军事运输任务中标准化是难以达到的，不光是因为经常会遇到不熟悉的地形和机场需要灵活处理，任务面临的困难比民用航空更加严峻：在此次事故中，不仅有恶劣的天气、多山的进近航线、地面导航设备的缺失等诸多客观因素，还有政府官员按时抵达目的地需求的主观原因。在多重约束下，即便是民航航班已经停飞了，军事任务还得继续，因此执行军事任务的飞机理应具备比民航客机更强大的能力，而事实上，同样是波音 737 平台，CT–43A 的飞行能力甚至不如波音 737。ADF 接收机数量的不完备导致不能同时接收两个信标的信号，没有安装 CVR、FDR 也使得事故后调查变得更为困难。因此这种情况下只能依靠空军飞行员高超的飞行技能，而事实证明由于各种环节疏忽以及飞行员也存在操纵失误的可能，单纯依靠飞行员是无法避免事故的发生。所以即便是军机，也应该遵循民航客机适航的理念并尽可能为飞行员提供更多的导航和驾驶手段。在这次事故中，如果 ADF 接收机有两台，CT–43A 可能就顺利降落在杜布罗夫尼克；甚至如果 CT–43A 具备 RNP 能力，那么完全可以避免这次事故的发生——当然这只是针对后续飞机设计而言，CT–43A 并没有赶上 RNP 的时代。

17.5　后记

1996 年 4 月 4 日，即事故发生的第二天，第 86 作战大队果断地取消了对 AFI 11-206 的豁免权，这对 IFO21 上的机组人员和乘客来说已经晚了一天。空军成立了一个名为“老虎队”的空军特别小组，负责清点运输机上的安全设备。该团队的任务是对那些没有安装 CVR、FDR、终端防撞系统（TCAS）和 GPS 的飞机进行成本分析。

由于调查，第 86 空运联队指挥官和第 86 作战大队指挥官被解除了指挥职务。USAFE 运行总监和第 86 空运联队副指挥官收到了训诫信，另有 12 名空军军官受到纪律处分。

“贵宾”飞行永远是海外外交的一部分。但是，尽管以任务为导向的“敢做敢当”态度在武装冲突中至关重要，但它必须屈服于标准化和安全理念——这是在民用航空环境中来之不易的教训。

第 18 章　缺乏团队合作：HAVOC 58 撞上沉睡的印第安山

运营商：美国空军

机型：洛克希德 C-130H"大力神"

地点：怀俄明州杰克逊霍尔（Jackson Hole，Wyoming）

时间：1996 年 8 月 17 日

美国空军定期"飞行"和战术军事"任务"之间的区别往往是很明显的。适当的协调、沟通和各级的规划是至关重要的。必须保持有效的任务支持和适当的任务目标优先顺序。如果没有这些先决条件，操作人员就会成为安全链的最后一环，几乎没有犯错的余地。HAVOC 58 的空难事故恰恰证明了任何错误都可能是致命的。

18.1　飞行经过和背景

40 多年来，洛克希德 C-130 是美国空军战术空运的首选，它能够将 92 名作战人员或 30000lb 的支援设备运送至世界上任何一个地方。其巨大的货舱宽 10ft，高 9ft，长 41ft。23 个驾驶舱窗户提供了良好的视野，宽大的机翼和尾翼使飞机可以保持很慢的飞行速度。

C-130 在全世界 60 多个国家服役，被用作运输机、空中加油机、消防机、炮舰和侦察平台，几乎是迄今为止功能最全的飞机。

1996 年 8 月 17 日，C-130 悄无声息地下降到 14000ft，进入怀俄明州杰克逊霍尔市的市政机场和提顿国家森林公园（Teton National Forest）。

飞行员驾驶飞机继续下降，并操纵飞机与杰克逊机场的 18 号跑道对齐。他们从得克萨斯州阿比林（Abilene）附近的戴斯空军基地（Dyess AFB）出发，这是本周六晚上执行的几项任务中的第一项。该机组的主要任务是下周一在波普空军基地（Pope AFB）进行一次全面的 JA/ATT（联合空降 / 空中运输能力训练）演习，并为机组人员在短短 6 天内进行 13 次空投做了大量的准备。但就在三天前，他们接到命令，执行一项额外的任务：将总统在怀俄明州度假所需的关键安全设备在 8 月 18 日之前送回东海岸。由于没有其他可用的机组人员，HAVOC 58 的航班时刻表就被更改了。由于有总统参加，这次任务代号为"凤凰旗"。航程和机组人员的突然更改并非完全出乎意料，但有时很难适应。

一辆“雪佛兰”Suburban 防弹车和 6 个装有特勤局行李和敏感通信设备被装到飞机上。这批货物是保密的，总重为 8500lb，价值 130 万美元。随行的特勤局特工也登上了该架飞机，加油工作在晚上 10：15 前完成。返回飞机的路上，一名机场工作人员问飞行工程师是否知道机场的降噪起飞程序。飞行工程师只说了一句“是的”。随着维修工作的完成，出发前的各项准备已就绪。

工程师完成了所有的起飞计算，并将数据传给飞行员。完成滑行前的检查清单。

2min 后，在向机组人员介绍基本情况时，机长对其他机组人员说：“……一旦我们升空并爬升，可能最终会设置 10–10（动力设置）进行巡航。但是，为了远离这些山脉……我们会在稍后将飞机拉回。”“……这几乎是一个山谷地形，飞机爬升 7300ft，大约有 1000ft 是在机场以南 10mile。”

机长问道：“好吧，我需要右转，对吗？或者对不起，左转？”

导航员回答：“左转。”

“好吧，那座山在那边。如果需要的话，我们会在起飞后很快向左转。”

“HAVOC 58，”盐湖中心呼叫，“允许你从杰克逊机场到肯尼迪机场，爬升并保持 16000，应答机代码 6027……等待签放，你可以在跑道尽头呼叫我。”

“HAVOC 58 收到 ......”

然后，副驾驶通过机场使用的 UNICOM（咨询）频率广播他们打算滑行到跑道尽头。机场运营办公室的无线电报务员回应道：“收到，首选跑道 18 号，该区域没有其他飞机。你知道降噪程序吗？”

“HAVOC 58 全部收到，我们知道降噪程序。”副驾驶通过无线电说道。

起飞前，检查清单已经完成。同时收到了最新的天气和高度表设置。但就在机组人员准备呼叫 ATC 放行时，一架进港的天西航空公司（Skywest Airline）的支线客机通过无线电呼叫：“……直接进入 36 号跑道，我们距离 DME17mile。”

“哦！ 36 号跑道？”机长喊道。他们计划在 18 号跑道起飞，起飞后直接面对他们，并造成潜在的危险情况。就在这时，他们收到了另一个来自一架同样准备起飞的达美航空公司（Delta Airline）飞机的信息。

“杰克逊飞机，达美航空 1691 号滑行起飞，杰克逊霍尔，计划在 36 号跑道上，复制入站飞机。”

HAVOC58 的飞行员有些恼火：“啊，为什么每个人都要去 36 号跑道？我以为他们说首选跑道是 18 号！”

“是啊，”副驾驶说道，“我也以为他是这么说的。”

意识到他们等待的时间越长，利用 18 号跑道起飞就越困难，机长从副驾驶手中接过无线电控制权。希望预先阻止达美航空在他们之前起飞的任何计划，他呼叫：“杰克逊霍尔交通管制，HAVOC 58，C–130 在 18 号跑道的进场端，等待放行。”他沮丧地对他的机组人员说：“该死的达美航空的飞机正在飞往 36 号跑道……让我们给中心打个电话……告诉他们，我们正在等待入站飞机的放行。”C–130 飞机只配备了一台 VHF 通信电台，需要快速切换频率，并且无法同时收听 ATC 和 UNICOM 的声音。

“盐湖中心，HAVOC 58 在 18 号跑道进场端等待放行。”副驾驶用无线电说道。ATC 几乎立即做出了回应。

“放行 HAVOC 58，请注意有一架飞机进入杰克逊霍尔机场着陆……在机场以南 1mile，1000ft 之外。你被放行，爬升并保持飞行高度 19000ft，可以在这个频率上报告你的离场，天西航空应该在 UNICOM 那边。”

所有的检查清单都完成后，HAVOC 58 于晚上 10:47:19 升空，12s 后，开始向东左转。“080，飞行员。”导航员提醒道。

起飞后的检查已经完成，晚上 10:48:38 与中心建立了空中联系。“盐湖中心，HAVOC 58 正在从 8000 变为 9000。”中心确认。“我告诉你，”飞行员说，“让我们暂时保持 170 的爬升。”

机长执行了起飞任务，但他打算让经验不足的副驾驶完成飞往纽约的剩余行程。“……副驾驶已经准备好飞行了”。

13s 后，副驾驶被无线电高度计上的一个突然指示的信号吓了一跳，可能是因为飞机下面的地形迅速上升。“我的雷达高度计刚刚坏了！”她惊呼道。令人诡异的是，2s 后，HAVOC 58 号飞机上的 9 人全部遇难，因为 C-130 飞机撞上了沉睡的印第安山的一侧，就在山脊线下几百英尺的地方。一个巨大的火球腾空升起，在这样一个漆黑的夜晚，几英里外都能看到，洛克希德“大力神”飞机的碎片残骸一直燃烧到天亮。

18.2 应急响应

到凌晨 2:00，布里奇 – 提顿国家森林公园（BTNF）的护林员和杰克逊县警长组织了一个事故管理小组寻找事故现场。来自 BTNF、大提顿国家公园、提顿县治安部门和美国特勤局的 28 名人员组成了救援队。这些人骑马或步行，在凌晨 4:30 左右到达了事故现场。在迅速确定没有幸存者后，对现场进行了保护。

事故现场距离机场 9.5mile，位于国家森林公园的格罗斯·文特（GrosVentre）荒野区的一个荒凉地带，如图 18-1 为 HAVOC 58 坠落的位置。从图 18-2 和图 18-3 可以明显看出，飞机在崎岖不平的灌木丛中燃烧了大约 0.25mile 范围，由此产生的大火摧毁了飞机残骸。

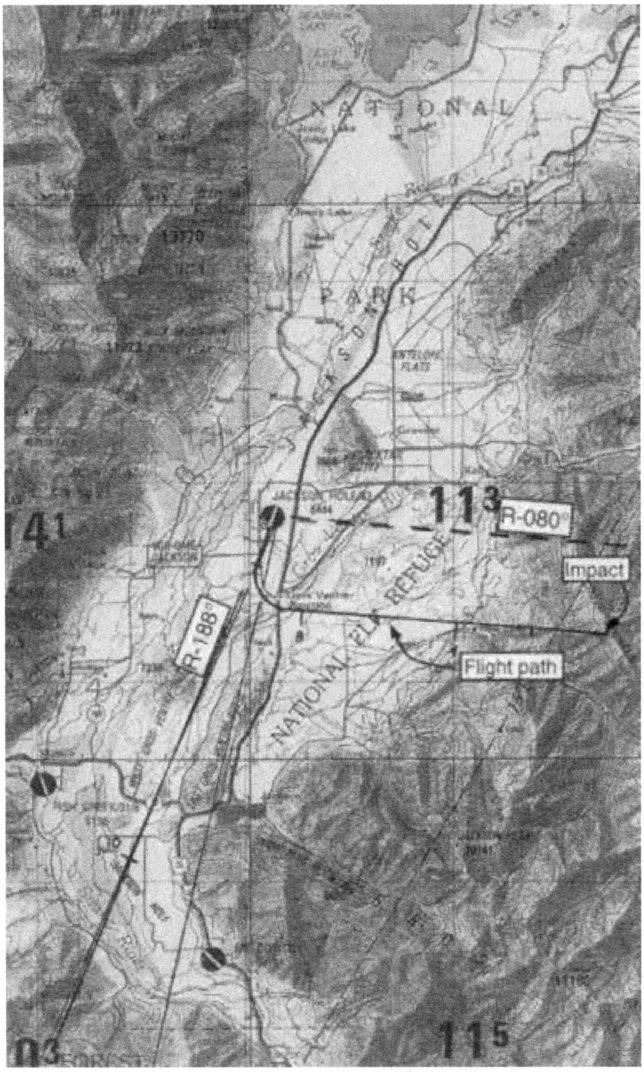

图 18-1　HAVOC 58 坠落的位置

图 18-2　HAVOC 58 飞机残骸视图（向西看）

图 18–3 HAVOC 58 飞机残骸视图（向南看）

18.3 调查和发现

在接到 A 类事故（飞机或人员损失）的通知后，第八航空队司令菲利普 · 福特（Philip Ford）中将任命罗伯特 · 斯科拉斯基（Robert Skolasky）上校为事故调查官。根据空军指令（AFI）51503《飞机、导弹、核事故和空间事故调查》的规定，斯科拉斯基上校随后任命了技术和法律顾问协助他进行调查。此外，飞行员、导航员、飞行外科医生和飞行工程师也参与了调查。

18.3.1 事故飞机

飞机左侧的高地势导致左翼尖首先撞击山坡，在事故发生的早期留下了明显的地面伤痕和机翼碎片。对飞机残骸的详细分析表明，发动机的动力正常，襟翼在撞击时收回，没有证据表明有任何明显的飞行操纵问题。对 FDR 和 CVR 的进一步检查证实，飞机在撞击前的操作是正常的。

18.3.2 杰克逊霍尔机场

仪表飞行规则（IFR）的起飞程序要求在机场上空左转，同时爬升到最低安全高度后再转弯。这些程序公布在杰克逊机场的进场图上，张贴在机场飞行计划室的墙上，并提供给机场操作服务台的飞行员作为讲义。

军事飞行员通常无法获得杰克逊机场进场图，而是依靠飞行信息出版物（FLIP）终端程序和 DOD 的进场图。所有的出版物都详细描述了避开地形的程序，包括 IFR 起飞路线。DOD 的进场图在一个倒置的黑三角形内使用了一个“T”字（见图 18–5 每个角落的详细信息），以提请人们注意特定机场存在的、必须飞行的特定终端离场程序。该程序要求爬升至平均海平面 11000ft，同时沿着 JAC VOR 向外 188° 径向跟踪，然后爬升左转直达 VOR。然后在飞行途中的爬升阶段，遵循各种航线和高度的详细指示。

该中队的一名导航员向调查人员解释说，“我从来没有找到过任何有‘T’的地方，”他说，“这是每年在导航员仪表进修课程中都会遇到的问题，我不知道有谁用过。”

没有发现任何证据表明，有任何机组成员曾打电话给机场询问情况，或审阅过杰克逊霍尔机场的特定降噪或 IFR 起飞程序。

18.3.3 ASR/GDSS

为了获得任何可能包括在军事行程中的机场的操作信息，任务规划者或飞行员通常会查阅机场适用性报告（ASR）。这份文件提供了基本的机场信息，包括位置、可用设施、跑道承重能力，以及空中机动司令部（AMC）调查的 2907 个机场的运行限制。

机场信息的另一个来源是全球决策支持系统（GDSS），1996 年修订后的基于“Windows”的系统被分发给所有用户，第 39 中队在 7 月中旬收到了该系统。但是，负责输入和下载相关数据的行政人员直到 7 月底才“拿到书”（操作指南），8 月底才开始正式培训。新软件的一个特征是机场数据库（AFD）。

以前只能通过 ASR 提供给任务调度员的所有信息都可以在 AFD 中即时检索到。运营商在登录网络时不断遇到问题，修订后的菜单驱动界面往往令人困惑。接受采访的中队计划员都不知道系统的 AFD 部分可以供他们使用。

在事故发生时，杰克逊霍尔机场的适用性报告显示对 AMC 飞机没有特别的操作考虑。然而，计算机化的机场数据库与 ASR 的不同之处在于，该机场只适合“白天作业”。机组人员和计划员都不知道最近对机场军事行动有限制。

18.3.4 飞行中队

1996 年春夏，所有空军空运中队都承担了繁重的任务。仅在 8 月份就安排了 96 次 BANNER 任务，同时还必须完成日常训练、常规任务和海外部署。因此 8 月份前几周的工作日程比平时更紧张，导致合格的机组人员严重短缺。机组人员的整体经验水平远远低于前几年，这使原本紧张的计划安排变得更紧张。

第 39 空运中队在处理 OPR 和 EPR（所需的人员表现报告）方面明显落后，事故发生前不久发放的一份飞行中队内部安全调查问卷（没有作为官方事故报告的一部分）指出了许多问题。例如“有人打乱了任务结束后机组人员的休息，沉重的行动节奏和对非飞行任务的强调，造成了对安全普遍漠视的态度。”

调查人员发现了中队层面的一些其他问题。“这里没有过多地强调在高海拔机场外飞机运行能力的下降 ...... 因为我们不经常处理这个问题 ...... 我们飞行的地区真的没有那么多山。”另一位业务官员将其称为“平地心态”，这是一个已知但未解决的安全问题。

第 39 空运中队被指派执行“凤凰旗”任务。该中队没有飞机或飞行工程师，他们都是从第 40 空运中队“借”来的。

18.3.4.1 飞行机组

唯一能飞行“凤凰旗”的导航员是一位新人。刚刚完成初始训练，这是他第一次在没有随行教官的情况下执行飞行任务。他的一位教官后来告诉调查人员，“要想规避地形，至少需要一年或更长时间，才能熟练识别地形……读取雷达的天气信息会更容易一些。”

18.3.4.2　任务计划

由于BANNER任务的增加，飞行任务延长到8天，这违反了中队规定的7天行程的限制。任务原定于周六凌晨2点从戴斯空军基地出发，以便早上从杰克逊霍尔起飞。然而，当机组人员周五早上在行动办公室时，从白宫军事办公室传来消息，时间推迟了，新的计划是周六下午4:00起飞，深夜从杰克逊霍尔出发。

行程中的杰克逊霍尔部分，在前一天被审查为正常的日间行动。中队中的飞行员从来没有人飞过该机场，也没有为支持总统访问在那里进行过任何夜间军事行动。

出于某种无法解释的原因，飞行工程师周六凌晨到飞机上报到，他带着旅行袋，准备出发。当被告知起飞时间有所改变时，他离开了，但调查人员感到疑惑的是，为什么没有提前通知他。

18.4　结论和可能的原因

经过五周的调查，AFI 51-503事故调查报告于1996年10月21日公布。调查人员在以下方面发现了违规行为：

（1）由于机长和飞行工程师之间缺乏充分沟通，AFI 11-401规定的机组人员休息被迫中断。

（2）机组人员未能“充分准备并执行山区起飞”。具体而言，机组人员没有审查公布的起飞程序，没有交叉检查机载雷达显示和飞行仪表指示，在起飞过程中没有利用所有可用的导航设备。

（3）机组未充分重视复杂机场及其周边环境的特殊性，也未按照机场规定的降噪程序进行起飞操作。

（4）中队的任务计划员与机场管理人员电话只确认了HAVOC 58无须特殊许可，而没有讨论任何操作问题及注意事项。

（5）中队计划员竟然不知道系统的AFD部分可以供他们使用，说明计划员对于负责业务的陌生。

（6）机组人员和计划员都不知道最近对机场军事行动有限制，说明机场未及时准确传递最新信息或规定。

（7）合格的机组人员严重短缺，导致机组人员的整体经验水平远远低于前几年，使原本紧张的计划安排变得更紧张。

（8）“有人打乱了任务结束后机组人员的休息，沉重的行动节奏和对非飞行任务的强调，造成了对安全普遍漠视的态度。”

（9）作为重要岗位的导航员是一位新人，刚刚完成初始训练，且没有随行教官就执行复杂机场起飞任务。

（10）中队中的飞行员从来没有人飞过该机场，也没有为支持总统访问在当地进行过任何夜间军事行动。

报告最后所附的斯科拉斯基上校的意见书指出：“HAVOC 58的机组人员没能避开

前方的山区地形。视野受到了夜黑无月的限制。雷达信息本应显示在导航员的雷达范围内，却没有得到正确的解释。驾驶员 / 副驾驶员没有研究到达 / 离开的航图，导航员错误地解读了航图。”“HAVOC58 的坠毁是由机组人员失误造成的。”

18.5　后记

调查发现 HAVOC58 撞山是人为失误，机组人员在飞行计划、程序验证和机组人员资源管理方面犯了严重错误。

从该事故调查得出结论，飞机的飞行控制系统没有问题，飞机撞击前的操作也是正常的，也反映出该型飞机功能上的欠缺。

飞机上无近地告警提示功能、更没有防撞自动拉起规避功能，如果该型飞机具有这些功能，不仅能够确保飞行安全、而且能够极大减轻机组人员负担，也能够降低对机组成员业务熟练度及经验的要求。

在配备近地告警功能、甚至增加防撞自动拉起规避系统之前，只能通过提高机组成员的安全意识、规范操作流程、对起降机场环境的熟悉、成员之间的有效协同交流等措施来规避风险。最终还是应该升级飞机的用以确保飞行安全、降低人为错误的功能及系统。

第 19 章　太过强烈的期望：C–17A 偏离程序的飞行表演

运营商： 美国空军

机型： C–17A

地点： 阿拉斯加埃尔门多夫 – 理查森联合基地（JBER）

时间： 2010 年 7 月 28 日

2010 年 7 月 28 日当地时间下午 6：22，一架编号 T/N 00–0173 的 C–17A 飞机（见图 19–1），由于失速最终倾斜到 82°，下降速度为 9000ft/min，撞毁在机场西北部的森林地带，4 名机组人员当场死亡，没有造成平民伤亡。

图 19–1　C–17A“全球霸王Ⅲ”

19.1　飞行经过和背景

19.1.1　任务

这次事故是 JBER 北极雷声航展的一次飞行，原定于 2010 年 7 月 31 日举行。有 4 个不同的飞行方案，前 3 个时长为 6 ~ 12min 不等。第 4 个飞行是空投演示，失事机组人员原计划飞行第 3 方案，即飞行 12min 的方案。

这次事故第 3 飞行方案的相关部分是：最大性能爬升到离地高度 1500ft，80° /260° 反向转弯，离地高度 500ft 高速通场。

在爬升后，飞机进行 80° /260° 的反向转弯，从原来的离港方向转向，以便与跑道对齐，并进行高速飞行。空中表演飞行员将执行三段动作：首先以 80° 的转弯离开最初的航向建立一个出航段；然后飞机从跑道飞行到一个安全的距离；最后飞机进行 260° 的反向转弯转向跑道。

500ft 离地高度高速通场过程是从离地高度 1500ft 下降到 500ft 同时完成 80° /260° 反向转弯。当到达 500ft 时，飞机加速到 250kn，飞过展示中心（观看区域的中心，由图 19-2 中的五角星代表）的观众。

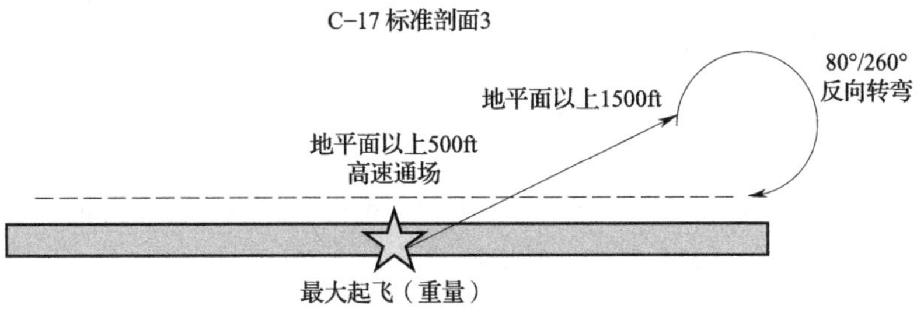

图 19-2　第 3 飞行方案简图

19.1.2　计划

事故发生的前一天，在 0930 ~ 1100L 之间，MP、MCP 和事故安全员（MSO）使用模拟器来练习一些空中表演方案，包括第 3 方案。

19.1.3　飞行前检查

2010 年 7 月 28 日，机组使用操作风险管理（ORM）评估任务风险。ORM 是一个决策过程，系统评估可能的行动路线，识别风险和好处，并确定对任何特定情况的最佳行动路线。所有机组都确定是安全的，并准备执行计划中的任务。

19.1.4　事故概况

（1）天气观测飞行

在这次事故发生前 30min，MC 驾驶 MA 在当地飞行，MC 评估了风速并观测了机场周围的飞行情况。MA 正常飞行，天气在限定范围内。

（2）空中表演飞行（事故飞行）

气象观测飞行结束后，MC 降落并等待大约 30min 之后，开始了他们的空中表演。在起飞过程中，MP “旋转”（提高了飞机的机头），获得 40° 最大仰角。

目标爬升空速为 133kn。爬升过程中达到的最高空速是 107kn。当飞机通过 800ft 离地高度时，MP 开始了 80° /260° 反向转弯的第一段。飞机转向 57° 的河岸，航向 340°，并在 852ft 的高度平稳飞行。在完成转弯后，当空速达到 151kn 时，MCP 开始收回襟翼。最小襟翼收回速度（V_{mfr}）为 150kn。当襟翼收回时，MP 继续离场 7s。

MP 在 53° 的初始倾斜角度向右拐，开始了 80° /260° 反向转弯的第三段。当空速达到 188kn 时，MCP 开始收回缝翼。最小缝翼收回速度（V_{msr}）为 193kn。右转 5s 后，失速报警系统启动。此时，MA 的配置是右满舵，驾驶杆靠后和缝翼正在收回。空速为 199kn，比失速空速低 6kn。

当失速警告发生时，MCP 的回答是“确认机组人员……温度、高度都很好”。MP 继续使用右满舵转弯，这使 MA 的倾斜角度增加到 62°。C-17 的最大允许倾斜角度为 60°。MP 也继续施加驾驶杆压力，飞机的过载增加到 2.4。

飞行大约 62s 后，严重失速保护系统即迎角限制系统（ALS）被激活，但被 MP 的快速激进动作克服。在几秒钟内，MA 的侧倾角最大增加到 82°。飞机开始下降，并最终达到 9000ft/min 的下降速度，同时空速下降到 184kn。

进入失速 1.5s 之后，几个事件同时发生：MCP 说“没那么紧张，兄弟”；MSO 三次说“注意飞机倾斜”；MP 向左移动满压驾驶杆，施加左舵，但驾驶杆压力保持不变。

撞击前 5s，缝翼完全收回。在撞击前大约 2s，MP 能够启动飞机的左滚转，然而，由于失速，滚转速率是最小的。直到碰撞失速保护系统保持激活。

19.1.5 撞击地面

2010 年 7 月 28 日在 1822 L，MA 机头向下 16.9° 以 184kn 的速度撞击在机场西北右侧 63.6° 处的森林地带。MA 爆炸，燃烧持续了大约 36h。

19.2 调查和发现

人为因素是造成此次事故的主要原因。

19.2.1 原因分析

（1）程序错误

MP 在这次灾难中犯下了两个程序上的错误。他用自己的技术代替了空中表演程序，并且没有实施适当的失速恢复程序。

①空中表演技术的不正确组合（能源管理）

能量管理的基本概念（即为特定的飞机配置保持足够的速度和高度以维持受控飞行）是最重要的。没有适当的能量管理，飞机就可能进入低能状态，脱离受控的飞行。

MP 使用以下技术执行表演飞行方案，从而造成驾驶员错误：

- 尝试 60° 转弯，而不是规定的 45° 转弯；
- 爬升到大约 850ft 离地高度，而不是 AFI 指定的 1500ft 离地高度；
- 爬升仰角 40°，而不是以最小爬升速度爬升；
- 保持右满舵和驾驶杆压力，以促进 80° /260° 反向转弯。

这些行动导致低能状态，不足以维持受控飞行。MP 计划在 60° 转弯的基础上实行激进和不安全的飞行，以尽量使飞机靠近展览中心。该计划迫使他尽量减少其在离港段的时间，并且让他别无选择，只能使用 60° 的倾斜角度在失速警告下飞行，保持驾驶杆压力，并使用满舵，以避免越过展示中心延长线。

在这次事故中，MP 在第一次起飞时使用了 40° 的俯仰角，而没有考虑最小的爬升速度（V_{mco}）。他在大约 850ft 的离地高度，比 V_{mco} 低 26ft。这种高度和空速导致了最初的低能状态。虽然在 80° /260° 反向转弯的第一段和第二段中，MA 加速，但 MA 的总能量状态仍然很低。配置的改变，加上 60° 的倾斜角，右满舵和驾驶杆压力，进一步降低了能量状态，导致脱离受控飞行。

② MP 未能采用适当的失速恢复程序

C-17 失速恢复程序是：a. 前推驾驶杆；b. 施加最大可用发动机推力；c. 改回或保持水平飞行姿态。应该避免大的方向舵输入。

尽管在这次灾难中出现了大量的失速警告，MP 还是继续积极地执行 80° /260°的反向转弯。MP 没有采用适当的失速恢复程序。甚至当 MA 失速时，MP 仍然保持驾驶杆压力，这并没有减少迎角，以恢复控制飞行。其结果是 MA 一直处于失速状态，直到撞地为止。

（2）过激行为

在事故飞行当天，MP 激进的表演技术减少了飞行安全裕度，导致飞机失速。具体来说，他计划在最初的离地 1000 ~ 1500ft 的高度内，以 35° ~ 40°迎角爬升，同时不管最低爬升速度。在爬升过程中，MP 获得了 40°的仰角姿态，并比安全的爬升速度低 26kn。在最初的爬升中，平均仰角 25° ~ 35°。执行低于最小爬升速度机动飞行存在飞行安全问题。此外，MP 忽略了 80° /260°反向转弯时发出的失速警告。它一直保持激活直到飞机撞地，总共 12s。

19.2.2　起作用的因素

（1）忽略了的注意 / 警告和 PP108 质疑和回复

作为 JBER 中 C-17 领导地位的空中表演飞行员，MP 经常在空中表演过程中忽略失速警告。5s 进入 80° /260°反向转弯，失速警告系统启动。作为回应，MCP 说“确认机组人员……温度、高度都很好”。尽管警告仍在继续，但 MP 既没有回应，也没有调整其控制输入，而是继续转向。MP 没有尝试执行失速恢复程序，MCP 和 MSO 都没有要求执行恢复程序，直到 MA 失速。

MP 还例行指示表演飞行副驾驶“按速度”自动收回襟翼和缝翼，没有受到任何质疑或答复。在这次事故中，MCP 会根据训练自动收回襟翼和缝翼。这导致了 MCP 在低于 V_{msr} 值 5kn 下收回缝翼。没有迹象表明 MP 或 MSO 了解 MA 的配置。飞机自动配置没有提供支持反馈或确认程序以确保态势感知。

（2）贯注注意力

MP 显示了两个贯注注意力的例子。首先，MP 继续主动将 MA 转变为低能状态，而忽略了失速警告系统。MP 有意以清晰、紧张、激进地机动飞行，试图让飞机靠近展览中心。第二，当失速发生时，MP 将驾驶杆移向最左侧。然而，MP 保持了驾驶杆压力，并施加了左舵。维持这些控制输入并不能充分减少迎角来恢复受控飞行。其结果是在撞地之前 MA 一直处于失速状态。

（3）过度自信

在模拟训练中，MP 告诉学员失速警告是一个“异常”。由于激进的空中表演飞行，警告被认为是不准确和暂时的。这些警告将在转弯结束时停止，不会对飞机造成不利影响。他在飞机上进行了多次空中表演，并没有发生任何事故，MP 对自己的能力和 C-17 能力的过度自信导致了失速。

（4）错误动机

MP 想“上演一场精彩的飞行表演”，保持其转弯清晰、紧凑、激进。MP 使用了不安全的技术，努力使飞机尽可能靠近机场，给观众留下深刻印象，使飞行表演更好。他计划了一个激进的和不安全的飞行方案。

（5）期望

MC 在 260°机动飞行期间失速警告激活时，仍持续计划、实践和实施这一飞行方案。另外，MP 还告诉空中表演飞行员，失速警告是异常或暂时的。他相信这些警告会在机动过程中的某个时刻停止，不会对飞机造成不利影响。

（6）程序指南 / 出版物

在 2008 年 12 月前后，MP 完成了空中表演飞行员升级训练。在这次训练中，他的升级教员强调了遵守 AFI 11–246。他教导在最初的爬升时“在 1500ft 高度转平飞”；出于安全考虑，使用倾斜角度和方向舵以避免越过“延伸跑道中心线”。

在被认证为空中表演飞行员后，MP 修改了飞行方案内容，以提高飞行表演的性能。具体来说，计划在最初 1000 ~ 1500ft 离地高度以 35° ~ 40°的机头爬升，而忽略了最小爬升速度。他还计划以 60°的倾角飞行，满舵进行 80° /260°机动转弯，以尽量减少转弯半径和到人群的距离。

MP 的空中表演技术背离了 AFI 的意图，造成了不安全的情况。

（7）程序监督 / 程序管理

因为 MP 是一个有成就的飞行员，因此可以在几乎没有监督的情况下独立飞行。此次事故发生前，第三操作组指挥官对即将到来的航展期间的 C–17 空中表演项目产生了既得利益。为了评估 MC 的性能，他被安排在 MA 上飞行。然而，由于最后 1min F–22A 出现紧急情况，导致他不能参加预定的飞行。从 MP 认证为空中表演飞行员到这次事故，其主管认为符合监管规定，就没有询问或审查 MP 的技术或表现。在没有制衡的情况下，MP 的空中表演技术发展成了一个不安全的程序。

19.3 结论

从该事故调查结论得到，飞行机组、尤其是 MP 的过度自信、过激操纵作动、过分追求完美、未严格执行飞行表演程序、置自己的经验高于安全操作程序是导致该事故的主要责任，而 MCP 未按程序收回缝翼且在飞机发出的告警提示后未及时要求 MP 采取正确的失速恢复操作，也是导致该事故发生的主要责任之一。

C–17 飞机具有完备的边界保护功能，滚转角保护最大值为 60°，为什么在此次事故中飞行员能够把飞机滚转到 82°，极大地超过了滚转角保护功能的最大值。表明滚转角保护功能可以被飞行员超控，该保护功能属于“提示告警”类型，并不是严格意义上的边界保护功能。

第 20 章　冲出跑道：C-130J 人为延迟的防滑刹车

机型： C-130J-30“超级大力士”
地点： 阿富汗前线作战基地（FOB SHANK）
时间： 2013 年 5 月 19 日
人员伤亡： 无

2013 年 5 月 19 日，当地时间大约 2:20，一架编号为 T/N04-3144 的 C-130J 运输机着陆时冲出了跑道，最后停在铺设跑道终点以外大约 544ft 的一条沟壑中，机头被毁，右侧主起落架从机身上撕扯掉落，右侧机翼着火，同时右外侧发动机撞到地面，加压燃料管和油管破裂，油液喷洒在破裂的发动机外壳上。

事故飞机隶属于阿肯色州小石城空军基地第 41 空运中队第 19 空运联队，事故地点在阿富汗东北部的山克前线作战基地。

该事故飞机当时正在执行空运医疗疏散任务，机上有来自阿富汗坎大哈空军基地的第 772 远征军飞行中队（部署着第 19 空运联队）的 5 名现役 C-130J 机组人员。此外，飞机上还载有来自阿富汗坎大哈空军基地第 651 远征队航空医疗疏散中队（第 349 航空医疗疏散中队）的 6 名航空医疗疏散人员。此次事故中，无人员伤亡和无重大伤害，也未对平民财产造成损害。估计损失总额为 73990265 美元。

飞机概况：

C-130J-30“超级大力士”飞机（见图 20-1）是美国洛克希德公司生产的四发中

图 20-1　C-130J

型多用途中远程涡桨运输机。C-130J 的基本机组包括两名飞行员和 1 名货物装载员，主要用于战术空运 / 空投。飞机可以在草地跑道、土质跑道等简易跑道起降，能够将战斗人员和军事装备投放到敌占区。

C-130J 包括一个先进的双机组飞行站位的全集成的数字航电系统，包括彩色多功能液晶显示器、平视显示器和先进的导航系统。飞机还包括集成的对抗系统、低功率彩色雷达、数字移动地面显示和数字式自动驾驶。相对于旧型号，C-130J 还包括了改进的燃油管理、环境和增强的货舱操纵系统，图 20-2 为 C-130J 的驾驶舱操作面板。

图 20-2　C-130J 的驾驶舱

20.1　飞行经过和背景

20.1.1　任务

事故机组接到通知，要求执行阿富汗空运医疗疏散（AE）任务，将患者从坎大哈空军基地运送到巴斯申营地、萨勒诺前线作战基地、山克前线作战基地，最后投放到巴格拉姆空军基地，任务完成后返回坎大哈空军基地。该任务由战区空中机动部（AMD）负责，并在 2013 年 5 月 18 日由第 772 远征空运中队助理作战总监（772 EAS/ADO）确认。

事故机组由事故飞行员 1（MP1），事故飞行员 2（MP2），事故飞行员 3（MP3），事故飞机装载管理员 1（MLM1）和事故飞机装载管理员 2（MLM2）组成。MP1 全天都是飞机机长，坐在驾驶舱的左驾驶座位上（从飞机尾部向前看，下同）。飞机机长负责安全完成任务。MP2 是副驾驶，坐在驾驶舱的右驾驶座位上。MP3 是一个补充飞行员，座位在 MP1 和 MP2 之间，在中央飞行甲板控制台紧后面，图 20-3 为 C-130J 驾驶舱内人员分布情况。MLM1 座位在货舱尾部的右侧跳伞舱门。MLM2 座位在后货舱的左跳伞舱门。

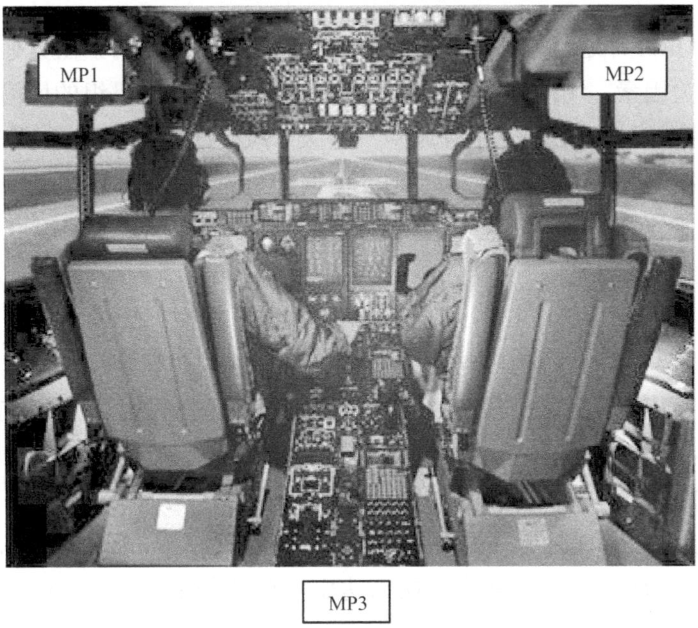

图 20-3　C-130J 驾驶舱内人员

C-130J 常规的飞行机组包括两名飞行员和两名装载员，即 MP1，MP3，MLM1 和 MLM2，但 2013 年 5 月 19 日增加了一个飞行员位置——MP2。灾难发生时，MP2 在 772 远征空运中队（EAS）战术工作室工作，没有执行常规飞行任务。为了保持 MP2 在飞机上熟悉责任区（AOR）程序，一般做法是在常规任务中设定工作人员为客人。这个特别的任务是由 772 EAS/ADO 分配给 MP2 的，他觉得不必顾虑操作风险管理（ORM）问题。

20.1.2　计划

这项任务的计划从 2013 年 5 月 18 日开始，2013 年 5 月 19 日执行任务。与 AOR 中的大多数任务一样，事故机组的中队战术工作室完成了大部分的计划。该计划包括整理机组人员的任务手册，该手册包含了所有当前的飞行资料（例如，天气报告，机场通知和情报报告）。在手册整理完毕后，战术和情报工作室的职责是出示给机组，然后简要介绍每个任务的细节。事故发生当天，事故机组在 0430Z“出现”在 772 EAS（计划起飞时间 0700Z 之前 2h30min），并签收了夜视镜（NVG）、生存设备和其他个人专业装备等空勤人员飞行设备。然后，所有的机组人员都参加了任务简报发布会议，并证实他们已经收到了所有材料，包括初始化机组信息文件（FCIF）、特别指令（SPINS）、读取文件和每月的紧急程序测试（Boldface）。在任务简报中，事故机组注意到狂风将是任务中需要关注的因素。

20.1.3　飞行前检查

飞行前检查正常。在事故机组完成任务简报之后，MLM1 和 MLM2 登上飞机开始飞行前检查。当这两名装载员到达飞机时，3 名飞行员完成了机场研究。MP1 收到了飞行指挥员（DO）的最后简报，其中包括操作风险管理（ORM）的审查和可能关注的任务。

美国空军ORM计划是一种基于逻辑的、常识性的方法，用于在所有操作之前、期间和之后对人为因素、物质和环境因素做出计算决策。事故机组的风险评估是由772 EAS/DO签署的，因为他们在“中等风险”等级（风险评分为73）。风险升高的原因是MP1、MP2和MLM2的经验水平，以及任务和环境因素。451远征作战队（EOG）ORM工作表通过对任务、环境、天气和机场等因素进行分类和识别来实现该计划，这些因素可能增加任务完成的风险。

任务简介后，MP1登上飞机。对于正常的航空医疗撤离任务（AE），在飞机起飞前，事故机组和AE机组人员在飞机上召开一次协调会，讨论与预期的医疗病人安全运输有关的任务细节，且简会中没有提到飞机维护表单、飞机绕行、飞行前检查或发动机起动等问题。

20.1.4　事故简况

预定在坎大哈空军基地起飞的时间是7:00，但机组人员得到了许可，提前30min，在6:30起飞，没有发生任何事故。在到达山克前线作战基地（OASH）之前，机组人员在巴斯申营地（OAZI）和文中所有“FOB Salerno”翻译为“萨勒诺前线作战营地”（OASL）两个地点分别接收一名转移病人。在巴斯申营地，MP2在MP1监控下完成了着陆任务。事故飞机于7:39离开巴斯申营地前往FOB Salerno。事故飞机于9:00到达FOB Salerno。MP2在MP1监控下完成了着陆任务。从坎大哈空军基地飞往Camp Bastion，FOB Salerno的飞行是正常的。

在大约9:25时，事故飞机离开FOB Salerno到FOB Shank。在9:42，FOB Shank报告的天气状况为能见度5000m，有灰尘和烟雾，温度29℃，高度表拨定值为30.04，风向240°，风速为18kn，阵风风速为26kn。最初，MP1计划让MP2进场飞行并完成着陆，但由于空中交通管制（塔台）报告有大风，MP1决定由他自己完成着陆。

在第一次尝试着陆期间，MP1报告100%襟翼最大力量着陆。100%襟翼最大力量着陆是以100%襟翼低于正常着陆速度着陆，着陆距离更短。在执行了34R跑道的进场之后，机组认为飞机太高、太快，所以在9:46:58开始了复飞。复飞后，机组请求右转并得到了批准，以便尝试重新着陆。

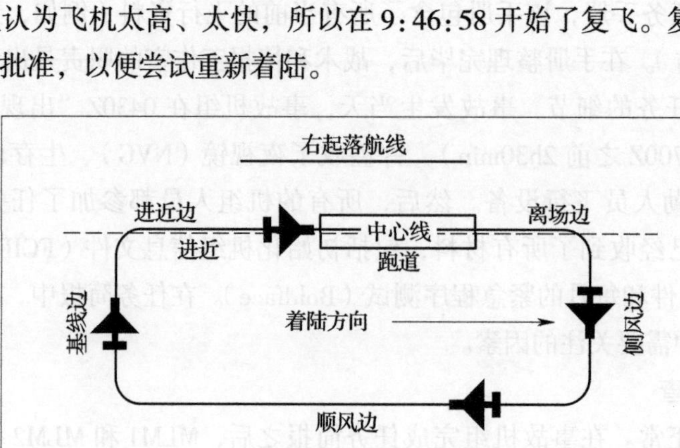

图20-4　靠右飞行

9:48:35，当事故飞机在 160° 航向（顺风段）时，塔台报告风向 250°，阵风 23 ~ 28kn，直横风。MP2 后来证明了 HUD 在第五边出现了顺风，但没有明确说明。此后不久，在右转（四边）之前，由于大横风，MP1 决定以 50% 的襟翼方式飞行。虽然 100% 襟翼进场是 C-130J 的正常着陆状态，50% 襟翼进场改善了高侧风条件下的滚转控制。50% 襟翼着陆与 100% 襟翼着陆的方式类似，但是需要更长的着陆距离。就在转向第四边后，塔台向空中交通管制区域内的另一架飞机广播新风通报。报告称，风向为 230°，风速为 19 ~ 28kn。这产生了一个大约 10kn 的顺风风量，但是没有证据表明机组人员注意到了报告的风向偏移。此外，飞机的飞行数据记录器显示，飞机在着陆时遇到了大约 17kn 的顺风风量。

当飞机转向着陆时，MP1 越过跑道的中心延长线，不得不修正航向，以便对准跑道。事故飞机最后进场着陆时，离跑道约 5.5mile。

进入五边，MP2 确信一切看起来都很好，但是飞机并没有减速，快了大约指示空速 20kn（20KIAS）。注意，KIAS 是主空速指示系统报告给飞行员的空速。在触地之前，MP2 告知，见图 20-5。“100ft，太快了。”但没有提到有多快。在 9:50:31 时，飞机速度为 148KIAS（实际空速 169kn，地面速度 187kn），比计算的 121KIAS 着陆速度快 27KIAS，仅以机尾主起落架进行了初始着陆。触地很轻，接地点超过跑道着陆点大约 1500ft，稍长，还有 5500ft 的剩余跑道。

机组输入的风向为 250°，阵风为 23 ~ 28kn，计算的 50% 襟翼着陆时的着陆距离为 5147ft。机组输入的跑道有效长度为 6827ft。机组由此得出结论，跑道长度足够完成降落。见图 20-6。

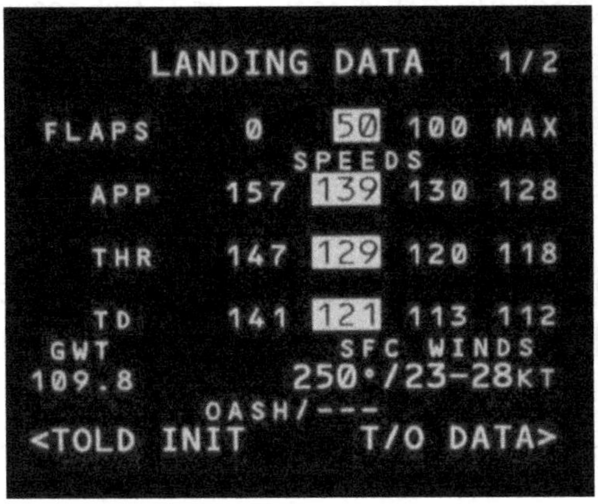

图 20-5　CNIMU 上显示的 50% 襟翼进场

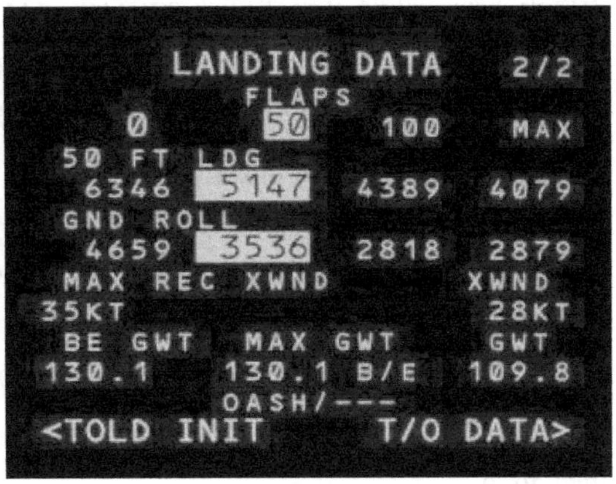

图 20-6　CNIMU 上显示的 50% 襟翼着陆

在主起落架触地后，MP1 保持前轮抬起大约 4s，并在前轮触地后延迟了大约 8s，才实施最大防滑刹车。见图 20-7。

9:50:35，MP2 通报“四边”，表明飞机即将通过在跑道终点之前的 4000ft 标志。此时，飞机的前轮已接地面上。

9:50:41，咨询警戒告警系统（ACAWS）报出一个防滑故障警报。机组人员没有注意到这个警告。

图 20–7　C–130J HUD 显示的顺风快速触地

9:50:43 时，飞机速度为 140KIAS，160KTAS，地速为 169kn。MP1 通报，“好的，刹车。”并开始施加最大防滑刹车和反桨。在这个位置，飞机距离铺设跑道表面的末端还有大约 2200ft（包括 300ft 的保险道）。在开始制动并将功率推到最大反桨之后，飞机立即遇到了方向控制问题，突然转向跑道左侧边缘。MP1 使用差动刹车（右侧全制动）与最小前轮转向，试图恢复对飞机的控制，以阻止其偏离更多。飞机开始摆正并回到跑道中心线，此时飞机速度为 97KIAS，111KTAS 和地面速度 131kn，剩下大约 1000ft 的铺设跑道表面。这时，MP1 开始将刹车踏板踩到底，以阻止飞机离开铺设跑道表面。注意，MP1 表示刹车感觉不正常，也没有像预期的那样减速。9:50:52，MP1 通知机组“快要离开跑道……大家坐稳”。

20.1.5　撞击地面

0950：55Z，C–130J 以大约 49KIAS 和 69kn 的地速离开铺设跑道表面，滑行了大约 440ft，然后撞入一条沟，导致机头破损，机身右侧主起落架被撕裂。右侧发动机撞到地面，加压燃料管和滑油管破裂，液体喷洒在破裂的发动机外壳上，右侧机翼着火。飞机在距离铺设跑道表面末端大约 544ft 的地方完全停下来。事故现场照片见图 20–8 和图 20–9。

20.1.6　出口和机组飞行设备

飞机完全停止后，机组人员、AE 机组人员和两名病人迅速通过驾驶舱的逃生舱门离开飞机。通过驾驶舱舱门疏散的原因是右翼存在火灾、大面积损坏、缺乏电力，并且左翼螺旋桨仍在旋转。MP3 第一个离开飞机，并帮助其他人员从机身下来。MLM2 最后离开飞机，以确保 100% 人员撤离。撤出后，所有人都离开机头 600ft 远，再次清点人数，并使每个人到达安全距离，因为飞机上安装着具有危险性的闪光弹。

图 20-8　事故现场前侧

图 20-9　事故现场右侧

20.1.7　搜救

事故发生后，机场控制塔台立即联系了坠机火灾救援、特遣部队作战队长和基地指挥部。坠机火灾救援人员在几分钟内到达现场，报告机组人员已经安全并已被找到。1001Z（1431L）、人员康复中心、安全办公室、航空军医和牧师都接到通知。没有人员死亡或重大伤害发生。

20.2　调查和发现

20.2.1　天气原因

天气是这场事故的一个因素，但不是实质性的影响因素。

20.2.1.1　天气预报

事故发生时，FOB Shank 天气预报：风力 230°，12 ~ 18kn，能见度 8000m，扬尘，云层覆盖在 12000ft 以上的地面和高度表设置 30.01inHg。此外，天气通报有效风力 25 ~ 35kn。

20.2.1.2　观测天气

事故发生前的 15min，风向 200° ~ 250°，风速 6 ~ 28kn。事故发生时，从 FOB Shank 空中交通管制塔向机组报告的天气为 250°，阵风 23 ~ 28kn，能见度为 5000m，有灰尘和烟雾。此外，在着陆前，即 9：49：08，另一架飞机报告的天气是 230°，阵风 19 ~ 28kn。事故发生后不久（大约 3min 后）发布了一项特别的天气观测报告，风向 220°，风速 8 ~ 24kn，温度为 29℃。

20.2.1.3　操作

任务在可接受的天气标准条件下执行。除了狂风大作的天气变化之外，当天的任务并没有什么特别的记录。侧风分量从未超过 28kn，这是属于事故飞机的侧风着陆限制。

20.2.2　人为因素

人为因素在很大程度上造成了这次灾难。

20.2.2.1　引言

在 AFI 91-204《安全调查和报告》附件 5 中，包含国防部人为因素分析和分类系统，列出了可能在事故中发挥作用的人为因素。它是为调查委员会的成员而设计的，目的是准确地捕捉人为因素错误在人和事故之间的复杂关系。下面的分析列出了与这次灾难直接有关的人为因素及其定义。

20.2.2.2　原因分析

（1）集中注意力

当个人把所有注意力都集中在有限数量的环境暗示上，排除他人主观上平等的、更高的或更直接的优先地位，导致不安全的情况时，沟通性的注意力是一个因素。贯注注意力可以被描述为集中注意力导致排除了综合情景信息。

事故机组人员，特别是 MP1，在恶劣的条件下着陆（包括大风），导致机组人员着陆初期没有意识到顺风的危险，高着陆速度或剩余跑道长度。

T.O.1C-130J-1 指出“由于发动机的快速响应和螺旋桨在机翼上产生的升力，4 台发动机可以在任何时候安全复飞，直至着陆后，如果必要的话”。在着陆初期，MP1 开始关注前轮限制速度和功率杆转换速度。这两个问题都吸引了机组的注意力，使他们未能注意到跑道尽头，从而考虑采取挽救措施，比如复飞。

（2）操作过程中的风险评估

操作中的风险评估是个人不能充分评估与特定行动过程相关的风险的一个因素，这种错误的评估会导致不适当的决策和随之而来的不安全事件。当不可能执行正式的风险评估程序时，这种失败就会真的发生。

T.O.1C-130J-1 指出，如果温度大于 15℃，并且着陆机场海拔高于 MSL 2000ft，就需要特别的高速着陆程序。在这些条件下，机组应确定从飞行慢车（FLT IDLE）到高速地面慢车（GND IDLE）的最大指示空速（IAS，又称表速）。此外，他们应该注意功率杆转换限制图允许的最大着陆重量。在第二次尝试中匆忙着陆导致飞机在短暂着陆前被截断，并且机组来不及正确考虑这些高速着陆引发的问题。因此，在没有适当考虑的情况下，增加了着陆的风险。

事故机组未能评估或预计 50% 襟翼在高海拔机场着陆的风险。50% 襟翼着陆要求更高的着陆速度，这将导致更长的着陆距离和更少的时间使飞机安全停止。在更高海拔机场更高温度条件下着陆，使着陆方案更加复杂，因为需要更高的着陆速度和更长的着陆距离。

在 AFI 11–290 中，驾驶舱 / 机组人员资源管理（CRM）的核心课程之一是风险管理（RM）。RM 包括风险评估、风险管理流程 / 工具、故障判断和飞行纪律、问题解决、伤害评估和控制措施。机组错过了几个机会，但是 CRM 可以帮助留意这一事故。这些机会的例子包括：当 MP1 询问 FOB Shank 是不是“着陆 34R 跑道”时，塔台将它作为在 34R 着陆的请求。这加强了机组的想法，即 34R 跑道是首选的跑道，而事实上它可能不是。当 MP1 自行移动襟翼和 MP1 快速反驳 MP2 在顺风向低海拔挑战时，复飞协调仍然很差。此外，MP2 在第五边没有说出顺风情况，分散了注意力，并没有帮助机组的情景意识。而更改到 50% 襟翼着陆的通知延迟导致 MP1 在着陆前被截断，机组没有时间检查关键 / 需要的信息。这一点在 MP3 重述整个跑道长度而不是 MP1 查询所要求的着陆距离时是明显的。事实上，没有人质疑“68”是跑道本身的距离也显示了风险评估是如何在事故机组中消失的。由于 MP3 和 MP2 帮助引导飞机绕过四转弯的交流语言太少，导致它错过了第五边，或者没有在导航系统中输入被称为“白线”的计算机辅助转弯半径，帮助 MP1 自己完成转弯。此外，MP2 的快速呼叫短五边没有包括 20KIAS 的偏差使机组忽略了一个潜在的问题。这可能会告诉机组，他们的飞行速度比平时快得多，并且可能会提醒他们有必要复飞，或者在地面上立即开始使用全刹车。由于没有决定复飞，加上刹车延迟，机组人员真的没有意识到他们把飞机和自己置于危险之中。

（3）被拖延的必要行动

当一个人选择行动的过程时，必要的行动延迟是一个因素，但选择推迟执行加上延迟就导致不安全的情况。

MP1 和 MP2 承认有必要减慢飞机的速度，但由于地面速度的提高，不得不选择推迟刹车动作，因为担心前轮速度限制，又因为担心螺旋桨过速而导致的实际空速过高的地面慢车。在首次触地 4s 后，MP1 将前轮放下，但仍然等待 8s 后，才开始全力防滑刹车。

（4）反应倾向

当个体有一个认知或心理的期望框架时，而对其他暗示置之不理，反应倾向就成为一个因素。

机组人员（除了 MP2）最近经历了一次导致轮胎脱落的着陆。由于最近发生的事件和对负反馈的关注，MP1 可能有意延迟着陆顺序早期的刹车。

MP1 在低海拔正常着陆速度的经验可能使其相信，2000ft 的剩余跑道足够飞机停下。然而，MP1 并没有考虑到此时较高海拔和额外增加的着陆速度，以及飞机只有

2000ft 剩余跑道。

（5）程序错误

当一个过程以错误的顺序完成，或使用错误的技术，或使用错误的控制或切换时，程序性错误就成为一个因素。这也包括自动系统导航、计算或操作中的错误。

主起落架轮胎的地面速度极限为 174kn。前起落架轮胎的地面速度极限为 139kn。飞机飞行数据记录器显示飞机主起落架以 187kn 的地面速度着陆，前起落架以 180kn 的地面速度着陆。两个速度都超过了 T.O.1C-130J-1 中主起落架和前起落架轮胎的速度极限。

为了验证这些起飞着陆数据计算，空勤人员必须遵循一定的假设。这些假设包括：①在从着陆到滑行姿态的过渡过程中的 1s 的距离许可；②最大防滑刹车（环境温度下的刹车）和到达滑行姿态时的功率选择。滑行姿态是所有的机轮都在地面。在主起落架着陆后，MP1 将前轮保持离地面约 4s，以试图减速到前轮速度极限以下。在前轮触地后，MP1 推迟 8s 启动最大防滑刹车。从着陆开始到启动最大防滑刹车总共有 12s 的延迟。推迟降低机头和启动最大防滑刹车使事故飞机的计算着陆数据失效。

T.O.1C-130J-1 指出，将推力杆推到飞行慢车以下的安全条件是：飞机的重量都在三个机轮上并且 KTAS 低于 145。飞机在 170 KTAS 下降落，并且意识到由于这个限制，他们不能立即选择反向推力。然而，来自飞机飞行数据记录器的数据显示，当飞机仍在 160 KTAS 飞行时，MP1 选择了反向推力，远远高于 145 KTAS 的极限。此外，数据记录显示，推力杆直接从飞行慢车变为完全反桨，在地面慢车状态没有停顿。T.O.1C-130J-1 指出，飞行员在地面慢车时暂停使用推力杆以检查对称推力。如果对称推力被 BETA 指示确认，那么飞行员就可以使用反向推力。在最大推力反向前无法识别非对称问题可能导致方向控制困难。正如我们所警告的，C-130J 在推力反向后遇到了方向控制问题，而没有在地面慢车时检查 BETA 指示。右外侧螺旋桨（4 号）延迟进入反桨大约 2s。此时，飞机突然转向跑道左侧，靠近铺设跑道的边缘。

20.3 调查结论

清楚而令人信服的证据证明，事故的原因是机组人员资源管理差，MP1 在第二次着陆尝试中延迟降低推力，使 MA 着陆速度比计算出的着陆速度快 27KIAS，导致飞机以大约 49KIAS 的速度离开跑道末端。大量的证据证明机组的注意力、风险评估、延迟必要行动、反应倾向和程序错误都在很大程度上导致了这次事故。

第 21 章　未能识别和控制荷兰滚：KC-135 加油机飞行增稳失效带来的灾难

运营商：美国空军

机型：KC-135R

事故地点：吉尔吉斯共和国查尔多瓦尔以南 6mile

事故时间：2013 年 5 月 3 日

2013 年 5 月 3 日，当地时间（L）约下午 2:48，一架机尾号 63-8877 的 KC-135R 飞机，在吉尔吉斯共和国（简称吉尔吉斯斯坦）查尔多瓦尔以南约 6mile 处坠毁。这架飞机属于吉尔吉斯共和国马纳斯运输中心的第 22 远征空中加油中队（22 EARS）、第 376 远征飞行联队（376AEW）。由事故机长、事故副驾驶和事故伸缩套管操纵员（MBO）组成的事故机组人员在事故中死亡。在失去飞机尾部后，事故飞机在空中爆炸并进一步碎裂成三大块，撞向地面，并燃烧。三个撞击点是丘陵地带的牧场（见图 21-1），坠机地点鸟瞰图见图 21-2。大约 228m³ 的土壤被喷气燃料污染，每个坑内被烧毁的草皮平均直径为 35m。事故飞机在撞击时被摧毁，政府财产的总损失估计为 6630 万美元。

SITE 1

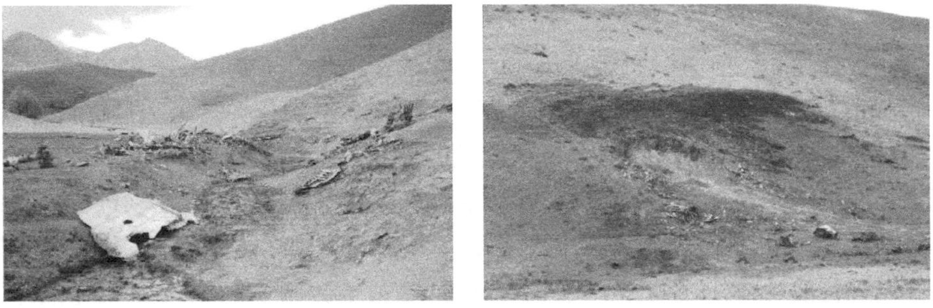

图 21-1　撞击坑

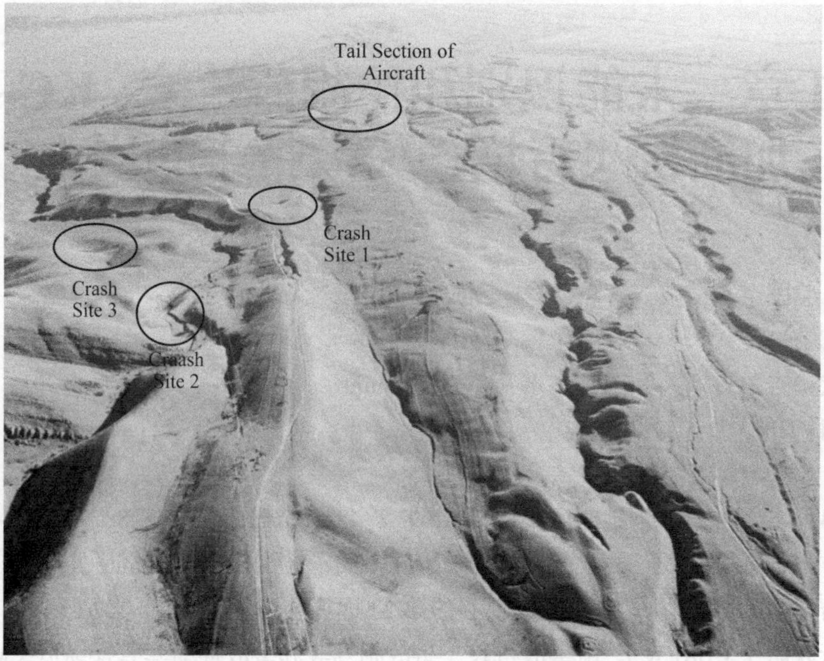

图 21–2　坠机地点鸟瞰

21.1　飞行经过和背景

21.1.1　任务

KC–135R 飞机完成阿富汗空中加油任务后返回马纳斯中转中心的途中发生坠机事故。本次飞行任务由联合空中行动中心（CAOC）负责，由第 22 远征空中加油中队（22EARS）作战副主任指挥飞行。

21.1.2　计划

按照任务检查单和空军空中机动指挥部标准简报指南制定任务规划标准程序。规划飞行路线如图 21–3 所示，从初始航路点 MAAGE、DW、SOMUS 开始，目标阿富汗。机组基于任务类型的标准化路线，按照中队标准程序构建任务包。机组审查了规划的任务并按照标准程序完成了所有要求任务项的标准程序。

21.1.3　飞行前检查

大约在计划起飞前 3h，机组人员在中队作战室集合。完成任务清单内容检查，主要包括当前机组人员信息文件（FCIF）、飞行咨询、空中任务指令和具体任务细节。同样，机组也要获取当前飞行情报和天气简报，评估整体操作风险管理得分为“低”的因素。而机组并没有对离场和进场时的雷暴，以及在场域的鸟群活动进行合理的评估得分。此外，机组并没有明确风险管理清单里面人为因素的评分点。机组人员按时登机开始飞行前检查。KC–135R 飞机上，机组发现气象探测和测距雷达发生故障，在飞行过程中会引起电源反复开关。机组于当地时间下午 2∶17 起动发动机。

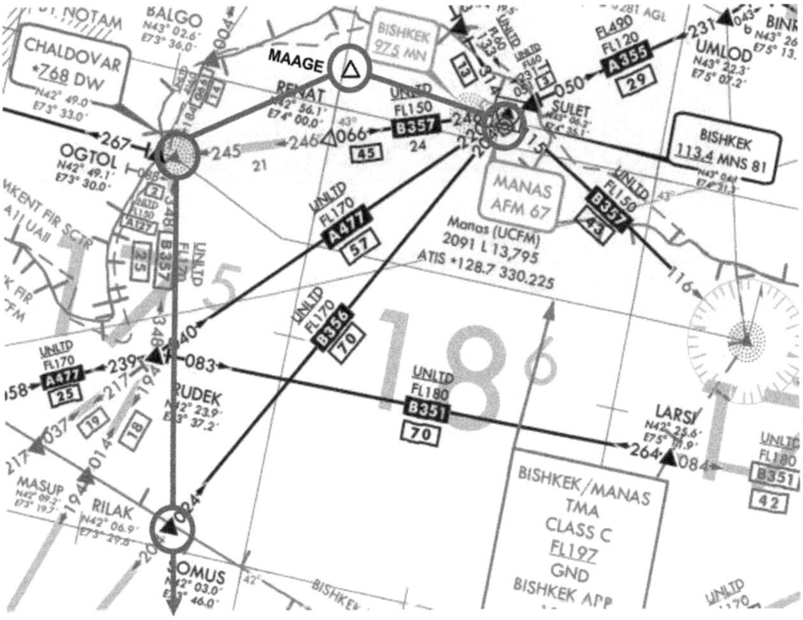

图 21-3　KC-135R 飞机规划飞行路线

21.1.4　事故过程

当地时间下午 2:28，机组将飞机滑上跑道等待起飞，在获得起飞许可前，机组试图排除间歇性的气象雷达系统故障，最后，机组选择在系统失效的情况下继续执行任务。飞机于下午 2:37 分起飞，比预定起飞时间提前了 18min。起飞后，机长和副驾驶突然遇到了飞机一次意外的航向快速变化，这就是所谓的“蟹形运动”。在此期间，飞机的机头指向一个与预计的起飞风向相反的角度，但机组并未口头说明接下来 6min 的飞行中有任何的操控困难。然而，在这 6min 内，飞机的机头会缓慢地从一边往另一边飘移或是“方向舵向两个方向摆动”大约 1°。气象雷达系统正常工作了一小段时间（飞行大约 2min），2min 后又出现故障。机组按照规划的航路飞行，除了在 DW 导航点向左偏离了 1n mile（见图 21-4），而副驾驶在航路点 DW 附近清晰看到了地面建筑群。在下午 2:40，机长报告“天气晴朗”。

起飞大约 6min 后，机长说飞机“有点怪怪的”，他补充道“偏航阻尼器（SYD）实际上并没有起作用”。偏航阻尼器是一种用于减少（或抑制）飞机在反复滚转和偏航运动中振荡这一不良趋势的系统。在飞机继续沿航路爬升至航路点 DW 的过程中，机头每 2.5s 就缓慢地左右摆动，向两个方向摆动大约 1°。起飞大约 9min 后，飞机经历了一系列不断增强的偏航和滚转运动，又被称为荷兰滚（Dutch roll）。当增加的偏航导致一侧机翼产生的升力大于另一侧时，就会发生荷兰滚，这会导致飞机滚转直至增加的阻力将机翼向后拉，这个过程会在另一侧机翼上重复。荷兰滚运动如果没有适当抑制，大幅度滚转和偏航运动可能会造成危险。飞机的偏航角在左右 3°之间变化，坡度在左右 5°之间变化。

副驾驶试图通过手动操纵副翼（横向），以及两次简短尝试接通自动驾驶来减弱这些振荡；当副驾驶第一次接通自动驾驶时，就导致操纵延迟，振荡加剧，因此，副

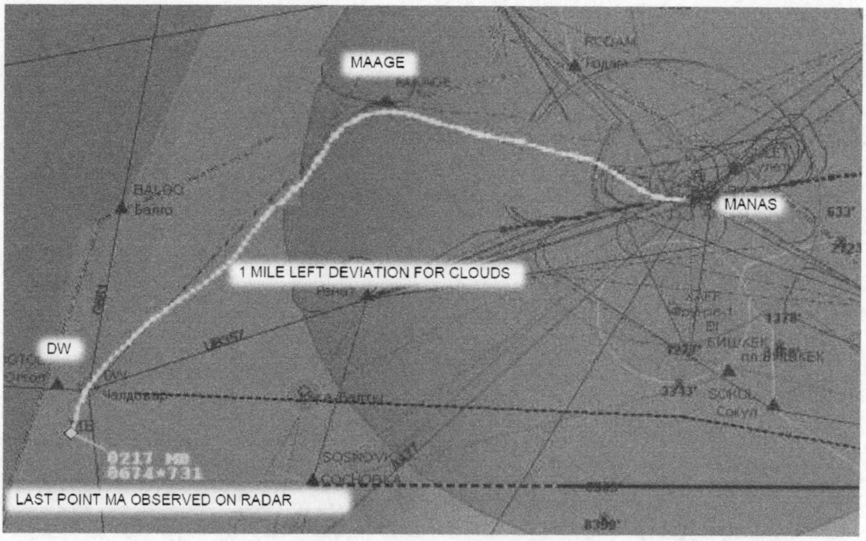

图 21–4　事故飞机航迹雷达

驾驶在 4s 后断开自动驾驶。当飞机接近航路点 DW 时，未被机组识别的荷兰滚振荡变得更加明显，机长指示油门杆操作员到机翼观察窗检查是否有东西“挂在我们的飞机上”，MBO 看到左翼扰流板的偏转与副驾驶当前的操纵输入一致。起飞 10min 后，机组再次接通自动驾驶，持续了 6s，进一步加剧了飞机的振荡，因此，机长说：“我认为 SYD 压根不起作用，抱歉，还是把它关了吧！”随后，副驾驶断开自动驾驶，但没有断开 SYD。

在机长说了“还是把它关了吧”后，机长开始操控飞机，而副驾驶通过无线电呼叫比什凯克空中交通管制（ATC）。在航路点 DW，机长操纵方向舵左偏，飞机开始左转，随后一系列交替小幅方向舵操纵输入加剧了荷兰滚振荡，主要原因是荷兰滚运动诱导的加速度改变了驾驶员的脚蹬力，导致机长采取了一系列交替小幅方向舵操纵进行振荡修正引起。大约飞行 11min 后，为试图退出转弯，机长进行蹬右舵，这进一步加剧了荷兰滚。10s 后，SYD 故障的累积效应，加上自动驾驶的使用和方向舵的运动，使飞机尾部的载荷超过了飞机结构设计极限载荷，导致机尾结构失效，机尾断裂并分离成几块，飞机急剧低头并进入高速俯冲。

飞行数据记录器（FDR）的飞参数据表明：在高度 21760ft 飞机出现 82° 的下俯姿态角。大约 10000ft 高度，KC–135R 飞机发生爆炸，残骸分成三大部分，冲向地面，撞击点位于事故飞机机尾位置西南约 1.5mile 的地方，其中三大部分包括驾驶舱、中央机身和机身尾段。

21.1.5　影响

当地时间下午 2∶48，在吉尔吉斯共和国查尔多瓦尔以南约 6mile 处，飞机坠毁。除主要三大部分残骸外，还包括右翼和 4 台发动机。爆炸前，方向舵、垂直安定面和水平安定面系统部件与飞机分离。这些相对较轻的飞机部件随风飘到主坠机地点东北约 1.5mile 处（见图 21–5）。KC–135R 飞机解体前襟翼和起落架呈收起状态。

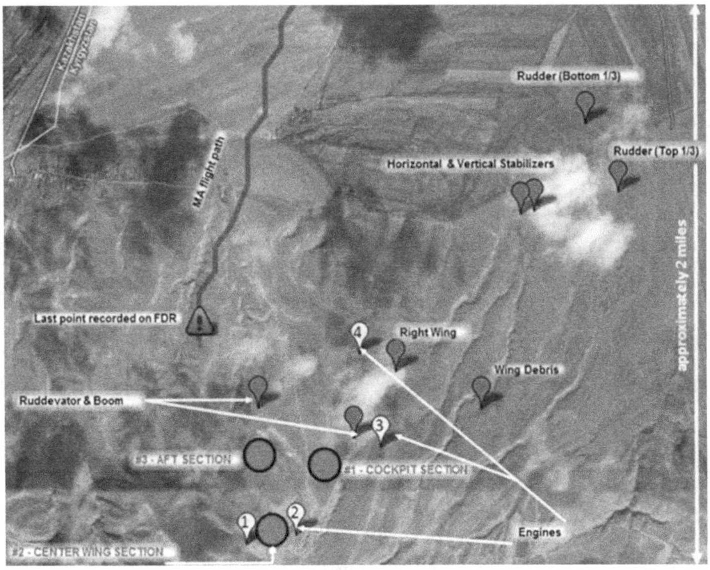

图 21–5　事故飞机残骸分布

21.1.6　逃生和机组飞行设备

逃生是不可能的。KC–135R 没有配备降落伞、弹射座椅，或任何其他方式的逃生设备。

21.1.7　搜救

坠机时间发生于当地时间下午 2∶48。机组没有发送求救信号。最后一次与 ATC 通信是要求降低高度。飞机起飞后不久，马纳斯国际机场的雷达联络员给第 22 远征空中加油中队（22 EARS）办公室打电话。雷达联络员指出 KC–135R 在雷达上消失。同时有人报告说，在天空中看到了一个火球，位置在 KC–135R 与雷达联络员失去联系的地方。第 376 远征飞行联队（376 AEW）立即组建一支事故调查行动队，准备派遣 15 ~ 20 名人员前往坠机地点。

美国大使馆官员在接到飞机失事报告大约 2.5h 后抵达事故现场，并开始与吉尔吉斯斯坦第一负责人进行沟通。第 376 远征飞行联队（376 AEW）的 15 人队伍起初并不知道坠机地点的确切位置，因此向吉尔吉斯斯坦当地人询问方位。地方偏远、道路不畅、加上降雨和昏暗的光线使响应时间延长了大约 4h。坠机现场的地形是山脚，这需要 4 轮驱动车辆。这个小组大约在晚上 11∶00 到达坠机地点。吉尔吉斯斯坦当地群众和吉尔吉斯斯坦应急指挥部已在现场提供安全保障。在美国大使馆获得了吉尔吉斯斯坦委员会允许进入坠机地点前，美国军队与当地政府的协调上遇到了一些问题。第二天，更多的人员和设备被派送到现场开始搜索和恢复救援行动。

阿富汗巴格拉姆空军基地联合人员救援中心的一个小组负责机组人员的搜索和救援工作。后来来自弗吉尼亚州费尔法克斯县的搜救犬也被带到事故现场，赋予搜救的全部责任。事故发生后大约 16 天，吉尔吉斯斯坦的一名承包商将 KC–135R 飞机残骸运送到了马纳斯国际机场。

21.2 事故分析

本节的数据和图表反映了事故中机组的不同操作。按照飞行数据记录器的记录数据，表征的飞行特性复现了飞机空中解体和坠毁过程，本次事故的相关因素包含以下四个要素。

首先，由于飞控增稳系统出现故障，飞机在上午 8:46:10Z 开始出现荷兰滚振荡，机组发现操纵困难，但没意识到飞机进入荷兰滚状态；第二，副驾驶试图通过横向操纵和自动驾驶解决振荡问题；第三，机组认为偏航阻尼器有失效的可能，导致操纵困难，但是机组并没有成功关闭偏航阻尼器和方向舵作动；最后，机组接管飞机采用了脚蹬操作。

21.2.1 识别荷兰滚

图 21-6 中，黑线代表飞机的滚转角响应曲线，红线代表飞机的偏航角响应曲线。正值代表右滚或右偏航，负值代表左滚或左偏航。

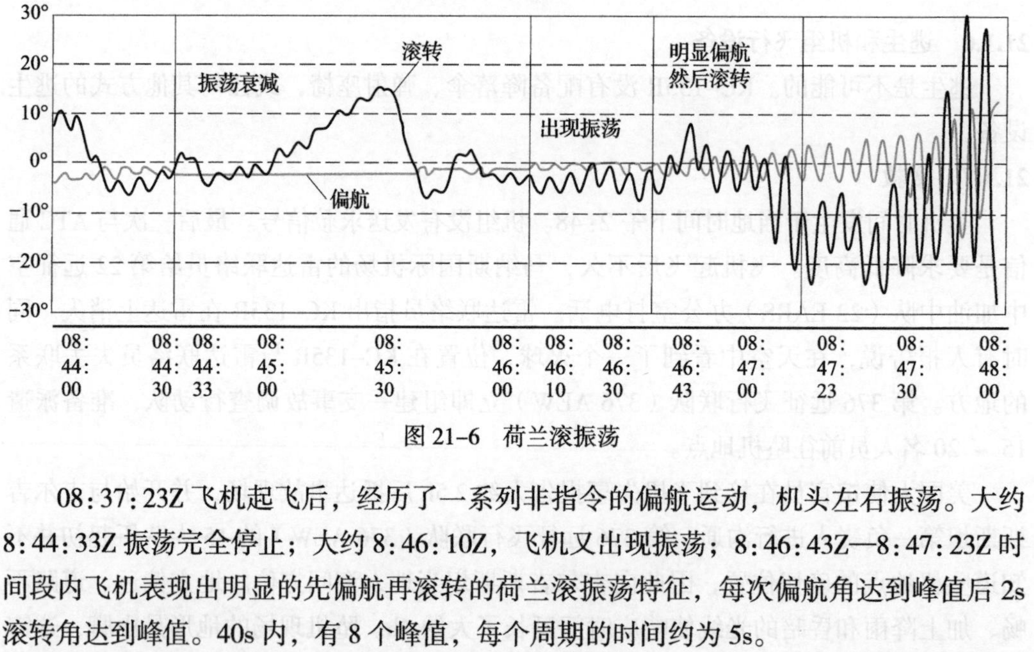

图 21-6 荷兰滚振荡

08:37:23Z 飞机起飞后，经历了一系列非指令的偏航运动，机头左右振荡。大约 8:44:33Z 振荡完全停止；大约 8:46:10Z，飞机又出现振荡；8:46:43Z—8:47:23Z 时间段内飞机表现出明显的先偏航再滚转的荷兰滚振荡特征，每次偏航角达到峰值后 2s 滚转角达到峰值。40s 内，有 8 个峰值，每个周期的时间约为 5s。

图 21-8 给出了 KC-135 飞机形成荷兰滚半周期运动的示意。飞机机头偏航形成侧滑，通过飞行数据记录器上间接测量的侧滑角认为是偏流角。一旦侧滑角达到峰值，滚转角变化见图 21-7 的红线。荷兰滚阻尼随着高度增加而降低。随着飞机爬升，荷兰滚振荡的幅度越来越大。

21.2.2 横向控制

合理的荷兰滚阻尼方法是飞机水平滚转时给定正确的横向操纵。技术手册中曾描述荷兰滚阻尼技术：采用副翼使机翼在目标坡度角上停止上升，当机翼停止运动时，操纵盘回中，并准备另一侧机翼的上升。图 21-7 给出了合适的时间输入、延

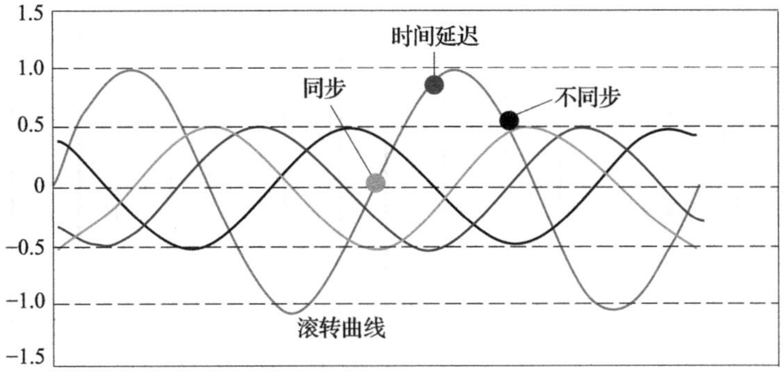

图 21–7　横向操纵时间

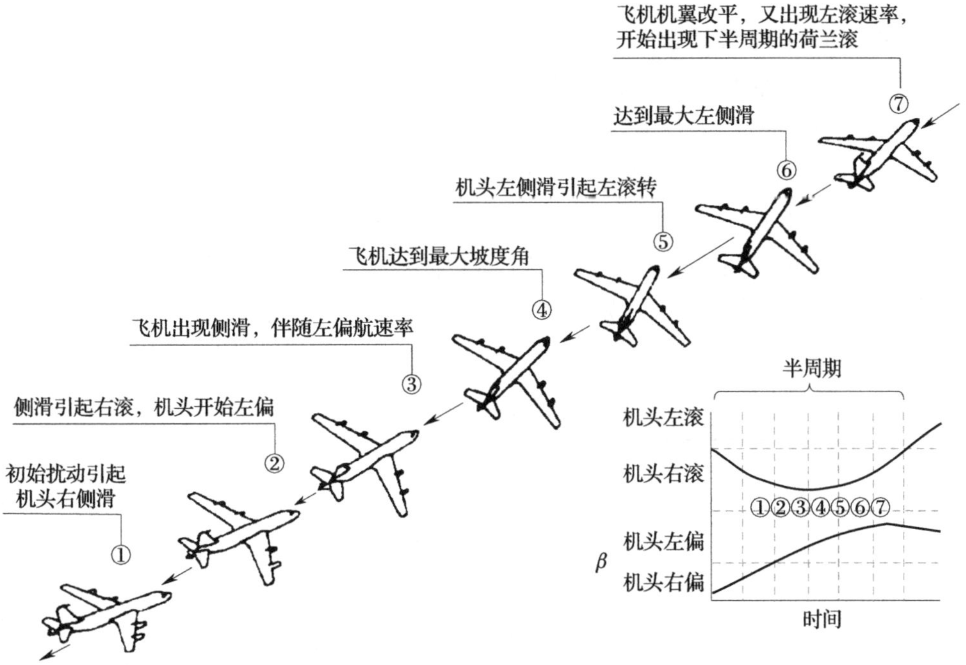

图 21–8　荷兰滚半周期运动示意

迟输入、不同步（异相）输入三种输入情况，滚转后进行不同步输入会改变航向，即会加速飞机向相反方向滚转而不是阻止飞机滚转。

飞行数据记录器显示的副驾驶操纵输入数据如图 21–9 所示。自动驾驶化接通之前，驾驶盘操纵方向和舵面偏度运动方向几乎是同相的。负值代表左压盘，正值代表右压盘。副驾驶开始接通自动驾驶，进行了两次横向滞后操纵；在机长关闭自动驾驶之前、第二次自动驾驶接通后，副驾驶进行了一次幅值较大的异相操纵。

图 21–9 描述了副驾驶横向操纵输入的一段飞行数据。从图中可以看出，如果合理同相位操纵，飞机滚转振荡不会发散；从图中看出，副驾驶操纵输入的幅值似乎大于滚转振荡的幅值，当接通自动驾驶，由于修正延迟引起飞机反方向振荡加剧。当机长接管飞机操纵后，飞行数据记录器由于容量限制和方向舵输入引起横向操纵输入数据无法可靠测量。

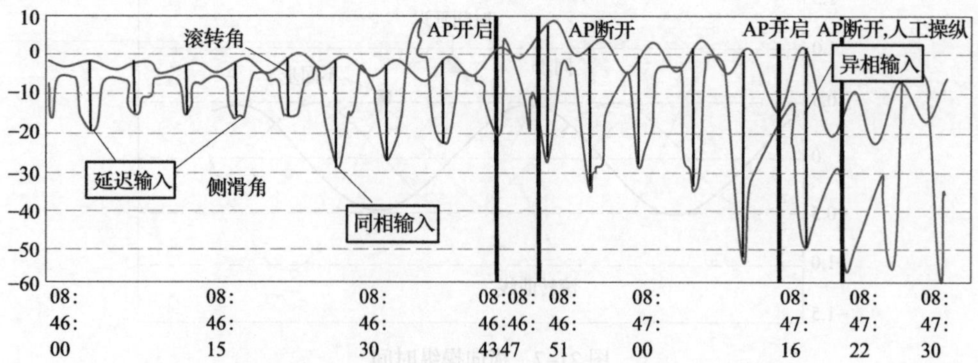

图 21-9　副驾驶横向人工操纵与自动驾驶

21.2.3　偏航阻尼器故障诊断

荷兰滚是在外界扰动下飞机表现的一种响应特性，及时无操纵修正，KC-135 飞机固有的动稳定性在偏航运动中也会被阻尼掉。KC-135 飞机的偏航振荡表明有一个附加的不间断外部扰动源，该扰动源重复干扰飞机的正常飞行。

图 21-10 描述了一架 KC-135R 飞机在事故发生前一天与事故飞机的情况类似。偏流角描述了机头相对偏航轴的夹角。图中黄色曲线描述了稳定、非振荡的运动；图中描述了两次飞行偏流角的主要区别，事故飞行中机头左右振荡。

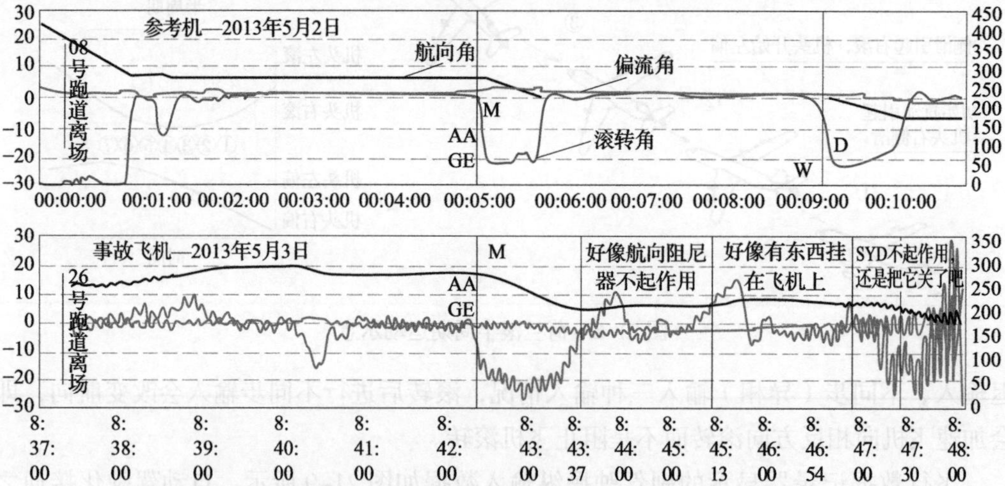

图 21-10　两架次飞机离场飞行曲线对比（参考机和事故飞机）

8:43:37Z 机长描述：飞机有点飘忽不定，好像偏航阻尼器没有工作。机长还描述，在初始起飞，飞机立刻偏航；8:47:29Z 机长再次补充说："我认为偏航阻尼器失效了。从飞行数据记录器上记录的数据显示，在整个飞行中，偏航阻尼器都在'开'位，机组没有断开偏航阻尼器和方向舵动力单元。"

机组判断出方向操纵困难以及偏航阻尼器出现问题，但没有识别出飞机的荷兰滚运动。飞行手册"由于偏航阻尼器故障及方向舵振荡引发的横航向操纵困难"章节描述了在这些情况下机组应该采取的措施。方向舵振荡是方向舵的不稳定运动或缓慢偏转 / 振荡。

图 21–10 对比了事故飞机与其他系统正常工作的 KC–135R 飞机类似航线飞行时的偏航振荡。

21.2.4　荷兰滚运动中使用方向舵操纵

一份公布的安全公报称：大幅、急剧的脚蹬输入会产生大侧滑，大侧滑会放大滚转速率。产生滚转角之前形成侧滑角使得驾驶员对滚转角感知有一个时间滞后。如果驾驶员在相反的方向使用方向舵，会导致大幅度的振荡。

飞机的侧滑角振荡代表方向舵具有输入（或扰动）和逐渐增长的侧滑。每次方向舵输入的峰值和侧滑响应保持同向，如图 21–11 所示。主驾驶的操纵没有减少侧滑，反而使其变得更加复杂。8:48:14Z，飞行数据记录器和驾驶舱录音显示飞机尾部失效，最后方向舵输入偏度 11°。1s 后飞机下俯。

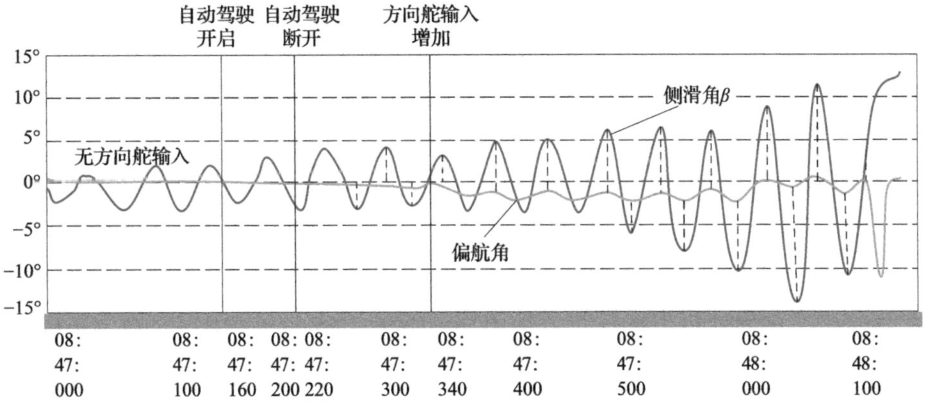

图 21–11　飞行数据记录器上方向舵输入和侧滑角响应曲线

图 21–11 中方向舵操纵响应和图 21–12 中给出的预期响应进行了比对。8:47:00Z—8:47:34Z 时间段，方向舵输入量几乎是 0°，侧滑角在 ±3°之间稳定振荡；从 8:47:34Z 分到飞行结束，方向舵输入对应于每个周期的侧滑增加。图 21–12 描述了当方向舵输入滞后 2s 时相同的发散侧滑趋势。建立侧滑的幅度表明非预期的方向舵输入。

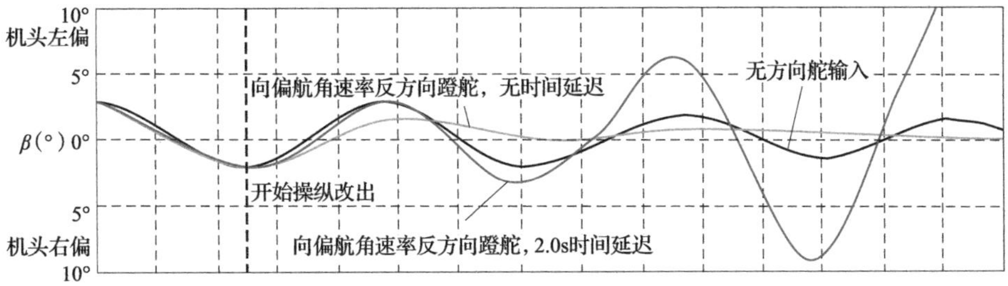

图 21–12　KC–135 飞机荷兰滚响应特性

如果机长在反方向大幅脚蹬操纵，飞机将会急剧滚转，会诱导较大幅值振荡。而大幅振荡运动产生的惯性载荷超过限制载荷甚至极限载荷，引起结构损伤。波音飞机允许维持单一的控制输入，但不允许往复操纵或振荡输入。飞行手册曾给出了警告级要求：方向舵大幅度偏转时，由于舵面不当使用或突然松开，会导致垂尾过度受力，而这种情况有可能在横侧操纵故障下出现。图 21–11 描述了方向舵的突然使用和松开，以及最后 10s 方向舵的反偏的情况。

机长接管飞机后，飞行数据记录器立即记录方向舵输入数据。这些输入表明机长进行了脚蹬操纵。在航路点 DW 左转弯时，机长试图进行脚蹬修正以继续保持飞机在航路上，左脚蹬偏转 2°，之后是一系列交替小幅方向舵输入，这是飞机荷兰滚引起的加速度力改变了作用在脚蹬上的力引起的。这持续了 25s，然后一个突然的方向输入（方向舵从左偏 2 °到右偏 1°），在 1s 内使偏流角达到峰值 27°。机长通过带坡度转弯继续飞行航线。由于在荷兰滚中使用方向舵的放大效应，这些行为显著地增加了荷兰滚振荡。10s 后，偏航阻尼器故障、自动驾驶仪异相使用和舵运动的累积影响，使荷兰滚振荡显著增加，超出飞机结构设计载荷，造成机尾结构损坏。

21.3　调查和发现

21.3.1　程序错误

程序顺序出错或使用错误程序就可能引发飞行事故。包括自动导航、解算或错误操作。

飞行手册专门有应急程序章节，该章节包含两部分内容，分为正常程序和非正常程序，这些程序是保证机组生存所必须采取的最少步骤。当空中发生紧急情况，采用以下操作要求：①驾驶飞机，使飞机在一个安全的空速、姿态和推力设置下飞行，使飞机受控是最重要的；②冷静思考，紧急情况下的每一步操作进行认真评估。

飞行手册中的“荷兰滚改出程序”警告部分指出，飞行员“不应该尝试用方向舵人工阻止荷兰滚”，以及“不适当的激励和改出技术导致垂直安定面的累积应力高于正常值……”。此外，“方向舵大偏转状态突然反转，由于使用方向舵不当或突然释放方向舵，可能导致垂直安定面的应力过载。”

驾驶员在飞机失控前 1min 左右控制着飞机。当驾驶员控制飞机时，它明显处于荷兰滚状态。在航途基准点 DW 处驾驶员操纵方向舵进行转弯。此外，在转弯过程中，飞机经历了一系列交替的小方向舵输入。这些交替的小方向舵输入，由飞机荷兰滚产生的加速度力量改变了驾驶员脚对舵踏板的压力，大幅增加荷兰滚振荡。驾驶员对方向舵的使用不符合飞行手册中荷兰滚和方向舵由于垂直安定面应力过载而反转的程序中有关使用方向舵的警告。

21.3.2　组织培训问题 / 程序

当一次性或初始培训程序、升级程序、过渡程序或在本单位以外进行的其他培训不充分或不可用，对飞机安全会造成影响的，组织培训程序就可能成为一个飞行事故因素。

荷兰滚识别和改出训练只在飞行员初始资格认证（PIQ）课程的模拟器中完成，而升级和继续训练时在模拟器中没有再次完成。荷兰滚识别所需的熟练程度是“熟悉”，这意味着每位飞行员仅需讨论这个话题，不必执行这个操作。KC–135 模拟器荷兰滚模拟方案计划在 39000ft 高速进行直线水平飞行，总重量是基于 10×10^5lb 燃料，速度是马赫数 0.77。飞行手册禁止飞行员在飞机上练习荷兰滚进入和改出，具体来说，“故意诱导荷兰滚和任何类型的特技飞行都是被严格禁止的”。

KC-135 在 PIQ 之后，机长的升级训练或继续训练不包括荷兰滚识别和改出程序。机长升级期间驾驶员完成持续模拟器程序。在升级和继续训练中评估的气动故障集中在其他方向舵问题上，如方向舵意外偏转。这些故障是单次发生的；教练可以将方向舵向右或向左设置，可以在这两者之中进行选择，但这不是连续的或可变的输入。

由于机械限制，在 KC-135 模拟器训练中完全复现当时荷兰滚的运动特性是不可能的。为了在飞行模拟器展示荷兰滚现象，模拟器教员利用两种主要操作技术。首先，其中一名飞行员将方向舵前推 3in 左右，然后回中；另一名飞行员则启动模拟器编程故障几秒钟，然后退出，这也会导致滚转运动，坡度角 45° 以上。这个飞行模拟器很少用飞行员操纵来抑制荷兰滚运动。模拟器不能在连续运动中重现荷兰滚。荷兰滚改出程序要求确保航向阻尼器启动。然而，没有一个培训大纲中航向阻尼器是完全无效或提供错误输入。一名前 KC-135 教练机飞行员和当前模拟器操作员在飞行中经历了严重的荷兰滚，他证实目前的模拟器训练不能重现严重的荷兰滚。

驾驶员在升级或继续训练期间没有收到任何关于荷兰滚识别或改出程序的指示。副驾驶最近被要求执行机长资格认证（FPQ）任务。他完成了当地再认证训练，但是没有要求荷兰滚识别和改出程序。副驾驶在最近的再认证模拟训练中也没有执行荷兰滚识别或改出程序。而对伸缩套管操纵员没有荷兰滚识别或改出训练的要求。

21.3.3　机组人员 / 团队 / 飞行构成 / 组合

从调查人员的视角审视，如果机组人员之间没有合理的分工或协调沟通不畅、机组人员搭配不合理也是引发飞行事故的又一因素。

机组中的每个成员最近都被重新调整或升级了。机长在调整前两个月内才升级。副驾驶在调整前大约 15 个月的时间里有 4 次飞行，而其中 10 个月执行非飞行任务（DNIF）。MBO 返回前大约有 3.7 年在操作无人航空系统（UAS），并在调整前 6 周重新认证 KC-135 驾驶资格。

机长在 2013 年 4 月 17 日前总共有 1427.7h 的飞行时间（包括主、次、其他和学员时间）。KC-135 飞行时间总计 1048.7h（这只包括主、副驾驶时间）。2013 年 2 月 28 日被升为机长。从任期到 2013 年 4 月 17 日，主驾担任了 49 天的机长。从资格认证日期到 2013 年 4 月 17 日这段时间，只有 9.9h 的机长时间和 14h 的模拟器训练时间（这包括主、副驾驶时间）。

副驾驶最初于 2011 年 4 月 13 日获得 FPQ 资格，并在 2012 年 2 月 16 日进入 DNIF 状态之前，飞行了大约 10 个月。自从进入 DNIF 状态，副驾驶保持 DNIF 状态将近 10 个月。在 2013 年 4 月 17 日调整前，副驾驶已恢复飞行状态 5 个月。副驾驶在 2013 年 4 月 17 日调整前总共有 573.1h 的飞行时间（包括主、副、其他和学员时间）。KC-135 的飞行时间总计 96.6h（这只包括主、副驾驶时间）。2013 年 3 月 7 日副驾驶被确认为

FPQ。从重新认证日期到2013年4月17日，副驾驶持有FPQ总计41天，飞行时间为0，模拟器时间为12h（包括主和副驾驶时间）。

MBO作为KC-135伸缩套管操作员的总工作时间为3351.2h，作为传感器操作员的总工作时间为1802.5h。在离开飞机将近4年后，MBO担任UAS传感器操作员，最近才被任命为伸缩套管操作员教员（IB）。MBO于2013年2月15日被注册为IB。MBO要求免除了教师认证培训。Altus AFB缺乏正式的培训，这样，导致了当地的IB重新认证。从申请日期到2013年4月17日，MBO担任IB为期61天，作为一个BO有11.4h（包括主、副和教员时间）和8h的模拟器训练时间。

21.3.4 程序指南

当书面指南、检查表、图形描述、表格、图表或其他已发布的指导不充分、误导或不适当时，并造成不安全的情况，这些程序指南/出版物就成为一个因素。

飞行手册程序在不同的部分声明，应该或不应该使用方向舵取决于方向舵是否有故障或是否有荷兰滚现象。此外，飞行手册中有以下多个章节描述侧向控制困难的解决方法。

（1）有21个紧急程序讨论与方向舵有关的横向控制困难，它们分布在飞行手册应急程序章节中。

（2）荷兰滚阻尼特性在21.2节事故分析中进行了描述，而飞行手册中并没有给出自然荷兰滚阻尼增加或减少的说明。

（3）飞行手册程序中“由于偏航阻尼器故障导致的横向/方向控制困难”指出，“应该有足够的方向舵权限来抵消偏航阻尼器故障引起的任何偏航”，但没有提及其他故障，例如，发动机停机。在“意外滚转”描述中，指出“滚转控制力足以抵消任何单个部件故障的影响，如方向舵意外满偏……”。“由于偏航阻尼器故障引起的横向/方向控制困难。”该描述隐含使用方向舵的指南与“意外滚转”的描述和飞行手册关于“荷兰滚改出”程序中描述的警告禁止使用方向舵的内容不符。

此外，飞行控制增强系统（FCAS）的描述中有“飞行员可以通过施加方向舵踏板力覆盖FCAS输入或建立一个不同的参考点”。然而，当偏航阻尼器失效引起的偏航和滚转发展为荷兰滚时，此指南与飞行手册中荷兰滚改出程序的警告不相符。

“方向舵意外偏转”警告是，“方向舵动力关闭”，适用于方向舵非命令移动。方向舵摆动过程直接脱开发动机故障辅助系统（EFAS），然后断开航向阻尼器，最后断开方向舵动力。方向舵摆动是舵面不稳定的运动或缓慢的偏转/摆动。

（4）荷兰滚改出检查表指出，“控制荷兰滚的主要措施是开启偏航阻尼器，或试图在识别出荷兰滚的时候启动偏航阻尼器，即使假定横摆阻尼器在开启状态。”然而，“由于偏航阻尼器故障状态导致横向和方向控制困难”的检查表指出，“为了断开偏航阻尼器，设置偏航阻尼器开关关闭。”飞行手册没有考虑偏航阻尼器本身造成控制困难（即荷兰滚）的可能性。

（5）“方向舵意外偏转”警告中说明，安定面缓慢运动与方向舵意外偏转无关。驾驶员可不需要考虑平尾故障。以免在出现紧急情况时浪费宝贵的时间。

21.4　结论

充分确凿证据表明：本次事故的原因是由于驾驶员在未识别到荷兰滚的情况下使用了方向舵，飞机荷兰滚振荡引起的力，通过驾驶员的脚施加到方向舵；同时机组没有关闭偏航阻尼器，最终引起结构应力过载，造成了机尾部分分离。出现荷兰滚是由飞机飞行控制增强系统失灵引起的，导致方向不稳定或方向舵摆振，这在很大程度上造成了这次事故，其他重要因素包括组织培训计划不足、人员构成和繁琐的程序指南。

参考文献①

[1] Aircraft Accident Analysis: Final Reports. James M. Walters, Robert L. Sumwalt III, 2000.

[2] Dornheim, Michael A. 1992. NTSB probes rudder anomaly as factor in United 585 crash. Aviation Week & Space Technology. 10 August, 29.

[3] National Transportation Safety Board. 1999. Aircraft accident report: Uncontrolled descent and collision with terrain. USAir flight 427. Boeing 737-300, N513US. Near Aliquippa, Pennsylvania. September 8, 1994. NTSB/AAR-99/01. Washington, D. C.: NTSB.

[4] National Transportation Safety Board. 1999. Public Docket. USAir flight 427, Boeing 737-300, N513US. Near Aliquippa, Pennsylvania. September 8, 1994. DCA94MA076. Washington, D. C.: NTSB.

[5] North, David M. Editor-In-Chief. 1995. Actual aerobatic training a must. Aviation Week & Space Technology. 8 May, 66.

[6] Phillips, Edward H. 1997. NTSB: Expedite upgrades to Boeing 737 rudder PCUs. Aviation Week & Space Technology. 3 March, 36.

[7] 1995. Boeing 737 rudder PCUs focus of FAA directive. Aviation Week & Space Technology. 20 March, 33.

[8] Wald, Matthew L. 1999. Rudder flaw cited in Boeing 737 crashes. New York Times. 24 March, A24.

[9] Federal Aviation Administration. 1999. NTSB Recommendations to FAA and FAA Responses Report. http: //nasdac. faa.gov/

[10] Flight Safety Foundation. 1997. During nonprecision approach at night, MD-83 descends below minimum descent altitude and contacts trees, resulting in engine flameout and touchdown short of runway. Accident Prevention. April, 115.

[11] Garrison, Peter. 1997. Tree-topping. Flying. June, 9394.

[12] Hughes, David. 1996. MD-83 Tree strike sparks NTSB probe. Aviation Week & Space Technology. 1 January, 44.

[13] National Transportation Safety Board. 1996. Aircraft Accident Report: Collision with Trees on Final Approach. American Airlines Flight 1572, McDonnell Douglas MD-83, N566AA, East Granby, Connecticut, November 12, 1995. NTSB/AAR-96/05. Washington,

① 本书参考文献均按原版书排版。

D. C.: NTSB.

[14] National Transportation Safety Board. 1996. Public Docket. American Airlines Flight 1572, McDonnell Douglas MD–83, N56AA, East Granby, Connecticut, November 12, 1995. DCA96MA008. Washington, D. C.: NTSB.

[15] Phillips, Edward H. 1996. Descent below MDA tied to MD–83 accident. Aviation Week & Space Technology. 18 November, 36.

[16] Aeronautical Civil of the Republic of Colombia. 1996. Aircraft Accident Report, Controlled Flight Into Terrain, American Airlines Flight 965, Boeing 757–233, N651AA, Near Cali, Colombia, December 20, 1995. Santaf, de Bogot D. C., Colombia.

[17] Dornheim, Michael A. 1996. Recovered FMS memory puts new spin on Cali accident. Aviation Week & Space Technology. 9 September, 5861.

[18] Federal Aviation Administration. 1998. NTSB Recommendations to FAA and FAA Responses Report. http: //nasdac.faa.gov/lib

[19] Flight Safety Foundation. 1998. Boeing 757 CFIT accident at Cali, Colombia, becomes focus of lessons learned. Flight Safety Digest. May, June, 119.

[20] Flight Safety Foundation. 1996. Preparing for last–minute runway change, the Boeing 757 flightcrew lost situational awareness, resulting in collision with terrain. Accident Prevention. July, August, 123.

[21] His Majesty's Government of Nepal. 1993. Aviation Accident Report, Thai Airways International, Ltd., Airbus Industrie A310–304, HS–TID, Near Katmandu, Nepal, 31 July, 1992. Katmandu, Nepal.

[22] Mercer, Pamela. 1995. Inquiry into Colombia air crash points strongly to error by pilot. The New York Times. 29 December, A10.

[23] National Transportation Safety Board. 1996. Public Docket. American Airlines Flight 965, Boeing 757–233, N651AA, Near Cali, Columbia, December 20, 1995. DCA96RA020. Washington, D. C.: NTSB.

[24] Sider, Don. 1996. Miracle on the mountain. People Weekly. 8 January, 5455.

[25] Sutton, Oliver. 1997. New displays key to safe flying. Interavia Business and Technology. May, 3941.

[26] Aarons, Richard N. 1997. For want of a red ribbon. Business &Commercial Aviation. June, 110.

[27] Federal Aviation Administration. 1999. NTSB Recommendations to FAA and FAA Responses Report. http: //nasdac.faa.gov

[28] McKenna, James T. 1996. Peru 757 crash probe faces technical, political hurdles. Aviation Week & Space Technology. 7 October, 21.

[29] 1996. Blocked static ports eyed in Aeroperu 757 crash. Aviation Week & Space Technology. 11 November, 76.

[30] National Transportation Safety Board. 1996. Public docket. Birgenair, Flight 301. Boeing 757-225, TC-GEN, near Puerto Plate, Dominican Republic, February 6, 1996. DCA96RA030. Washington, D. C.: NTSB

[31] Neumann, Peter G. 1996. Forum on risks to the public in computers and related systems. The Risks Digest, ACM Committee on Computers and Public Policy, May 7, 1996. 18 (10) . http: //catless.ncl.ac.uk/Risks/18.10

[32] Phillips, Edward H. 1996. NTSB seeks clues to Dominican crash. Aviation Week & Space Technology. 4 March, 33.

[33] 1996. Airspeed discrepancy focus of Birgenair probe. Aviation Week & Space Technology. 11 March, 34.

[34] 1996. Pitot system errors blamed in 757 crash. Aviation Week & Space Technology. 25 March, 30.

[35] 1996. Birgenair crash raises airspeed alert issues. Aviation Week & Space Technology. 10 June, 30.

[36] 1996. NTSB urges change in static port covers. Aviation Week & Space Technology. 2 December, 33.

[37] Robles, Ricardo, Presidente, Commission of Accident Investigations (CAI), Director General of Air Transport (DGAT) of Peru. 1996. Final report, Boeing 757-200 Accident, Aeroperu, October 2, 1996. Lima, Peru.

[38] Souffront, Emmanuel T., Presidente, Junta Investigadora de Accidentes A é reos (JIAA) of the Director General of Civil Aviation (DGAC) of the Dominican Republic. 1996. Aircraft accident information. Dominican Republic Press Release Factual Information, March 1 and March 18, 1996.

[39] Souffront, Emmanuel T. Presidente Junta Investigadora deAccidentes A é reos (JIAA) of the Director General of Civil Aviation (DGAC) of the Dominican Republic. 1996. Final aircraft accident report. Birgenair Flight ALW-301, February 6, 1996. Santo Domingo, Dominican Republic.

[40] Evans, David. 1997. Fly the fiery skies. Washington Monthly. September, 44.

[41] Flight Safety Foundation. 1997. Chemical oxygen generatoractivates in cargo compartment of DC-9, causes intense fire andresults in collision with terrain. Accident Prevention. November, 124.

[42] Garrison, Peter. 1998. Final ValuJet report. Flying. April, 99.

[43] McKenna, James T. 1997. Chain of errors downed ValuJet. Aviation Week & Space Technology. 25 August, 3435.

[44] National Transportation Safety Board. 1996. Aircraft accidentreport: Uncontained engine failure/fire. ValuJet Airlines flight 597. DC-9-32, N908VJ. Atlanta, Georgia. June 8, 1995. NTSB/AAR-96/03. Washington, D. C.: NTSB.

[45] National Transportation Safety Board. 1997. Aircraft accidentreport: Inflight activation of ground spoilers and hard landing. ValuJet Airlines flight 558. DC-9-32, N922VV. Nashville, Tennessee. January 7, 1996. NTSB/AAR-96/07. Washington, D. C.: NTSB.

[46] National Transportation Safety Board. 1997. Aircraft accidentreport: Inflight fire and impact with terrain. ValuJet Airlines flight592. DC-9-32, N904VJ. Everglades, Near Miami, Florida. May 11, 1996. NTSB/AAR-97/06. Washington, D. C.: NTSB.

[47] Nelms, Douglas. 1998. Where there's smoke... Air TransportWorld. June, 8083.

[48] Twigy, Bob, and Castaneda, Carol. 1996. Plane had history ofproblems. USA Today. 13 May, 1.

[49] Twigy, Bob, Castaneda, Carol, and Sharp, Deborah. 1996. Alligators, access, saw grass and snakes will hamper effort. USAToday. 13 May, 3.

[50] Aarons, Richard N. 1998. Cause and Circumstance: Fire Drill. Business & Commercial Aviation. March, 140.

[51] Evans, David, Managing Editor. 1998. Systemic safetyshortcomings found in investigation of cargo jet fire. Air SafetyWeek. 12 (30).

[52] Federal Aviation Administration. 1998. NTSB Recommendations toFAA and FAA Responses Report. http://nasdac. faa.gov

[53] Flight Safety Foundation. 1998. After smoke detected in cargocompartment crew lands DC-10, then fire destroys aircraft. Accident Prevention. November, December, 20.

[54] National Transportation Safety Board. 1997. Aircraft AccidentReport: Inflight Fire/Emergency Landing, Federal Express Flight406, Douglas DC-10-10, N68055, Newburgh, New York, eptember 5, 1996. NTSB/AAR-98/0. Washington, D. C.: NTSB.

[55] National Transportation Safety Board. 1996. Public Docket. ederal Express Flight 1406, Douglas DC-10-10, N68055, ewburgh, New York, September 5, 1996. DCA96MA079. ashington, D. C.: NTSB.

[56] Phillips, Edward H. 1996. Safety Board intensifies probe of FedExC-10 fire. Aviation Week & Space Technology. 16 September, 92.

[57] FederalAviation Administration (FAA). 1999. NTSBecommendations to FAA and FAA Responses Report. http: //nasdac. faa.gov/

[58] Flight Safety Foundation. 1997. MD-88 strikes approach lighttructure in nonfatal accident. Accident Prevention. December, 116.

[59] National Transportation Safety Board (NTSB). 1997. Aircraftccident report: Descent below glidepath and collision witherrain. Delta Air Lines flight 554. McDonnell Douglas MD-88, 914DL. LaGuardia Airport, New York. October 19, 1996. TSB/AAR-97/03. Washington, D. C.: NTSB.

[60] Aarons, RichardN. 1997. Causeand circumstance: Postmaintenanceflight test hazards. Business & Commercial Aviation. May, 98.

[61] Federal Aviation Administration. 1998. NTSB Recommendations toFAA and FAA Responses Report. http: //nasdac. faa.gov/

[62] Flight Safety Foundation. 1997. After intentionally stalling DC-8, crew uses incorrect recovery technique, resulting in uncontrolleddescent and collision with terrain. Accident Prevention. September.

[63] Garrison, Peter. 1998. Aftermath: Unrecognized stall. Flying. January, 8183. National Transportation Safety Board. 1997. Aircraft AccidentReport: Uncontrolled flight into terrain. ABX Air (AirborneExpress), Douglas DC-8-63, N827AX, Narrows, Virginia, December 22, 1996. NTSB/AAR-97/05. Washington, D. C.: NTSB.

[64] National Transportation Safety Board. 1997. Public docket. ABXAir (Airborne Express), Douglas DC-8-63, N827AX, Narrows, Virginia, December 22, 1996. DCA97MA016. Washington, D. C.: NTSB.

[65] Phillips, Edward H. 1997. NTSB faults pilots in fatal DC-8 crash. Aviation Week & Space Technology. 21 July, 42.

[66] Buelt, Stanley J. 1998. Mishap investigation of Korean Air flight801a team effort. Flying Safety. April, 10.

[67] McKenna, James T. 1997. Korean Air rescue flawed. AviationWeek & Space Technology. 25 August, 39.

[68] 1998. Guam probe cites pilot, FAA errors. Aviation Week & SpaceTechnology, 30 March, 59.

[69] National Transportation Safety Board. 1999. Aircraft AccidentReport: Controlled Flight Into Terrain. Korean Air Flight 801, Boeing 747-300, HL-7468, Nimitz Hill, Agana, Guam, Marianaslands, August 6, 1997. Washington, D. C.: NTSB.

[70] National Transportation Safety Board. 1999. Public Docket. orean Air Flight 801, Boeing 747-300, HL-7468, Nimitz Hill, gana Guam, Mariana Islands, August 6, 1997. DCA97MA058. Washington, D. C.: NTSB.

[71] Federal Aviation Administration. 1998. NTSB Recommendations toFAA and FAA Responses Report. http: //nasdac. faa.gov

[72] Flight Safety Foundation. 1997. In-flight separation of propellerblade results in uncontrolled descent and fatal accident to twin-turbopropcommuter aircraft. Accident Prevention. February, 111.

[73] Garrison, Peter. 1997. Blade failure. Flying. May, 106108. National Transportation Safety Board. 1996. Aircraft AccidentReport: In-flight loss of propeller blade, forced landing, andcollision with terrain. Atlantic Southeast Airlines, Inc., Flight 529. Embraer EMB-120RT, N256AS, Carrollton, Georgia, August 21, 1995. NTSB/AAR-96/06. Washington, D. C.: NTSB.

[74] National Transportation Safety Board. 1996. Public docket. Atlantic Southeast

Airlines, Inc., Flight 529. Embraer EMB-120RT, N256AS, Carrollton, Georgia, August 21, 1995. DCA95MA054. Washington, D. C.: NTSB.

[75] Phillips, Edward H. 1995. Blade failure focus of NTSB crashprobe. Aviation Week & Space Technology. 28 August, 31.

[76] Pomerantz, Gary M. 1998. Nine minutes, twenty seconds: A series. The Atlanta Journal-Constitution. November, 1520.

[77] Aarons, Richard N. 1997. Cause and Circumstance; Sad day atQuincy. Business & Commercial Aviation. February, 82.

[78] Federal Aviation Administration (FAA). 1983. Advisory Circular90-48C, Pilots' role in collision avoidance. Washington, D. C.: FAA.

[79] Federal Aviation Administration (FAA). 1998. AeronauticalInformation Manual. Change 2, January 28, 1999. Washington, D. C.: FAA.

[80] Federal Aviation Administration (FAA). 1999. NTSBRecommendations to FAA and FAA Responses Report. http: //nasdac. faa.gov/

[81] Flight Safety Foundation. 1998. Landing aircraft collides duringrollout with aircraft taking off on intersecting runway. AccidentPrevention. January, 116.

[82] National Transportation Safety Board (NTSB). 1997. Aircraftaccident report: United Express flight 5925 and Beechcraft KingAir A90. Quincy Municipal Airport, Quincy, Illinois. November 19, 1996. NTSB/AAR-97/04. Washington, D. C.: NTSB.

[83] National Transportation Safety Board (NTSB). 1997. PublicDocket. United Express flight 5925 and Beechcraft King Air A90, Quincy, Illinois, November 19, 1996. DCA97MA009AB. Washington, D. C.: NTSB.

[84] Phillips, Edward H. 1997. Radio procedures key factor in NTSBQuincy investigation. Aviation Week & Space Technology. 7 April, 48.

[85] Federal Aviation Administration. 1999. NTSB Recommendations toFAA and FAA Responses Report. http: //nasdac. faa.gov/

[86] Evans, David, Managing Editor. 1998. Ice kills; pace of safety fixesglacial, Safety Board finds. Air Safety Week. 12h (35).

[87] McKenna, James T. 1998. Comair probe points to certificationflaws. Aviation Week & Space Technology. 24 August, 40.

[88] National Transportation Safety Board. 1998. Aircraft AccidentReport: In-Flight Icing Encounter and Uncontrolled Collision withTerrain. Comair Flight 3272, Embraer EMB-120RT, N265CA, Monroe, Michigan, January 9, 1997. NTSB/AAR-98/04. Washington, D. C.: NTSB.

[89] National Transportation Safety Board. 1999. Public Docket. Comair Flight 3272, Embraer EMB-120RT, N265CA, Monroe, Michigan, January 9, 1997. DCA97MA017. Washington, D. C.: NTSB.

[90] Asker, James R. 1996. Emotional issue. Aviation Week & SpaceTechnology. 6 May, 19.

[91] Federal Aviation Administration. 1998. NTSB Recommendations toFAAand FAA Responses Report. http: //nasdac. faa.gov/

[92] Garrison, Peter. 1997. Fifteen minutes. Flying. August, 109111.

[93] Howe, Rob, and Stambler, Lyndon. 1996. Final adventure. People. 29 April, 88.

[94] National Transportation Safety Board. 1997. Aircraft accidentreport: Inflight loss of control and subsequent collision withterrain. Cessna 177B, N35207. Cheyenne, Wyoming. April 11, 1996. NTSB/AAR-97/02. Washington, D. C.: NTSB.

[95] National Transportation Safety Board. 1997. Public docket. Cessna177B, N35207. Cheyenne, Wyoming. April 11, 1996. SEA96MA079. Washington, D. C.: NTSB.

[96] Phillips, Edward H. 1996. Girl's aircraft overweight. Aviation Week& Space Technology. 22 April, 28.

[97] 1997. Instructor faulted in Dubroff crash. Aviation Week & SpaceTechnology. 10 March, 36.

[98] Castro, Peter, and Bane, Vickie. 1997. Peaks and Valleys. People. 27 October, 8288.

[99] Federal Aviation Administration. 1999. NTSB Recommendations toFAA and FAA Responses Report. http: //nasdac. faa.gov

[100] National Transportation Safety Board, 1999. Public docket. Long-EZ, N555JD, Pacific Grove, California, October 12, 1997. LAX98FA008. Washington, D. C.: NTSB.

[101] North, David, Editor-In-Chief. 1997. Entertainer John Denver. Aviation Week & Space Technology. 20 October, 19.

[102] North, David. Editor-In-Chief. 1999. Engen dies in sailplane crash, headed air and space museum. Aviation Week & Space Technology. 19 July, 35.

[103] National Transportation Safety Board. 1999. Web site home page. http: //www.ntsb. gov/

[104] Transportation Safety Board of Canada. 1999. Web site home page. http: //bst-tsc. gc.ca/

[105] Aarons, Richard N. 1996. Cause and Circumstance: CFIT inDubrovnik. Business&Commercial Aviation. February, 86.

[106] Anonymous. 1996. U. S. AirForcedeploys new microwave landingsystem. Aerospace Daily. Issue 36, 282.

[107] Coolidge, Charles H., 1996. AFI 51-503 Accident InvestigationReport, CT-43A, 73-1149, April 3, 1996, Dubrovnik, Croatia. United States Air Force.

[108] Eurich, Heather J. 1996. USAF studies safety systems upgrades forits passenger airplanes. Defense Daily. Issue 13.

[109] Flight Safety Foundation. 1996. Dubrovnik-bound flight crew'simproperly flown nonprecision instrument approach results incontrolled-flight-into-terrain accident. Flight Safety Digest. July, August, 125.

[110] Hughes, D., Couvault, C., and Proctor, P. 1996. USAF, NTSB, Croatia probe 737 crash. Aviation Week and Space Technology. 8April.

[111] Kern, Tony. 1997. Unforced Errors: A Case Study of FailedDiscipline. Colorado Springs: HQ USAFA/DFH.

[112] National Transportation Safety Board. 1996. Public Docket. UnitedStates Air Force, CT-43A, 73-1149, Dubrovnik, Croatia, April 3, 1996. DCA96RA46. Washington, D. C.: NTSB.

[113] Weiner, T., Bonner, B., Perlez, J. and Wald, M. 1996. A 737 belowcivilian safety standards. New York Times Service, InternationalHerald Tribune, 29 April.

[114] Shelton, Christopher. 1996. Courage under fire. Jackson HoleGuide. 20 August, A1-4.

[115] Skolasky, Robert A. 1996. AFI 51-503 USAF Aircraft AccidentInvestigation Board Report, C-130, SN 74-1662, Near JacksonHole, Wyoming, 17 August, 1997. Volumes I and II, HQ 8/AF, United States Air Force.

[116] Baugher, Joe. 1999. F-117A. Elevon: Encyclopedia of AmericanMilitary Aircraft. Available online, http: //www.csd.uwo. ca/_pettypi/elevon/baugher_us

[117] Beard, John H. 1997. AFI 51-503 Accident Investigation Report, F-117A, SN 81-000793, Near Martin State Airport, Maryland, 14September, 1997. Volume 1. United States Air Force.

[118] Dornheim, Michael A. 1997. Elevon vibration leads to F-117 crash. Aviation Week & Space Technology. 22 September, 30.

[119] United States Air Force Aircraft Accident Investigation Board Report, Joint Base Elmendorf-Richardson, Alaska, 28 July 2010.

[120] United States Air Force Aircraft Accident Investigation Board Report, C-130J-30Super Hercules, T/N 04-3144, Forward Operating Base Shank, Afghanistan, 19 May 2013.

[121] United States Air Force Aircraft Accident Investigation Board Report, KC-135R, T/N 63-8877, 6 Miles South Of Chaldovar, Kyrgyz Republic, 3 May 2013.